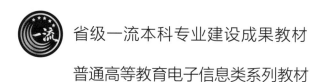

省级一流本科专业建设成果教材

普通高等教育电子信息类系列教材

数字图像处理

基于OpenCV的C++与Python实现：从基础到实战

周卫斌　林丽媛　强晓永　主编

U0231298

化学工业出版社

·北京·

内容简介

本书系统地讲解了数字图像处理的基础和进阶知识，涵盖基础概念、系统构建、算法及其应用，辅以丰富的教学和科研案例，详细介绍了如何利用 C++和 Python 语言，结合 OpenCV 库进行图像处理算法的编程实现。同时，本书介绍了深度学习在数字图像处理中的应用前沿技术，如 GoogleNet、ResNet、Transformer、YOLOv10 等，具备较强的实用性和参考价值。

本书为读者提供了理论与实践相结合的学习平台，帮助其深入理解并应用数字图像处理技术解决实际问题。适合作为高等院校计算机科学与技术、电子信息工程、自动化、通信工程等相关专业的本科生、研究生教材，同时适合数字图像处理、计算机视觉等领域的科研和工程技术人员参考使用。

本书还为读者提供了丰富的配套资源，包括 PPT、彩图和源代码。读者可通过登录化学工业出版社网站或扫描书中二维码，根据自身需求选择相应的资源进行下载。

配套资源

图书在版编目（CIP）数据

数字图像处理 ：基于 OpenCV 的 C++与 Python 实现 ：从基础到实战 / 周卫斌，林丽媛，强晓永主编. -- 北京 ：化学工业出版社，2025. 1. --（省级一流本科专业建设成果教材）. -- ISBN 978-7-122-47088-1

Ⅰ. TN911.73

中国国家版本馆 CIP 数据核字第 2024R7B314 号

责任编辑：周　红　　　　　　　装帧设计：王晓宇
责任校对：田睿涵

出版发行：化学工业出版社
　　　　　（北京市东城区青年湖南街 13 号　邮政编码 100011）
印　　装：三河市航远印刷有限公司
787mm×1092mm　1/16　印张 20¼　字数 510 千字
2025 年 1 月北京第 1 版第 1 次印刷

购书咨询：010-64518888　　　　售后服务：010-64518899
网　　址：http://www.cip.com.cn
凡购买本书，如有缺损质量问题，本社销售中心负责调换。

定　　价：59.00 元

党的二十大报告强调，教育、科技与人才是社会主义现代化建设的核心支撑，明确了其战略地位。这一战略指引，为我们的教学、科研和人才培养提供了方向，凸显了新时代科技、教育和人才的重要性。在数字化时代，数字图像处理技术的蓬勃发展，是技术革命、生产要素创新配置和产业转型升级的结果，体现了新质生产力高科技、高效能、高质量的特征。在这一背景下，数字图像处理技术的发展不仅是技术进步的体现，更是推动社会生产力发展的重要力量。

从技术发展现状来看，一方面，硬件设备的不断升级为数字图像处理提供了强大的计算支持，高性能的图形处理器（GPU）以及专门用于图像处理的芯片，极大地提高了图像处理的速度和效率。例如，在深度学习算法应用于图像处理时，强大的 GPU 能够快速处理海量的数据，加速模型的训练过程。另一方面，算法的创新和改进推动了数字图像处理技术的进步。传统的图像处理算法不断优化，同时新兴的人工智能技术，尤其是深度学习算法，如卷积神经网络（CNN）及其各种变体（ResNet、VGG 等），在图像识别、目标检测、图像分割等任务中取得了令人瞩目的成果。这些算法能够自动学习图像的特征，相较于传统方法具有更高的准确性和鲁棒性。

在应用领域，数字图像处理技术的应用范围日益广泛。在医疗领域，医学影像诊断借助数字图像处理技术实现了更精确的疾病检测和诊断，例如通过对 X 光、CT、MRI 等影像的处理，医生可以更清晰地观察到病变部位的细节。在安防领域，视频监控系统利用图像识别和目标检测技术，可以实时监测和识别异常行为和目标，提高了公共安全保障水平。在交通领域，智能交通系统依靠图像处理技术实现了车辆识别、交通流量监测和违章抓拍等功能，有效改善了交通拥堵和安全问题。在娱乐产业，虚拟现实（VR）和增强现实（AR）技术大量应用数字图像处理算法，为用户带来更加沉浸式的体验。

目前市场上已有不少数字图像处理教材，但有些教材理论性过强，缺乏实际案例的支撑，使得读者在学习过程中难以将理论知识与实际应用相结合；有些教材虽然注重实践，但在理论体系的完整性上有所欠缺，无法为读者提供全面系统的知识架构。本教材旨在弥补现有教材的不足，为读者提供一本既具有扎实理论基础，又富含丰富实际案例的数字图像处理教材。我们期望通过系统全面的知识讲解与大量详实的实践案例剖析，助力读者全方位掌握数字图像处理的核心知识与前沿技术，切实培养其解决实际问题的能力，以更好地契合数字图像处理领域持续演进的发展需求。

本教材内容完备，涵盖数字图像处理的各个层面，从基础理论到实际应用，构建起一个完整且逻辑严密的知识体系。特别强调案例教学，所有案例均源自编写者长期的教学、科研及工程实践，具备高度的实用性与针对性。同时，教材以 C++和 Python 为主要编程语言，并结合开源计算机视觉库 OpenCV，详细阐释各类算法与技术的实现路径，方便读者学习与实践操作。全书内容丰富、结构明晰、语言平实易懂，适合计算机科学与技术、电子信息工程、自动化、通信工程等相关专业的本科生、研究生，以及对数字图像处理技术怀有浓厚兴趣的工程技术人员和研究人员阅读参考。同时，本教材积极践行新工科教育理念，致力于培养学生的创新能力、实践能力和社会责任感。通过实例融入思政元素，引导学生树立正确价值观与职业操守，培养创新、实践能力和社会责任感，使其成为德才兼备之才，为国家社会发展贡献力量。

本书的编写人员具有丰富的教学和科研经验，长期从事数字图像处理方面的研究和教学工作，并对数字图像处理技术在各个领域的应用有深入的了解。由周卫斌、林丽媛、强晓永担任主编，林丽媛统稿，编写分工如下：周卫斌负责编写第 1、2 章，并负责组织、统筹本书的编写工作。林丽媛负责编写第 3、9、10、11、12 章和附录 A、B，并组织、验证了全书的程序开发和实验；强晓永负责编写第 4、5、6、7、8 章。乔冠华、王超凡负责第 2~8 章的程序开发和实验，并参与了第 2 章的编写准备工作；王鑫负责第 9 章的程序开发和实验；王乐广、颜景鹏、文澳林、师淋源、李小鱼、乔冠华、陈健、王莹参与了第 10、11、12 章的编写准备工作，并负责程序开发和实验；郭永良、王志鹏参与了第 3、4、5、6、7、8 章的编写准备工作。

本书是在天津市人工智能学会的悉心指导下完成的。在此，我们要衷心感谢天津大学电气自动化与信息工程学院周圆教授给予的专业指导；感谢内蒙古海立电子材料有限公司总经理朱益辉、总工程师李三华、设备部部长王瑞考、设备部副部长陈健，以及天津燊辉电力科技股份有限公司董事长顾业华、总经理孙旭冉、副总经理李国超、运检部负责人阚金鹏、运检部运维督导王莹等为本书提供的宝贵技术与实践支持。

本书配备了丰富的教学资源，包括电子课件、程序源代码和彩图，读者可通过登录化学工业出版社网站或扫描二维码进行下载。尽管我们在编写过程中竭尽全力，但难免存在疏漏之处，恳请同行专家和广大读者不吝批评指正。若您对本书有任何意见或建议，欢迎通过电子邮件 linlytust@163.com 与我们联系，我们将不胜感激。

编者

2024 年 11 月

Contents 目录

第 5 章 ·············
图像预处理

第 6 章 ·············
图像特征提取

附录 A ················

OpenCV 图像处理常用函数

附录 B ················

基于 Python 的图像处理常用函数

参考文献 ················

第 1 章
概论

本章将引领读者步入数字图像处理的精彩世界，首先深入浅出地阐述数字图像处理的诞生背景、发展历程以及其在现代科技中的重要地位。通过细致的分类介绍，读者将全面理解数字图像处理技术的多样性和复杂性。随后，本章将剖析数字图像处理系统的核心组成部分，揭示其内在的工作机制与流程。最后，展示数字图像处理在各个领域中的广泛应用与巨大潜力。

1.1 数字图像处理的分类和发展

21 世纪是一个智能信息的时代，大数据研究表明，人们日常生活中所接收的信息总量，80%左右来源于图像信息，从这一角度看，"百闻不如一见"正是图像处理重要性的形象表达和经验总结。因此，图像是人类获取信息、表达信息和传递信息的重要手段，是人类感知和认识世界的基础。图像处理技术的早期应用较为单一，图像处理的目的是改善和提高图像质量，即主要考虑以人为对象，以改善人的视觉效果为目的。在图像处理中，输入的是质量低的图像，输出的是改善质量后的图像。

1.1.1 图像分类

在讨论数字图像处理之前，首先对"图像"一词进行定义和描述。图像是其所表示物体或对象信息的一个直接描述和浓缩表示。简而言之，即图像是物体在平面坐标上的直观再现。因此，一幅图像包含了所表示物体的描述信息和特征信息，或者说图像是与之对应的物体或对象的一个真实表示，这个表示可以通过某些技术手段实现。图像的种类很多，属性及分类方法也很多。

（1）按人眼的视觉特点对图像分类

按人眼的视觉特点，可将图像分为可见图像和不可见图像。其中可见图像又包括生成图像和光图像两类。

生成图形通常称为图形或图片，侧重于根据给定的物体描述模型、光照及想象中的摄像机的成像几何，生成一幅图或像的过程，如图1-1所示。

∧图1-1 AI模型生成图像

光图像侧重于用透镜、光栅和全息技术产生的图像，如图1-2所示。我们通常所指的图像是指光图像。不可见的图像包含不可见光（如X射线、红外线、紫外线、超声、磁共振等）成像和不可见量成像，如温度、压力及人口密度的分布图等。

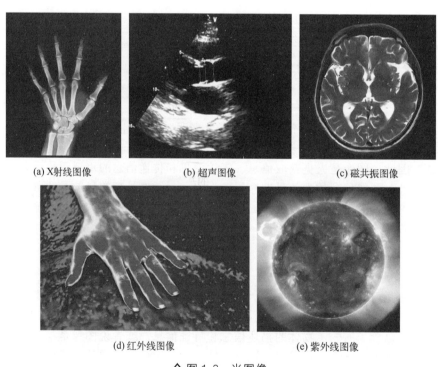

(a) X射线图像   (b) 超声图像   (c) 磁共振图像

(d) 红外线图像   (e) 紫外线图像

∧图1-2 光图像

（2）按波段分类

按波段可将图像分为单波段、多波段和超波段图像。单波段图像在每个像素点只有一个亮度值；多波段图像上的每一个像素点具有不止一个亮度值，例如红、绿、蓝三波段光谱图像或彩色图像在每个像素具有红、绿、蓝三个亮度值，这三个值表示在不同光波段上的强度，人眼看来就是不同的颜色；超波段图像上每个像素点具有几十或几百个亮度值，如遥感图像等。

（3）按空间坐标和明暗程度的连续性分类

按空间坐标和明暗程度的连续性，可将图像分为模拟图像和数字图像。模拟图像的空间坐标和明暗程度都是连续变化的，计算机无法直接处理。数字图像是指其空间坐标和灰度均不连续、用离散的数字表示的图像，这样的图像才能被计算机处理。因此，数字图像可以理解为图像的数字表示，是时间和空间的非连续函数（信号），是由一系列离散单元经过量化后形成的灰度值的集合，即像素的集合。

（4）基于集合论的分类

如果考虑所有物体的集合，图像便形成了其中的一个子集，在图像子集中的每幅图像都和它所表示的物体存在对应关系，如图 1-3 所示。

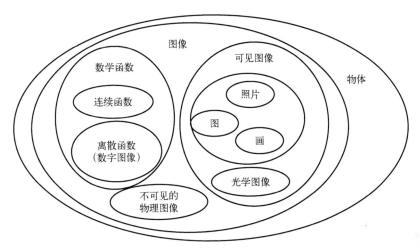

❖图 1-3　图像的基本类型

1.1.2　数字图像发展历史

数字图像处理是指用计算机对图像进行处理，是一个跨学科的前沿科技领域。现代意义上的数字图像处理技术是建立在计算机快速发展基础上的，它开始于 20 世纪 60 年代初期，那时第三代计算机研制成功，快速傅里叶变换（FFT）出现，图像的输出有了专用设备，这些使某些图像处理算法可以在计算机上实现。1964 年，位于加利福尼亚的美国喷气推进实验室（JPL 实验室）处理了太空船"徘徊者七号"发回的月球照片，以校正航天器上电视摄像机中各种类型的图像畸变，这标志着图像处理技术开始得到实际应用。图 1-4 是当时航天器传送的第一张月球表面照片。20 世纪 70 年代以来，数字图像处理从空间技术逐渐向其他应用领域推广，其中一个重要应用是医学领域。1972 年，英国 EMI 的工程师 Housfield 发明了用于头颅诊断的 X 射线计算机断层摄影装置，即通常所说的 CT，根据人的头部截面的投影，经计算机处理来重建截面图像。与此同时，图像处理技术还在许多应用领域受到广泛重视并取得重大的开拓性成就，如航空航天、生物医学工程、工业检测、机器人视觉、公安司法、武器制导、文化艺术等，使图像处理成为一门引人注目、前景远大的新兴学科。到 20 世纪 80 年代以及进入 21 世纪以来，越来越多从事数学、物理、计算机等基础理论和工程应用的研究人员关注和加入图像处理这一研究领域，逐渐改变了图像处理仅受信息工程技术人员关注的状况。与此同时，计算机运算速度的提高，硬件处理器能力的增强，使人们不仅能够处理单幅的二维灰度图像，而且开始处理彩色图像、视频序列图像、三维图像和虚拟现实图像。

へ图 1-4　1964 年第一张月球表面照片

目前，数字图像处理已经不同程度地应用到我国社会生活和生产的众多领域，在工程学、计算机科学、信息学、统计学、物理、化学、遥感、生物医学、地质、海洋、气象、农业、冶金等许多学科中的应用取得了巨大的成功和显著的经济效益，对科学研究、国民经济甚至人类社会的发展具有深远的意义。

1.2　数字图像处理系统

计算机技术的快速发展推动了数字图像处理技术的发展，反过来，数字图像处理技术的广泛应用又推动了计算机和微电子技术的发展。图像处理的大数据量，既推动了大容量存储器研发，也推动和培育了海量存储市场的发展。数字图像的高性能显示和输出，促进了高精度彩色显示器和彩色打印机的诞生与发展，并推动了对扫描仪、数码相机、摄像机等高精度数字图像输入设备的发展。

数字图像处理技术的快速发展和广泛应用推动了图像处理系统硬件的研发，不同行业对数字图像处理系统的性能提出了不同的要求。例如，医学影像处理系统对系统的处理速度和精度方面的要求较高，而指纹识别系统则要求系统具有实时响应的性能。虽然不同的图像处理系统在精度、速度、容量等方面的要求可能不尽相同，但数字图像处理系统呈现出专业化的发展趋势。

1.2.1　经典的数字图像处理系统

一个经典的数字图像处理系统如图 1-5 所示，主要包括输入设备、主机系统、输出和存储设备三部分。

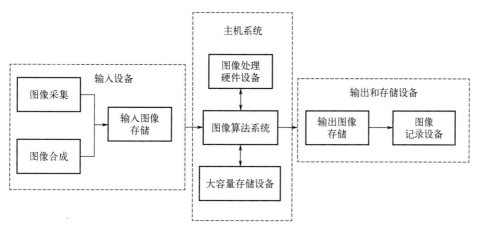

△ 图 1-5　经典数字图像处理系统的构成

① 输入设备：包括图像采集与合成设备，以及输入图像存储设备等。随着技术的发展，图像输入设备的性能越来越高，但价格却越来越低。常用的输入设备主要包括图像采集卡、工业摄像机、光电扫描仪、数字相机、遥感遥测等多种设备类型。

② 主机系统：一般由台式计算机、笔记本电脑、服务器以及其他各种高性能主机系统组成，包括硬件和软件两大部分。常见的图像处理系统主要有计算机和苹果机系统。

③ 输出和存储设备：主要包括显示器、打印机、光盘和大容量硬盘等存储器。

1.2.2　实际的数字图像处理系统

实际的数字图像处理系统是一个错综复杂的系统，它融合了硬件与软件元素，并且与网络环境紧密相连。尽管图形处理系统会根据特定的应用需求而有所不同，但如果从最基本的功能特性来考虑，可以建立一个如图 1-6 所示的数字图像处理系统模型。在这个基本系统中，除了网络环境以外，包括五大部分图像处理功能：待处理图像信号的输入，即采集模块；已处理图像的输出，即显示模块；在处理过程中需要用到控制和存储模块；和用户打交道的存取、通信模块；图像处理核心模块，即主图像处理设备。

（1）图像输入设备

根据不同的应用需求，图像的输入设备可以采用不同的方式。如 CCD/CMOS 摄像机、数字照相机、磁带录像机的输出，激光视盘的输出，红外光摄像机、扫描仪的输出，计算机断层扫描的输出，磁共振成像（MRI）的输出等。此外，接收的广播电视信号、来自互联网的图像数据以及来自其他图像处理系统的信号，也可以作为图像处理系统的输入。

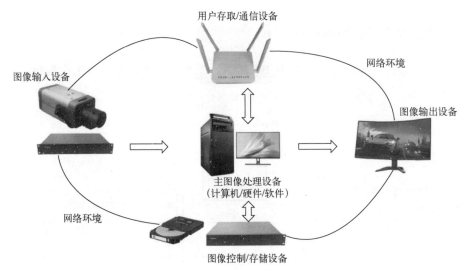

⌃ 图 1-6　数字图像处理系统模型

（2）图像输出设备

常见的图像输出设备如电视机、计算机的显示器。高质量显示设备包括平板液晶显示器（LCD）和发光二极管（LED）显示器，还有色彩更加丰富的有机发光二极管（OLED）显示器，便于携带的可弯曲的 LED 显示器等。除了各类显示器，还有大屏幕投影仪、彩色打印机、硬盘复制机、彩色绘图仪等，甚至网络云端的各种输出设备。

（3）图像控制/存储设备

控制设备主要用于在图像处理过程中对主图像处理设备进行控制，如键盘、鼠标、控制杆、各种开关，还包括立体图像处理中使用的数据手套、力感应器和各种专用控制部件等。图像存储设备更是种类繁多，主要用于图像处理过程中，对图像信息本身和其他相关信息进行暂时或永久存储，如各种大容量 RAM、ROM、闪存（Flash Memory）、SD卡、硬盘、光盘、磁带机等。对于大容量、特大容量的数据，可快速存储在网络云端的数据中心。

（4）用户存取/通信设备

有些情况下，用户需将已处理好的或还要进一步处理的图像信号取出或送入主图像处理设备，该模块可满足用户的这一需求。存取一般是指本地操作，如光盘、磁带、硬盘或各种存取器件等；而通信则相当于远端的存取操作，如基于局域网、Internet、数字通信网的通信设备等。

（5）主图像处理设备

主图像处理设备是图像处理系统的核心。主处理设备可以大到分布式计算机组、一台大型计算机，小至一台微机，甚至一片 DSP 芯片。除了硬件外，它还包括用于图像处理的各种通用或专用软件，其规模可以是一套图像处理系统软件，也可以只是一段图像处理指令。

1.3 数字图像处理的内容及特点

1.3.1 数字图像处理的内容

数字图像处理的方便性和灵活性，以及现代计算机的广泛普及，使得数字图像处理技术成为图像处理技术的主流。目前常见的数字图像处理方法包括：图像的数字化、编码、增强、恢复、变换、压缩、存储、传输、分析、识别、分割等。数字图像处理的一般步骤为：图像信息的获取、图像信息的存储、图像信息的处理、图像信息的传输、图像信息的展示等环节。图 1-7 给出了数字图像处理的几个阶段。

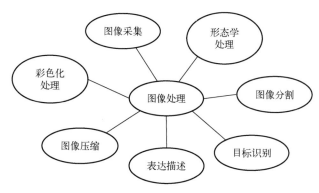

︽ 图 1-7 数字图像处理的几个阶段

（1）图像信息获取

数字图像处理的第一步是图像的采集和获取，把一幅图像转换成适合输入计算机的数字信号，这一过程包括摄取图像、A/D 转换及数字化等步骤。主要设备包括摄像设备、扫描器、扫描鼓、扫描仪等图像数字化设备。

（2）图像信息存储

图像信息的特点是数字量巨大，存储采用的介质有磁带、磁盘或光盘，为解决海量存储问题主要研究数据压缩、图像格式和图像数据库技术等。

（3）图像信息处理

数字图像处理多采用计算机处理，主要内容为几何处理、算术处理、图像分割、图像变换。

① 几何处理。几何处理主要包括坐标变换，图像的放大、缩小、旋转、移动，多幅图像配准，图像的校正，图像周长、面积、体积的计算等。

② 算术处理。算术处理主要对图像施以加、减、乘、除等运算。

③ 图像变换。由于图像阵列很大，直接在空间域中进行处理涉及的计算量很大。因此，往往采用各种图像变换方法，如傅里叶变换、离散余弦变换、哈达玛变换、小波变换等间接处理技术，将空域的处理转化为变换域的处理，不仅可以减少计算量，而且可以获得更有效的处理。

④ 图像分割。图像分割是将图像中有意义的特征（如图像中物体的边缘、区域等）提取出来，是进一步进行图像识别、分析和理解的基础。虽然目前已研究出不少边缘提取、区域分割的方法，但还没有一种普遍适用于各种图像的有效方法。因此，对图像分割的研究还在不断深入之中，是目前图像处理研究的热点之一。

（4）图像描述

图像描述是图像识别和理解的必要前提。对于最简单的二值图像，可以采用其几何特性描述物体的特性。一般图像的描述方法采用二维形状描述，它有边界描述和区域描述两类方法。对于特殊的纹理图像，可以采用二维纹理特征描述。随着图像处理技术研究的深入发展，已经开始进行三维物体描述的研究，提出了体积描述、表面描述、广义圆柱体描述等方法。

（5）图像识别

图像识别属于模式识别的范畴，其主要内容是图像经过某些预处理（如增强、复原、压缩）后，进行图像分割和特征提取，从而进行判决分类。图像分类常采用经典的模式识别方法，有统计模式分类和句法结构模式分类，近年来新发展起来的模糊模式识别和人工神经网络模式分类在图像识别中也越来越受到重视。

（6）图像理解

图像理解是由模式识别发展起来的方法。这种处理过程的输入是图像，输出是一种描述。这种描述并不仅是单纯用符号做出详细的描绘，而且要根据客观世界的知识利用计算机进行联想、思考和推论，从而理解图像所表现的内容。图像理解有时也称为景物理解。在这一领域还有相当多的问题需要进行深入研究。

1.3.2　数字图像处理的特点

数字图像处理具有以下特点：

（1）处理数据量庞大

图像中包含丰富的信息，数字图像的数据量巨大。一幅数字图像是由图像矩阵中的像素组成的，通常每个像素用红、绿、蓝三种颜色表示，每种颜色用 8 位表示灰度级。一幅 1024×1024 不经过压缩的真彩色图像，数据量达到 3MB。

（2）处理精度高

数字图像存储的基本单元是由离散数值构成的像素，其一旦形成不容易受图像存储、传输、复制过程的干扰，即不会因为这些操作而退化。只要图像在数字化过程中对原景进行了准确的表现，所形成的数字图像在被处理过程中就能保持图像的可再现能力。

（3）再现性好

数字图像处理与模拟图像处理的根本不同在于，它不会因图像的存储、传输或复制等一系列变换操作而导致图像质量的退化。只要图像在数字化时准确地表现了原稿，那么数字图像处理过程就始终能保持图像的再现，人类视觉能够直观地观察图像。

（4）灵活性高

数字图像处理不仅能完成线性运算，而且能实现非线性处理，即凡是可以用数学公式或逻辑关系来表达的一切运算均可用数字图像处理实现。现代数字图像处理可以进行点运算，也可以进行局部区域运算，还可以进行图像整体运算。通过空域与频域的转换，还可以在频域进行数字图像的处理。

（5）适应领域广泛

图像可以来自多种信息源，它们可以是可见光图像，也可以是不可见的波谱图像（如 X 射线图像、γ 射线图像、超声波图像或红外图像等）。从图像反映的客观实体尺度看，可以小到电子显微镜图像，大到航空照片、遥感图像，甚至天文望远镜图像。这些来自不同信息源的图像只要被变换为数字编码形式，均可用二维数组表示的灰度图像组合而成并且均可用计算机来处理。也就是说，只要针对不同的图像信息源，采取相应的图像信息采集措施，图像的数字处理方法适用于任何一种图像。

1.4 数字图像处理的应用

图像是人类获取和交换信息的主要来源，因此，图像处理的应用领域必然涉及人类生活和工作的方方面面。随着人类活动范围的不断扩大，图像处理的应用领域也将不断扩大。近年来，数字图像处理的应用领域无论是深度上还是广度上都发生了深刻的变化。如表 1-1 所示，图像处理技术已经渗透到民用工业、军事、航空航天、医疗保健、环境保护、矿产资源、安全保卫和科研等各领域，几乎涉及社会经济生活的各方面，在国民经济中发挥着越来越重要的作用。

表 1-1　图像处理技术的应用领域

应用领域	应用内容
工业	工业探伤、工件识别、机器人控制、质量监测及铁路运输与调度等
军事	导弹制导、夜视瞄准、电子沙盘、军事侦察与训练、军事演习等
航空航天	航天发射、空间站建设与维护、陆地卫星、星际探测与研究等
经济	身份认证、指纹技术、虹膜识别、防伪、网络购物等
通信	传真、视频、多媒体通信、GIS、视频会议等
气象与环保	卫星云图分析、天气预报、水环境监测、大气污染监测与调查等

続表

应用领域	应用内容
水利	河流分布、洪水监测、水下泥沙监测与预测、水利及水害调查等
生物医学工程	X射线照片分析、CT、核磁成像分析、细胞分析、染色体分类等
法律	视频监控、生物特征识别、指纹识别等
物理、化学	结晶分析、谱分析等
地质	地图绘制、矿产监测、油气资源勘探等
海洋	海岸线监测、海洋污染监测、鱼群探查、海洋安全监测等
农林	植被分布调查、农作物估产、病虫害监测、森林火灾监测等

（1）工业领域的应用

在工业和工程领域中，图像处理技术有着广泛的应用，如在自动装配线上检测零件的质量及对零件进行分类，印制电路板疵病检查，弹性力学照片的应力分析，流体力学图片的阻力和升力分析，邮政信件的自动分拣，在一些有毒、放射性环境内识别工件及物体的形状和排列状态，先进的设计和制造技术中采用工业视觉等。

（2）交通领域的应用

目前，在交通领域通过数字图像处理实现交通管制、机场监控、运动车船的视觉反馈控制，车牌照和火车车厢的识别等。

（3）军事和安全领域的应用

在军事方面，图像处理和识别主要用于军事侦察、定位、引导和指挥，巡航导弹地形识别，遥控飞行器的引导，侧视雷达的地形侦察，目标的识别与制导，指纹自动识别，罪犯脸形合成，手迹、人像、印章的鉴定识别，过期档案文字的复原，集装箱的不开箱检查等。

（4）生物医学领域的应用

由于数字图像处理技术具有直观、无创伤、经济和安全方便等诸多优点，因此图像处理在医学领域的应用非常广泛。从近30年来国内外医学领域的发展情况看，图像处理技术已在临床诊断、病理研究等医学领域发挥了重要作用，不仅应用领域日益广泛，而且很有成效。如红/白细胞分类与计数、染色体分析、癌细胞识别、热像分析、红外图像分析，X光照片增强、冻结和伪彩色增强，超声图像成像、心电图分析、立体定向放射治疗等。

（5）遥感航天领域的应用

在利用陆地卫星所获取的图像进行多光谱卫星图像分析，地形、地貌、国土普查，地质、矿藏勘探，森林资源探查、分类和防火，水利资源探查，洪水泛滥监测，海洋、渔业应用（如温度、鱼群的监测和预报），农业应用（如粮食估产、病虫害调查），自然灾害、环境污染监测，气象、天气预报图的合成分析预报，天文、太空星体的探测及分析等方面，数字图像处理技术也发挥了相当大的作用。

（6）机器视觉

机器视觉作为智能机器人的重要感知技术，主要进行三维景物的理解和识别，是目前处于研究之中的开放课题。机器视觉主要涉及用于军事侦察、危险环境的自主机器人，邮政、医院和家庭服务的智能机器人，可实现装配线工件识别与定位，太空机器人的自主操作等。

（7）通信工程方面的应用

当前通信技术的主要发展方向是声音、文字、图像和数据结合的多媒体通信，也就是将电话、电视和计算机以三网合一的方式在数字通信网上进行传输。其中以图像通信最为复杂和困难，因为图像的数据量巨大，如传送彩色电视信号的速率达 100Mbit/s 以上，要将这样高速率的数据实时传送出去，必须采用编码技术来压缩信息的比特量，因此从一定意义上讲，编码压缩是这些技术成败的关键。

图像处理技术的应用领域已非常广泛，它在社会经济发展、国计民生、国防与国家安全以及日常生活中发挥着越来越重要的作用。

1.5　数字图像处理的内容以及与其他相关学科的关系

数字图像处理是一门系统研究各种图像理论、技术和应用的新的交叉学科，它所包含的内容是相当丰富的。从研究方法来看，它与数学、物理学、生理学、心理学、计算机科学等许多学科相关；从研究范围来看，它与模式识别、计算机视觉、计算机图形学等多个专业又互相交叉。如图 1-8 所示，数字图像处理技术包括三个基本范畴。

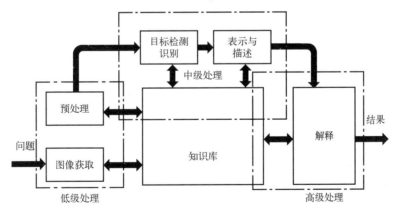

∧ 图 1-8　图像处理系统的组成

① 低级处理：包括图像获取、预处理，不需要智能分析。
② 中级处理：包括图像分割、表示与描述，需要智能分析。
③ 高级处理：包括图像识别、解释，但缺少理论支持，为降低难度，常设计得更专用。
图 1-9 给出了数字图像处理与相关学科和研究领域的关系，可以看出数字图像处理的三

个层次的输入/输出内容，以及它们与计算机图形学、模式识别、计算机视觉等相关领域的关系。计算机图形学研究的是在计算机中表示图形以及利用计算机进行图形的计算、处理和显示的相关原理与算法，是从非图像形式的数据描述生成图像，与图像分析相比，两者的处理对象和输出结果正好相反。另一方面，模式识别与图像分析则比较相似，只是前者把图像分解成符号等抽象的描述方式，二者有相同的输入，而不同的输出结果可以比较方便地进行转换。计算机视觉则主要强调用计算机实现人的视觉功能，这实际上用到了数字图像处理三个层次的许多技术，但目前研究的内容主要与图像理解相结合。

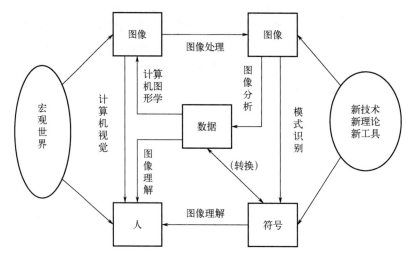

△ 图 1-9　数字图像处理与相关学科和研究领域的关系

以上各学科都得到包括人工智能、神经网络、遗传算法、模糊逻辑等新理论、新工具和新技术的支持，因此它们在近年得到了长足进展。另外，数字图像处理的研究进展与人工智能、神经网络、遗传算法、模糊逻辑等理论和技术都有密切的联系，它的发展应用与工业、交通、军事安全、生物医学、遥感航空航天和机器视觉等许多领域也是相关的。

1.6　习题

1. 图像可以分成哪些类别？
2. 数字图像处理的主要内容有哪些？
3. 数字图像处理的主要特点是什么？
4. 简述数字图像处理系统的结构及其功能。
5. 简述数字图像处理的具体应用。

第 2 章
数字图像处理开发环境

本章主要介绍了数字图像处理的开发环境，重点涵盖了 OpenCV 与 C++的相关要点，包括 OpenCV 的简介、在 Visual Studio 环境下的安装步骤以及开发环境配置，并通过代码实例展示基本操作。此外，还简述了 Python 语言基础、开发环境配置及基础编程规则。最后，通过习题巩固读者的学习成果。本章旨在为读者提供图像处理的工具链基础，为后续学习奠定良好的开发环境。

2.1 OpenCV 简介

OpenCV（Open Source Computer Vision Library）由 Intel 于 1999 年创建，是一个开源计算机视觉和机器学习软件库，旨在促进计算机视觉技术的发展，它提供了数百个计算机视觉和图像处理函数，被广泛应用于学术研究、工业项目和个人开发。2000 年，OpenCV 发布第一个版本，随后在开源社区的支持下迅速发展，现在由 OpenCV.org 进行管理，并得到许多公司的支持和贡献。

（1）主要特点

① 开源：OpenCV 是一个开源库，遵循 BSD 许可证，可以自由用于商业和研究项目。
② 跨平台：支持 Windows、Linux、Mac OS 以及移动平台（Android 和 iOS）。
③ 广泛的功能：涵盖了从基本的图像处理到高级的计算机视觉任务，包括对象检测、图像分割、面部识别、机器学习等。
④ 高效：使用 C++编写，并且支持多种硬件加速（如 CUDA 和 OpenCL）。

（2）OpenCV 的模块

OpenCV 包括多个模块，每个模块都包含特定领域的功能，具体如下。
① Core：基础数据结构和算法。
② Imgproc：图像处理函数。
③ Highgui：图像和视频的输入/输出函数。
④ Video：视频分析，运动估计等。
⑤ Calib3d：相机标定，3D 重建。

⑥ Features2d：二维特征检测和描述。

⑦ Objdetect：对象检测。

⑧ ML：机器学习算法。

⑨ Photo：图像去噪、修复等。

⑩ Stitching：图像拼接。

⑪ Contrib：一些实验性和贡献的模块。

（3）典型应用

OpenCV 是一个功能强大的开源计算机视觉库，广泛应用于图像处理、对象检测、图像分割、特征匹配、视频分析等领域。它支持图像过滤、边缘检测、颜色转换、目标跟踪等操作，并集成了机器学习和深度学习模块。OpenCV 是图像和视频处理领域的强大工具，适用于科研、工业等各种视觉应用场景。

① 图像处理：包括滤波、变换、直方图处理等。

② 特征检测与匹配：如边缘检测、角点检测、SIFT、SURF 等。

③ 对象检测与识别：如人脸检测、车辆检测等。

④ 视频分析：包括背景建模、运动检测、跟踪等。

⑤ 机器学习：包括支持向量机、决策树、神经网络等。

⑥ 增强现实：在实时视频流中叠加虚拟对象。

⑦ 3D 重建：从多个图像中重建三维结构。

2.2　OpenCV 基础及开发环境配置

配置 OpenCV 开发环境首选需要安装 OpenCV 库，然后配置编译器或集成开发环境（IDE），之后可以编写和运行一个简单的 OpenCV 程序进行测试。

2.2.1　安装 OpenCV 库

（1）Windows 系统

① 使用预编译库。

前往 OpenCV 的 GitHub Releases 页面下载最新的预编译版本（选择 Windows 包）。解压下载的文件到某个目录（以 Windows 系统为例，例如：C:\opencv），如图 2-1 所示。

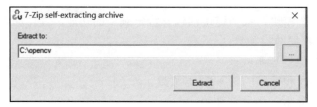

︿ 图 2-1　预编译版本解压

设置环境变量：将 C:\opencv\build\x64\vc15\bin 添加到系统路径中（确保适配 Visual Studio 版本），如图 2-2 所示。

⚠ 图 2-2　设置环境变量

② 使用包管理工具（例如：Conda 或 pip）。

Conda: conda install -c conda-forge opencv

pip: pip install opencv-python（仅安装主模块）

pip: pip install opencv-contrib-python（安装主模块和扩展模块）

（2）Mac 系统

① 使用 Homebrew 安装。

安装 Homebrew：/bin/bash -c "$(curl-fsSL https://raw.githubusercontent.com/Homebrew/install/HEAD/install.sh)"

安装 OpenCV：brew install opencv

② 使用 Conda 或 pip 安装。

Conda: conda install -c conda-forge opencv

pip: pip install opencv-python

pip: pip install opencv-contrib-python

（3）Linux （Ubuntu）系统

① 使用 APT 包管理器安装。

sudo apt update

sudo apt install libopencv-dev python3-opencv

② 使用 Conda 或 pip 安装。

Conda: conda install -c conda-forge opencv

pip: pip install opencv-python

pip: pip install opencv-contrib-python

2.2.2　C++集成开发环境配置

（1）安装 Visual Studio（Windows）

① 下载 Visual Studio。

在 Visual Studio 的官网下载 Visual Studio 最新版本（本书选用 Visual Studio 2022 版），在下载文件夹中双击 VS 2022.exe，运行安装包，安装界面如图 2-3 所示。

⌃ 图 2-3　Visual studio 安装界面

② 选择安装位置。

进去后出现主界面，系统一般默认安装到 C 盘，但可以更改安装路径（建议默认安装），根据用户需要，勾选相关的安装内容，如图 2-4，图 2-5 所示。

③ 上述内容都完成后单击"安装"按钮，安装完成后的页面如图 2-6 所示。

（2）Visual Studio 2022 环境配置

① 创建一个新的项目，如图 2-7 所示。

⌃ 图 2-4　安装位置

∧ 图 2-5　安装内容

∧ 图 2-6　安装成功后的页面

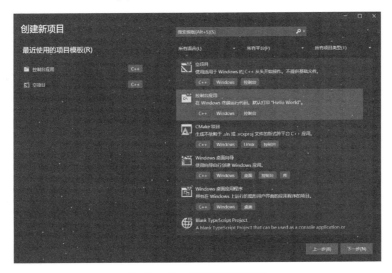

∧ 图 2-7　创建 VS 新项目

② 添加包含目录和库目录。

在项目属性中，添加 OpenCV 库的包含目录和库目录。包含目录：D: \软件\opencv\opencv\ build\include，如图 2-8 所示。

库目录：D: \软件\opencv\opencv\build\x64\vc15\lib，如图 2-9 所示。

③ 添加库文件。

在"链接器"→"输入"→"附加依赖项"中添加以下库文件：opencv_world460.lib（见图 2-10）（根据下载的 OpenCV 版本调整文件名），单击"确定"按钮后便可以开始编写第一个 OpenCV 程序了。

∧ 图 2-8　添加包含目录　　　　　　　　∧ 图 2-9　添加库目录

∧ 图 2-10　添加库文件

（3）常见问题

① 路径问题：确保所有路径都正确配置，包括包含路径、库路径和环境变量。

② 依赖问题：确保系统中安装了所有必要的依赖项，特别是在 Linux 系统中。

③ 权限问题：在某些系统中，可能需要管理员权限来修改系统路径或安装软件包。

2.2.3　OpenCV 代码实例

　　以下是一个简单的基于 Visual Studio 的 OpenCV 程序示例，展示如何显示一幅图像（见图 2-11），用于验证 OpenCV 是否安装成功。

```
#include <opencv2/opencv.hpp>

int main() {
    cv::Mat img = cv::imread("path_to_image.jpg");
    if(img.empty()) {
```

```
        std::cout << "Could not read the image" << std::endl;
        return 1;
    }
    cv :: imshow ("Display window", img);
    cv ::waitKey(0);
    return0;
}
```

︽图 2-11　图像显示

　　下面代码示例展示如何使用 OpenCV 进行一些基本的图像处理任务，包括读取图像、灰度化、边缘检测、显示结果等，如图 2-12 所示。

```
#include <opencv2/opencv.hpp>
int main() {
    // 读取图像
    cv::Mat image = cv::imread("path_to_image.jpg");
    if(image.empty()){
        std::cerr << "Could not read the image" << std::endl;
        return 1;
    }
    // 灰度化
    cv::Mat gray_image;
    cv::cvtColor(image, gray_ image, cv::COLOR_BGR2GRAY);
    // 边缘检测
    cv::Mat edges;
    cv::Canny(gray_image, edges, 100, 200);
    // 显示结果
    cv::imshow("Original Image",image);
    cv::imshow("Gray Image",gray_image);
    cv::imshow(" Edges",edges);
    cv::waitKey(0);
    return 0;
}
```

(a)　　　　　　　　　(b)　　　　　　　　　(c)

⋀ 图 2-12　基于 OpenCV 的简单图像处理任务

通过这些示例，可以初步了解如何使用 OpenCV 进行图像处理任务。OpenCV 拥有丰富的功能和文档，适合各种计算机视觉和图像处理应用。

2.3　Python 简介

Python 是一种解释型、高级和通用的编程语言，因其简洁、易读和功能强大而受到广泛欢迎。它由 Guido van Rossum 于 1991 年发布，并由 Python Software Foundation 维护。

（1）主要特点

① 简洁易读：Python 代码风格清晰，语法简洁，非常适合初学者。
② 广泛的应用：适用于 Web 开发、数据科学、人工智能、自动化脚本、网络编程等。
③ 丰富的标准库和第三方库：Python 拥有强大的标准库以及丰富的第三方库，使得开发工作更加高效。
④ 跨平台：Python 可以在 Windows、Linux、Mac 等操作系统上运行。
⑤ 社区支持：拥有一个活跃且庞大的社区，提供了大量的资源和支持。

（2）版本

Python 主要有两个版本系列：Python 2.x 和 Python 3.x。Python 3.x 是推荐的版本，因为它包含了许多新功能和改进，而 Python 2.x 已经在 2020 年停止了支持。Python 的强大和灵活性使得它在各个领域都有广泛的应用。

（3）发展历程

Python 的设计初衷是作为 ABC 语言的一种替代品，旨在解决 ABC 语言非开放的问题。自 1991 年首次发行以来，Python 经过多次更新和迭代，逐渐发展成为一门功能强大、用途广泛的编程语言。近年来，随着人工智能、大数据等领域的兴起，Python 因其简单易学、生态丰富等优势，逐渐成为这些领域的首选编程语言。

（4）应用领域

Python 因其简单易学、功能强大、生态丰富等优势，被广泛应用于多个领域：

① Web 开发：Python 拥有多个优秀的 Web 框架，如 Django、Flask 等，使得 Python 成为 Web 开发领域的热门选择。

② 数据分析与科学计算：Python 在数据分析、数据挖掘、机器学习等领域具有广泛应用，其丰富的科学计算库（如 NumPy、SciPy、Pandas 等）为这些领域的研究提供了强大的支持。

③ 自动化运维：Python 的脚本特性使得其非常适合用于自动化运维任务，如系统监控、日志分析、自动化测试等。

④ 人工智能：Python 在人工智能领域也具有重要地位，其深度学习库（如 TensorFlow、PyTorch）为机器学习和深度学习研究提供了强大支持。

2.4　Python 基本语法和编程

Python 的语法规则设计简洁、易读，特别强调代码的可读性。以下是 Python 语法的基本规则和特性：

（1）基本语法

① 缩进。

正确缩进：Python 通过缩进来定义代码块，而不像其他语言使用大括号 {}。缩进级别一致的代码属于同一个块。缩进一般使用四个空格或一个制表符。

```python
if x > 0:
    print("x is positive" )
else:
    print("x is non-positive")
```

错误缩进：不一致的缩进会导致 IndentationError。

② 变量和类型。

变量定义：不需要声明变量类型，Python 是动态类型语言，变量类型根据赋值自动推断。

```python
a = 5        # 整数
b = 3.14     # 浮点数
c = "Hello"  # 字符串
d = True     # 布尔值
```

命名规则：变量名必须以字母或下划线开头，后面可以跟字母、数字或下划线。变量名区分大小写。

```python
my_variable = "value"
myVariable = "value"
```

③ 注释。

单行注释：使用 # 开始，注释的内容不会被执行。

```
# 这是一个单行注释
x=10   # 这也是一个注释
```

多行注释：用三个单引号'''或双引号 """ 括起来，也可以用来表示文档字符串。

```
'''
这是一个多行注释
也可以用来写文档字符串
'''
```

④ 基本数据类型和操作。

整数、浮点数、字符串：支持常见的数值运算、字符串拼接等操作。

```
# 数值运算
result = 10+5
quotient = 15/3
power = 2 ** 3  # 指数
# 字符串操作
greeting = "Hello" +" World"      # 字符串拼接
length = len(greeting)             # 获取字符串长度
```

列表、元组、字典、集合：常用的集合类型，支持增删改查等操作。

```
# 列表
my_list=[1,2,3,4]
my_list.append(5)
# 元组（不可变）
my_tuple=(1,2,3)
# 字典
my_dict = {'key1': 'value1', "key2": 'value2'}
my_dict['key3']='value3'
# 集合
my_set= {1,2, 3}
my_set.add(4)
```

⑤ 条件语句。

if、elif、else 结构用于条件判断。

```
x=10
if x>0:
    print("Positive")
elif x < 0:
    print("Negative")
else:
    print("Zero")
```

⑥ 循环。

for 循环：遍历序列（如列表、字符串等）。

```
for i in range(5):
    print(i)
for letter in "Python" :
    print(letter)
```

while 循环：基于条件循环，直到条件为 False 时停止。

```
count=0
while count < 5:
    print(count)
    count += 1
```

break 和 continue：用于控制循环的执行。

```
for i in range(10):
    if i == 5:
        break  # 终止循环
    if i % 2 == 0:
        continue  # 跳过当前迭代
    print(i)
```

⑦ 函数定义。

定义函数：使用 def 关键字定义函数，return 语句用于返回值。

```
def add(a, b):
    return a + b


result=add(2,3)
print(result)  # 输出 5
```

默认参数：函数参数可以有默认值，调用时可以省略。

```
def greet(name="World"):
    print(f"Hello, {name}!")


greet()  # 输出 Hello, World!
greet("Alice")  # 输出 Hello. Alice!
```

⑧ 异常处理。

try、except、finally 用于处理可能发生的错误。

```
try:
    result = 10/0
except ZeroDivisionError:
    print("Cannot divide by zero!")
finally:
```

⑨ 导入模块。使用 import 关键字引入模块。

```
import math
print(math.sqrt(16))  # 输出 4.0

from math import sqrt
print(sqrt(16))  # 直接使用 sqrt
```

⑩ 类和对象。定义类：使用 class 关键字定义类，self 参数用于引用类的实例。

```
class Dog:
    def__init__(self, name):
        self.name=name

    def bark(self):
        print(f"{self.name} says woof!")


my_dog=Dog("Rex")
my_dog.bark()  # 输出 Rex says woof!
```

（2）常用库

Python 用于数字图像处理的常用库有十几种，如 OpenCV、NumPy、Matplotlib 等，每个库都有其独特的功能和应用场景，可以根据需要选择性添加。以下为常用 Python 数字图像处理库的简要概述。

① OpenCV。

OpenCV 是一个开源的计算机视觉和机器学习软件库，广泛应用于图像处理、视频分析、物体识别、人脸检测、图像分割等领域。它提供了超过 2500 个优化过的算法，能够实现图像的加载与保存、图像滤波、边缘检测、特征检测与匹配、机器学习等多种功能。OpenCV 提供了丰富的函数和工具，支持多种编程语言如 C++、Python、Java 等。Python 是其中最受欢迎的选择之一，特别适合于快速开发和原型设计。它的 Python 接口是基于 C++ 版本构建的，并进行了高度优化，因此在 Python 中使用时既保留了 OpenCV 的强大功能，又能通过 Python 简洁的语法进行调用。Python 开发者可以使用 OpenCV 处理图像和视频文件，并通过丰富的 API 实现复杂的图像处理任务。OpenCV 还支持 GPU 加速，可以显著提升图像处理的性能，使其成为处理实时图像和视频的强大工具。

② NumPy(Numerical Python)。

NumPy 是 Python 科学计算生态系统的核心组件之一，几乎所有的图像处理库（如 OpenCV、SciPy、Scikit-image 等）都依赖于 NumPy 进行底层数组操作。作为 Python 中进行数值计算的基础库，其核心是支持多维数组（ndarray）的对象，以及对这些数组进行高效运算的函数。在 Python 中，开发者可以通过将图像转换为 NumPy 数组来进行各种运算。NumPy 还可以与其他库结合使用，如在加载图像后使用 NumPy 进行数组操作，然后将处理后的数组返回到图像库进行进一步处理或保存。此外 NumPy 的广播机制允许数组的高效计算，这在处理大规模图像数据时非常有用。

③ Matplotlib。

Matplotlib 是一个强大的 2D 绘图库，主要用于数据可视化和绘图，是 Python 中最常用的可视化库之一，几乎每个科学计算或图像处理项目都会用到。它与 NumPy 紧密集成，可以直接处理 NumPy 数组。Matplotlib 的图像处理功能简洁易用，特别适合进行快速的图像可视化和结果展示，可以加载、显示、编辑和保存图像，提供了对图像的各种绘图功能，并且能够与其他图像处理库结合使用，如在使用 NumPy 或 OpenCV 进行图像处理后，通过 Matplotlib 展示处理结果。

④ Scikit-image。

Scikit-image 是一个基于 SciPy 构建的图像处理库，与 SciPy 和 NumPy 有着紧密的集成，专门用于数字图像处理。它提供了丰富的图像处理算法，包括图像读取与保存、滤波、边缘检测、特征检测、图像分割、几何变换、颜色空间转换、形态学操作等。Scikit-image 的设计注重易用性和灵活性，继承了 Python 的简洁和灵活性，使得开发者可以轻松实现复杂的图像处理任务。通常与其他科学计算库（如 NumPy、Matplotlib）结合使用，共同完成图像处理任务。

⑤ SciPy(Scientific Python)。

SciPy 是基于 NumPy 构建的，提供了对多维数组的进一步扩展和高级操作，是一个用于科学和工程计算的 Python 库，提供了广泛的数学函数库，涵盖优化、积分、插值、线性代数、统计等领域。SciPy 通常与 NumPy 和 Matplotlib 结合使用。SciPy 中的 ndimage 模块专门用于多维图像处理，支持图像滤波、变换、形态学处理、几何变换、测量等操作。SciPy 的图像处理功能虽然不如 OpenCV 或 Scikit-image 那么丰富，但它提供了高效的基本操作，适合在处理大型图像数据集时使用。

⑥ PIL/Pillow(Python Imaging Library)。

Pillow 是 PIL 的升级版本，是 Python 中最常用的图像处理库之一，提供了强大的图像处理功能，如图像的加载与保存、图像缩放、旋转、裁剪、滤镜应用、颜色转换、绘图等，适合用于快速开发和原型设计。Pillow 可以与其他图像处理库（如 NumPy、Matplotlib、OpenCV）结合使用，提供了一套完整的图像处理解决方案。Pillow 支持多种图像文件格式，包括 JPEG、PNG、GIF、BMP 等，适合处理常见的图像文件。此外，Pillow 还支持基本的图像处理操作，API 设计简洁直观，开发者可以通过 Pillow 的 Image 模块加载图像，并使用其方法进行各种图像处理操作。

⑦ Mahotas。

Mahotas 是一个用于快速图像处理和计算机视觉任务的纯 Python 库。它提供了多种高效的图像处理功能，如形态学操作、滤波、边缘检测、特征检测、纹理分析等。它与 NumPy 紧密集成，开发者可以直接对 NumPy 数组进行处理。Mahotas 的许多操作是用 C++实现的，并通过 Python 接口调用，因此在处理大规模图像数据时性能表现优异，特别适合研究和实际应用中的图像处理任务，提供了一系列高效的算法。Mahotas 的 API 设计简洁，并且与其他 Python 库（如 SciPy、Matplotlib）可以无缝结合使用，开发者可以方便地调用这些高效的图像处理函数。

⑧ ImageAI。

ImageAI 是一个专门用于深度学习图像处理任务的库，特别是用于物体检测、人脸识别、视频分析等任务。ImageAI 封装了复杂的深度学习模型（如 YOLO、ResNet 等），并提供了简洁的 API，开发者可以通过几行代码调用这些模型进行图像分类、目标检测等。ImageAI 还支持训练自定义模型，使其适用于多种应用场景，如安全监控、图像搜索、自动驾驶等。

⑨ SimpleCV。

SimpleCV 是一个简化的计算机视觉库，旨在降低开发复杂图像处理应用的难度。SimpleCV 基于 OpenCV，但提供了更加友好的用户接口，适用于快速原型设计和开发，特别适合初学者和快速开发场景。它支持图像的加载与保存、特征检测、对象识别、图像过滤、颜色空间转换、摄像头捕捉、机器学习等功能。SimpleCV 的设计使得开发者可以专注于应用逻辑而无须深入了解底层算法。开发者可以通过 SimpleCV 轻松实现各种图像处理任务，特别是在需要快速实现功能而不关注性能优化的场景下非常有用。

⑩ Scikit-learn。

Scikit-learn 本身并不是专门为图像处理设计的库，但它在数字图像处理任务中有着广泛的应用，特别是在图像特征提取和基于这些特征的机器学习任务中。通过与 OpenCV 或 Scikit-image 等专注于图像处理的库结合，Scikit-learn 可以用于图像分类、聚类、降维、特征工程和其他与机器学习相关的图像任务。常见应用包括图像分类、图像分割、特征选择和相似图像检索，使其在数字图像处理中的建模和分析阶段尤为有用。

⑪ PyTorch。

PyTorch 是一个 Python 原生的深度学习开源框架，支持动态计算图和自动微分。在图像处理领域，PyTorch 提供了丰富的工具来构建、训练和测试复杂的深度学习模型，如卷积神经网络（CNN）用于图像分类、目标检测、图像分割等任务。PyTorch 还提供了许多内置的图像处理操作，如卷积、池化、上采样、归一化等，这些操作可以直接在 GPU 上运行，极大地提升了处理大规模图像数据的效率。

2.5 Python 环境配置及开发

2.5.1 Python 开发环境配置

（1）安装 PyCharm

① 访问 Pycharm 官网下载"社区版 Community"安装包，如图 2-13 所示。

︿图 2-13 下载 PyCharm 安装包

② 下载完成后，双击运行安装包，开始安装。设置界面，单击"下一步"按钮，如图 2-14 所示。

︿图 2-14 安装界面

③ 选择安装位置后，单击"下一步"按钮，如图 2-15 所示。

④ 安装设置界面，4 个选项全部勾选后，单击"下一步"按钮，如图 2-16 所示。

⑤ 选择菜单文件夹界面，保持默认，单击"安装"按钮，如图 2-17 所示。

图 2-15　选择安装位置

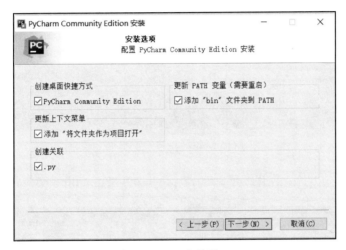

图 2-16　安装选项

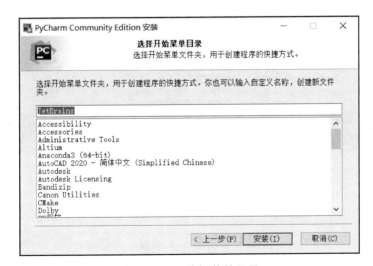

图 2-17　选择菜单目录

（2）安装 OpenCV 库、Numpy 库以及 matpiotlib 库

① 安装 OpenCV 库。打开终端，运行：pip install opencv-python 或 pip install opencv-contrib-python。安装界面如图 2-18 所示。

```
(base) PS D:\learn python> pip install opencv-python
Collecting opencv-python
  Downloading opencv_python-4.10.0.84-cp37-abi3-win_amd64.whl.metadata (20 kB)
Requirement already satisfied: numpy>=1.21.2 in d:\anaconda\lib\site-packages (from opencv-python) (1.26.4)
Downloading opencv_python-4.10.0.84-cp37-abi3-win_amd64.whl (38.8 MB)
                       11.2/38.8 MB 56.8 kB/s eta 0:08:08
```

∧ 图 2-18　安装 OpenCV 库

确保 Python 解释器中已经安装了 OpenCV 库。

② 安装 Numpy 库。打开终端，运行：pip install numpy。安装界面如图 2-19 所示。

```
(base) PS D:\learn python>  pip install numpy
Collecting numpy
  Downloading numpy-2.1.1-cp311-cp311-win_amd64.whl.metadata (59 kB)
                       59.7/59.7 kB 176.2 kB/s eta 0:00:00
Downloading numpy-2.1.1-cp311-cp311-win_amd64.whl (12.9 MB)
                       12.9/12.9 MB 11.5 MB/s eta 0:00:00
Installing collected packages: numpy
```

∧ 图 2-19　安装 Numpy 库

③ 安装 Matpiotlib 库。打开终端，运行：pip install Matpiotlib。安装界面如图 2-20 所示。

```
(base) PS D:\learn python> pip install Matplotlib
Collecting Matplotlib
  Downloading matplotlib-3.9.2-cp311-cp311-win_amd64.whl.metadata (11 kB)
Requirement already satisfied: contourpy>=1.0.1 in d:\anaconda\lib\site-packages (from Matplotlib) (1.2.0)
Requirement already satisfied: cycler>=0.10 in d:\anaconda\lib\site-packages (from Matplotlib) (0.11.0)
Requirement already satisfied: fonttools>=4.22.0 in d:\anaconda\lib\site-packages (from Matplotlib) (4.25.0)
Requirement already satisfied: kiwisolver>=1.3.1 in d:\anaconda\lib\site-packages (from Matplotlib) (1.4.4)
Requirement already satisfied: numpy>=1.23 in d:\anaconda\lib\site-packages (from Matplotlib) (1.26.4)
Requirement already satisfied: packaging>=20.0 in d:\anaconda\lib\site-packages (from Matplotlib) (23.1)
Requirement already satisfied: pillow>=8 in d:\anaconda\lib\site-packages (from Matplotlib) (10.2.0)
Requirement already satisfied: pyparsing>=2.3.1 in d:\anaconda\lib\site-packages (from Matplotlib) (3.0.9)
Requirement already satisfied: python-dateutil>=2.7 in d:\anaconda\lib\site-packages (from Matplotlib) (2.8.2)
Requirement already satisfied: six>=1.5 in d:\anaconda\lib\site-packages (from python-dateutil>=2.7->Matplotlib) (1.16.0)
Downloading matplotlib-3.9.2-cp311-cp311-win_amd64.whl (7.8 MB)
                       7.8/7.8 MB 7.5 MB/s eta 0:00:00
Installing collected packages: Matplotlib
Successfully installed Matplotlib-3.9.2
```

∧ 图 2-20　安装 Matpiotlib 库

（3）Anaconda 安装及配置

① 从官网下载最新版 Anaconda，双击运行安装包，如图 2-21 所示。
② 选择 Anaconda 的安装位置，如图 2-22 所示。
③ 等待安装完毕，如图 2-23 所示。

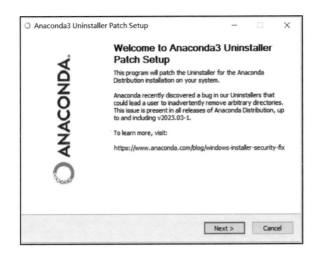

✿ 图 2-21　Anaconda 安装包下载

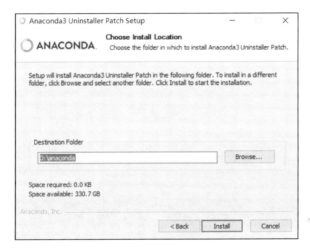

✿ 图 2-22　安装位置选择

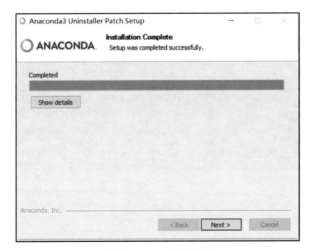

✿ 图 2-23　安装进度

④ 添加环境变量。将以下内容"D:\anaconda""D:\anaconda\Scripts""D:\anaconda\Library\bin"添加到环境变量中，如图 2-24 所示。

⚠ 图 2-24　添加环境变量

⑤ 配置环境。单击"File"菜单，选择"Setting"选项，在"Project"中找到"Python Interpreter"，如图 2-25 所示。

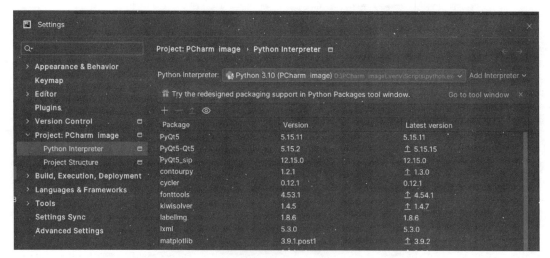

⚠ 图 2-25　配置环境

单击环境下拉选框，单击下拉框下方的"Show All…"，弹出环境显示界面，此时可选择创建好的 conda 环境，如图 2-26 所示。

此时安装好的包就都能够在环境界面上看到了，单击"OK"按钮即可。

︿ 图 2-26　选择创建的 conda 环境

2.5.2　第一个 Python 程序

以下是一个简单的示例程序，展示如何使用 Python 读取文件、处理图像并通过中值滤波降噪的过程。

```python
import cv2
import numpy as np
# 读取本地图像
image_path = "D:\PCharm image\dip\images\jiaoyan noisy_image.jpg"    # 将这里替换为自己的图像路径
img = cv2.imread(image_path)
# 转换为灰度图（如果需要处理彩色图像，可以分别对每个通道进行处理）
gray_img = cv2.cvtColor(img,cv2.COLOR_BGR2GRAY)
# 应用 3x3 中值滤波
median_blur_3x3 = cv2.medianBlur(gray_img,3)
# 显示原始图像和滤波后的图像
cv2.imshow('Original Image', gray_img)
cv2.imshow('3x3 Median Blur', median_blur_3x3)
cv2.waitKey(0)    # 等待按键事件
cv2.destroyAllWindows()    # 关闭所有窗口
```

这个示例展示了如何使用 imread 读取图像文件，并使用中值滤波对图像进行降噪。图 2-27 所示为 Python 的运行结果。

︿ 图 2-27　基于 Python 的图像处理任务——中值滤波

2.6 习题

1. 下载和安装 PyCharm 软件，熟悉安装过程，并安装配置常用库，编写第一个程序代码。

2. 下载和安装 Visual Studio 和 OpenCV 软件，配置环境变量，并在 Visual Studio 中设置 OpenCV 库的路径。

3. 编写一个简单的 OpenCV 程序来测试 Visual Studio 和 OpenCV 软件联合配置是否成功。

第 3 章

数字图像处理基础

本章主要介绍数字图像处理的基础内容，为后续章节的深入研究奠定理论基础。首先介绍了图像的获取过程，包括图像采集与模拟描述，帮助读者理解图像信息的来源与初步处理。接着，详细讨论了图像类型及其数字化过程，通过像素取样与量化将连续图像转换为离散形式。此外，介绍了常用的图像色度模型，解释不同色彩空间的表示方法与应用场景。最后，通过图像直方图的概念及其应用，帮助读者深入理解图像像素分布及其在处理中的重要作用。

3.1 图像获取

3.1.1 图像采集过程

图像获取是数字图像处理的第一步，它将模拟图像转换成适合数字计算机处理的数字图像。如图 3-1 所示，图像获取任务由图像采集系统对模拟图像进行数字化实现，主要包括三个基本单元。

⌃图 3-1　图像采集系统

自然界景物在人眼中呈现的图像一般是连续的模拟图像 $p(x,y)$。连续的二维光谱图像通过成像系统被转换成 $f(x,y)$：

$$f(x,y) = h(x,y) * p(x,y) \tag{3-1}$$

其中，$h(x,y)$ 为成像系统的单位冲击函数。由成像系统输出的连续图像 $f(x,y)$ 进入采样系统产生采样图像 $g_s(x,y)$。$g_s(x,y)$ 仅在 (x,y) 的整数坐标处有值，并且值域仍然是连续的，因而是定义在离散空间上的连续函数。为了便于计算机处理，必须对每个采样点（称为像素）

的值进行量化处理。量化的基本思想是将图像采样值用二进制数表示，因此，量化值 $g_d(x,y)$ 是采样值 $g_s(x,y)$ 的近似表示。采样图像 $g_s(x,y)$ 经过量化器得到最终的数字图像 $g_d(x,y)$。这一过程一般由模数转换器(A/D)来完成。由此可见，采样是空间量化的过程，而量化是对图像样值的离散化过程。采样与量化构成的过程称为数字化。

3.1.2 模拟图像描述

经过成像系统获得的模拟视频中的任一帧就是图像。一幅图像可以看作空间中各点光强的集合，因此可以把光强 I 当作随空间坐标 (x,y)、光线的波长 λ 和时间 t 变化的连续函数，即

$$I = f(x,y,\lambda,t) \tag{3-2}$$

光强不可能为负值，因此 $I > 0$。如果仅考虑光的能量而不考虑其波长，那么图像是灰色的称为灰度图像（Gray Image）或单色图像（Monochrome lmage），这时式（3-2）变为

$$I = f(x,y,t) \tag{3-3}$$

如果处理静止图像（内容不随时间变换的图像），式（3-3）变为

$$I = f(x,y) \tag{3-4}$$

如果不考虑图像内容随时间变化而考虑成像波长，就是一幅静止的彩色图像，函数为

$$I = f(x,y,\lambda) \tag{3-5}$$

彩色图像可以分为红（Red,R）、绿（Green,G）、蓝（Blue,B）三个基色图像，静止的彩色图像函数常用 R、G、B 三个通道的值表示为

$$I = \{f_R(x,y), f_G(x,y), f_B(x,y)\} \tag{3-6}$$

考虑到三个通道的灰度图像可以合成一幅彩色图像，连续的多幅图像可形成视频（每秒大于 25 帧即形成流畅的视频信号），因此，静止的灰度图像是图像处理理论和方法的主要研究对象。

3.2 图像类型及常用格式

3.2.1 图像的基本类型

在数字图像处理中，基本图像类型包括二值图像（黑白图像）、灰度图像、索引图像和彩色图像。

（1）二值图像

二值图像就是只含有黑色和白色，没有过渡色彩的图像，如图 3-2（a）和（b）所示。

(a) Lena   (b) 黑白块

︽ 图 3-2　二值图像

计算机是通过矩阵来表示图像信息的，图 3-3 所示矩阵是图 3-2（b）中的二值图像在计算机中的表示形式。

```
0  0  0  0  0  0  0  0  0  0

0  0  0  0  0  0  0  0  0  0

0  0  1  1  1  1  1  1  0  0

0  0  1  1  1  1  1  1  0  0

0  0  1  1  1  1  1  1  0  0

0  0  1  1  1  1  1  1  0  0

0  0  1  1  1  1  1  1  0  0

0  0  1  1  1  1  1  1  0  0

0  0  0  0  0  0  0  0  0  0

0  0  0  0  0  0  0  0  0  0
```

︽ 图 3-3　二值图像的矩阵表示

在计算机中处理该图像时，先将其划分为若干个小方块，每个小方块就是一个处理单元，每个小方块称为一个像素点。计算机会将白色的像素点处理为 1，将黑色的像素点处理为 0。由于图像只使用两个数字就可以表示，因此计算机使用一个比特（1bit）表示二值图像。

（2）灰度图像

二值图像的表示比较简单，只有黑、白两种颜色，所以图像不够细腻，不能表现出更多的细节。灰度图像是指各像素信息由一个量化的灰度等级来描述的图像，无彩色信息，图 3-4 所示的 Lena 图像就是一幅灰度图像，因为图像的信息更加丰富，所以计算机无法只使用一个比特来表示灰度图像。灰度图像的取值范围为 0～255，0 表示纯黑色，255 表示纯白色。其他数值表示从纯黑到纯白之间不同级别的灰度，256 个灰度等级用一个字节（即 8 比特）来表示。二值图像也可以使用 8 位二进制来表示，其中 0 表示黑色，255 表示白色，没有其他灰度级。

△ 图 3-4 Lena 的灰度图像

（3）索引图像

索引图像既包括存放图像数据的二维矩阵，也包括一个颜色索引矩阵（称为 MAP 矩阵），因此称为索引图像，又称为映射图像。MAP 矩阵可以由二维数组表示，矩阵大小由存放图像的矩阵元素的值域（灰度值范围）决定。若矩阵元素的值域为 0～255，则 MAP 矩阵的大小为 256×3，矩阵的三列分别为 R、G、B 三种颜色的值。

图像矩阵的每一个灰度值对应 MAP 矩阵中的一行，如某一像素的灰度值为 64，则表示该像素与 MAP 矩阵的第 64 行建立了映射关系，该像素在屏幕上的显示颜色由 MAP 矩阵第 64 行的 R、G、B 叠加而成。

（4）彩色图像

比起二值图像和灰度图像，彩色图像可以表示出更多的图像信息。色彩是由红、绿、蓝三色（即三基色）构成的。由主波长、纯度、明度、色调、饱和度、亮度等不同方式表示颜色的模式称为色彩空间、颜色空间或颜色模式。

虽然不同的色彩空间有不同的表示方式，但是各种色彩空间之间可以根据需要按公式进行转换。本书只介绍较为常用的 RGB 色彩空间。在 RGB 色彩空间中，有三个通道，即 R（red，红色）通道、G（green，绿色）通道和 B（blue，蓝色）通道，每个色彩通道的范围都是 [0,255]，使用这三个色彩通道的组合表示彩色。彩色光 L 的配色方程式为

$$L = r[R] + g[G] + b[B] \tag{3-7}$$

其中，$r[R]$、$g[G]$、$b[B]$ 为彩色光 L 中三基色的分量或百分比。

对于计算机来说，每个通道的信息就是一个一维数组，所以，通常使用一个三维数组来表示一幅 RGB 色彩空间的彩色图像。一般情况下，在 RGB 色彩空间中，图像通道的顺序是 RGB，但是在 OpenCV 中，图像通道的顺序是 BGR，即：

① 第一个通道保存 B 通道的信息。

② 第二个通道保存 G 通道的信息。

③ 第三个通道保存 R 通道的信息。

在图像处理中，可以根据需要对通道的顺序进行转换，OpenCV 提供了很多库函数来进行色彩空间的转换。

3.2.2　图像常用格式

在图像处理中，无论是读入、存储还是使用一幅图像，都面临着图像格式的选择问题。当选择了一种图像格式时，也就意味着使用了一种不同于其他格式的图像标准。因此，首先要对图像的格式有清晰的认识，才能在此基础上做进一步的图像处理。

（1）BMP 格式

BMP（Bitmap）格式是 Windows 系统中的标准图像文件格式，主要用于存储位图图像。BMP 文件由三部分组成：第一部分是位图文件头，它包含文件类型、显示内容等基础信息；第二部分是位图信息头，描述图像的详细信息，如图像的宽度、高度、压缩方法以及颜色定义等；第三部分是彩色表（调色板），该部分按 4 字节为单位存储颜色信息，大小为 2、16 或 256 色，每个颜色值占用 4 字节。图像数据通过索引指向调色板，因此 BMP 文件可以存储单色、16 色、256 色和全彩色（24 位）的图像数据。

BMP 格式支持压缩和不压缩两种处理方式，其中压缩方式仅支持 RLE（行程编码压缩），即 RLE4（用于 16 色图像）和 RLE8（用于 256 色图像）。值得注意的是，24 位 BMP 格式的图像无法压缩，但包含丰富的图像信息，因而文件较大，占用较多存储空间。目前，BMP 格式的图像文件主要用于单机应用中，较少用于网络传输。

（2）JPEG 格式

JPEG(Joint Photographic Experts Group）是联合图像专家组的缩写，JPEG 格式的文件扩展名为.jpg 或.jpeg。JPEG 格式支持 24 位真彩色，常用于需要连续色调的图像。JPEG 格式的压缩技术可以用有损压缩方式去除冗余的图像和彩色数据，在取得极高压缩率的同时还能展现丰富生动的图像，是目前主流的图像格式之一。JPEG 格式的文件较小，下载速度快，所以目前各类浏览器均支持 JPEG 格式。

（3）TIFF 格式

TIFF(Tag Image File Format)格式文件扩展名为.tif 或.tiff，最初是为跨平台存储扫描图像而设计的。有压缩和非压缩两种形式，其中压缩可采用 LZW(Lempel-Ziv-Welch)无损压缩方案。TIFF 格式的结构较为复杂，细微层次的信息非常多，因此采用 TIFF 格式存储的图像质量较好。

（4）GIF 格式

GIF(Graphics Interchange Format)是图形交换格式的缩写，是针对 20 世纪 80 年代网络传输带宽限制而开发的。其特点是压缩比高，存储空间占用较少，因此迅速得到广泛应用。最初的 GIF 格式只是简单地用来存储单幅静止图像（称为 GIF87a），后来随着技术发展，可以同时存储若干幅静止图像进而形成连续的动画，使之成为当时支持 2D 动画为数不多的格式之一。目前 Internet 上大量采用的彩色动画文件多采用这种格式，但是 GIF 格式不能存储超过 256 色的图像。

（5）PNG 格式

PNG(Portable Network Graphics)格式是一种新兴的网络图像格式，是 Macromedia 公司的

Fireworks 软件的默认格式。该格式结合了 GF 及 JPEG 之长，目前大部分绘图软件和浏览器都支持 PNG 图像浏览。PNG 格式有以下特点：

① 存储形式丰富，兼有 GIF 和 JPEG 的色彩模式；

② PNG 采用无损压缩方式来减少文件的大小，与 JPEG 不同，既能把图像文件压缩到极限，又能保留所有与图像品质有关的信息；

③ 显示速度很快，只需下载 1/64 的图像信息就可以显示出低分辨率的预览图像；

④ PNG 支持透明图像制作，有利于一些特殊效果的制作。缺点是不支持动画应用效果。

（6）PSD 格式

PSD 格式是 Adobe 公司的图像处理软件 Photoshop 的专用格式，以 RGB 或 CMYK 彩色模式存储，或自定义颜色数。可以看作采用 Photoshop 进行平面设计的一张"草稿图"，里面包含各种图层、通道、遮罩等设计样稿，以便于下次打开文件时可以修改上一次的设计。在 Photoshop 所支持的各种图像格式中，PSD 格式的存取速度比其他格式慢很多。

（7）SVG 格式

SVG(Scalable Vector Graphics)指可缩放的向量图形，是 World Wide Web Consortium(W3C) 联盟基于 XML(Extensible Markup Language)语言开发的，支持用户直接用代码来播绘图像。可以任意放大图像显示，但不会以牺牲图像质量为代价，比 JPEG 和 GIF 格式的像要小很多。

（8）其他常用的图像格式

① SWF 格式。SWF(Shock Wave Format)用于 Flash 动画制作，基于向量技术，因此不管将画面放大多少倍，画面不会因此而有任何损坏。目前已成为网上动画的事实标准。

② PCX 格式。PCX 是 ZSOFT 公司在开发图像处理软件 Paintbrush 时形成的一种格式，是 MS-DOS 下的常用格式，可以说是个人计算机中使用最久的一种格式。PCX 格式是一种经过压缩的格式，占用存储空间较少。由于该格式出现的时间较长，并且具有压缩及全彩色的能力，因此现在仍比较流行。

③ DXF 格式。DXF(Autodesk Drawing Exchange Format)是 AutoCAD 中的向量文件格式，它以 ASCII 码方式存储文件，在表现图形的大小方面十分精确。许多软件都支持 DXF 文件的输入与输出。

④ WMF 格式。WMF(Windows Metafile Format)是 Windows 中常见的一种图元文件格式，由微软公司开发，属于向量文件格式。它具有文件短小、图案造型化的特点。整个图形由独立的各个部分拼接而成，常用在 Office 软件中，不过其图形往往较粗糙。

3.3　图像数字化

经过 3.1.1 节讨论的图像采集过程，获得了 3.1.2 节中的模拟图像。由于计算机只能处理数字图像，因此数字图像处理的一个先决条件就是将成像系统获取的模拟图像数字化。通常，将普通的计算机系统装备专用的图像数字化设备，就可以使之成为一台图像处理工作站。图像显示是数字图像处理的最后一个环节,该环节对数字图像处理是必要的,但它对于数字图像分析却不一定是必需的。

3.3.1 图像的数字化表示

数字图像采用数字阵列表示,阵列中的元素称为像素或像点,如图 3-5 所示,截取左边子图(a)Lena 的右眼眼球部分图像,放大显示为中间子图(b),被划分为很多小区域,每个小区域的亮度在右边子图(c)的数字阵列中用一个数值代表。这样,每个像素位置(i,j)的数值$f(i,j)$就反映了物理图像上对应点的亮度,被称为亮度值(强度值或灰度值)。通常一幅图像的灰度被分为 256 个等级,每个像素的灰度值都在 0~255 之间。需要说明的是:

① 由于$f(i,j)$代表图像上位置(i,j)处点的光强,而光是能量的一种形式,故$f(i,j)$必须大于或等于零,且为有限值。

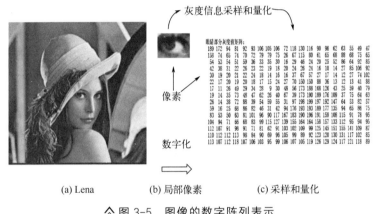

(a) Lena　　　　(b) 局部像素　　　　(c) 采样和量化

⚠ 图 3-5　图像的数字阵列表示

② 数字化采样一般是按方形点阵采样的,也可以采用三角形点阵、正六边形点阵等采样方式。

③ 用$f(i,j)$的数值来表示(i,j)位置上灰度值的大小,即只反映了黑白灰度的关系。如果是彩色图像,各点的数值还应反映色彩的变化,可用$f(i,j,\lambda)$表示,其中λ是波长。如果图像是运动的,则图像是时间t的函数,可表示为$f(i,j,\lambda,t)$。

3.3.2 图像的数字化过程

自然界景物的图像一般是连续形式的模拟图像,将模拟图像转换为数字图像才能用计算机进行处理。模拟图像数字化包括采样和量化两个过程。

(1)采样

图像的空间离散化称为采样,指用部分采样点的灰度值来代表整个图像。由于图像信息以二维形式分布,采样操作需将其转化为一维信号。具体过程为:首先沿垂直方向采样,从上到下顺序扫描,并提取各水平线的灰度值,形成一维扫描线信号;然后,对该信号按一定间隔进行采样以获得离散信号。对于运动图像,需先在时间轴上采样,再进行垂直和水平采样。假设每行（横向）像素数为 M，每列（纵向）像素数为 N，则图像大小为 $M×N$ 像素。

采样间隔大小对采样后图像的质量有重要影响。实践中，要依据原始图像中包含的细节情况来决定采样间隔大小。通常图像中细节越多，采样间隔应越小。根据一维采样定理，若一维信号 $f(t)$ 的最大角频率为 ω，以 $T \leqslant 1/(2\omega)$ 为间隔采样，则根据采样后的结果 $f(iT)$ 能完全恢复 $f(t)$，即

$$f(t) = \sum_{t=-\infty}^{+\infty} f(iT)s(t-iT) \tag{3-8}$$

$$s(t) = \frac{\sin(2\pi\omega t)}{2\omega t} \tag{3-9}$$

式（3-8）中"i"表示离散的索引（index），$f(iT)$ 表示信号 $f(t)$ 在某些离散时刻 $t=iT$ 上的取值。

（2）量化

模拟图像采样后，时间和空间上被离散化为像素点，但采样得到的灰度值仍为连续量。将这些连续灰度值转换为离散值的过程称为图像灰度值量化。不同灰度值的个数称为灰度级，通常为 256 级，因此像素灰度值取值范围为 0～255 的整数，表示从黑到白的变化。

灰度量化可通过两种方法实现：等间隔量化和非等间隔量化。等间隔量化将灰度值范围均分并进行量化，适用于图像灰度均匀分布的情况，能够有效减少量化误差，故也称为均匀量化或线性量化。非等间隔量化则依据图像灰度值的概率分布，遵循最小化总量化误差的原则：对频繁出现的灰度值区域采用较小的量化间隔，而对极少出现的区域则采用较大的间隔。

由于图像的灰度分布因图像而异，无法找到适用于所有图像的最佳非等间隔量化方案，实际应用中通常采用等间隔量化作为标准方法。经过采样和量化，模拟图像得以数字化。一幅连续图像 $\{f(x,y)_{M×N}\}$ 数字化后可以用一个离散的矩阵 $f(i,j)$ 表现：

$$f(i,j) = \begin{bmatrix} f(0,0) & f(0,1) & L & f(0,N-1) \\ f(1,0) & f(1,1) & L & f(1,N-1) \\ M & M & & M \\ f(M-1,0) & f(M-1,1) & L & f(M-1,N-1) \end{bmatrix} \tag{3-10}$$

（3）采样与量化参数选择

一幅图像在进行采样时，行、列的采样点与量化时的量化级数都会影响数字图像的质量和数据量大小。假定图像取 $M×N$ 个采样点，每个像素量化后的二进制灰度值位数为 Q，一般 Q 取为 2 的整数幂，即 $Q=2^k$（$k \in \mathbf{Z}$，$\mathbf{Z}$ 为整数集合，$k=0,1,2,\cdots$），则存储一幅数字图像所需的二进制位数为

$$b = M×N×Q \tag{3-11}$$

字节数为

$$B = M \times N \times \frac{Q}{8} \quad\quad\quad (3\text{-}12)$$

对于一幅图像，在量化级数固定的情况下，采样点数 $M \times N$ 对图像质量有显著影响。如图 3-6 所示，采样点数越多，图像质量越好；相反，当采样点数减少时，图像的块状效应逐渐显现。此外，当图像的采样点数固定时，不同的量化级数也会影响图像质量。量化级数越多，图像质量越高；而量化级数越少，图像质量则下降。量化级数的最低极端情况是二值图像，此时图像只能呈现黑、白两种状态，导致信息损失。

(a) 灰度原图　　　　　(b) 64级　　　　　(c) 16级　　　　　(d) 2级

⌃ 图 3-6　量化级数一定时采样点数变化对图像质量的影响

如图 3-7 所示，在图像大小一定时，为得到质量较好的图像，可以采用如下原则进行采样和量化：

(a) 灰度原图　　　　　(b) 64级　　　　　(c) 16级　　　　　(d) 2级

⌃ 图 3-7　采样点数一定时量化级数变化对图像质量的影响

① 对边缘逐渐变化的图像，应增加量化级数，减少采样点数，以避免图像的假轮廓；
② 对细节丰富的图像应增加采样点数，减少量化级数，以避免图像模糊（混叠）；
③ 对于彩色图像，按照颜色成分［红（R）、绿（G）、蓝（B）］分别采样和量化。若各种颜色成分均按 8 位量化，即每种颜色量化级数为 256，则可以处理 256×256×256=16777216 种颜色。

（4）图像数字化设备

将模拟图像数字化为数字图像，需要借助图像数字化设备。常见的图像数字化设备有数码相机、扫描仪和数字化仪等。一般是先把图像划分为像素，并给出它们的地址（采样）；然后度量每一像素的灰度值，并把连续的度量结果表示为整数（量化）；最后将这些整数结果写入存储设备。为了完成这些功能，图像数字化设备必须包含以下 5 部分。
① 采样孔：使图像数字化设备能单独观测特定图像元素而不受图像其他部分的影响。
② 扫描机构：使采样孔按预先确定方式在图像上移动，按照顺序观测到每一个像素。

③ 光传感器：常用电荷耦合器件（Charge-Coupled Device，CCD）阵列采样检测每一个像素的亮度。

④ 量化器：将光传感器输出的连续量转化为整数值。典型的量化器是 A/D 转换器，它产生一个与输入电压或电流成比例的数值。

⑤ 输出存储装置：将量化器产生的灰度值按适当格式存储起来，以用于计算机后续处理。

3.4 图像色度模型

3.4.1 色度学基础

（1）三色原理

在人类视觉系统中，主要存在两种感光细胞：杆状细胞和锥状细胞。杆状细胞负责在低光照条件下的视觉，而锥状细胞则在高光照条件下工作，能够分辨颜色。从神经生理学角度来看，锥状细胞将可见光谱分为三个波段，分别对应红（R）、绿（G）、蓝（B）三种颜色感受器，合称三基色。图 3-8 展示了人类视觉系统中锥状细胞的光谱敏感曲线。根据人眼的结构，所有颜色都可以视为这三种基本色按不同比例的组合。为建立统一标准，国际照明委员会在 1931 年确定红、绿、蓝的波长分别为 700nm、546.1nm 和 435.8nm，形成 RGB 颜色表示系统。一幅彩色图像的像素值可以视作光强与波长的函数，但在实际应用中，更直观的方式是将其视为每个像素具有红、绿、蓝三个灰度值的普通二维图像。

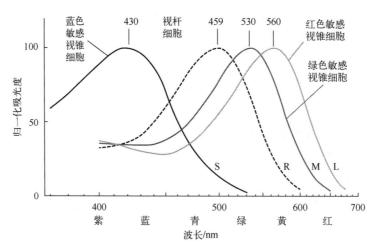

⌃ 图 3-8　人类视觉系统锥状细胞的光谱敏感曲线

（2）颜色的三个属性

颜色是外界光刺激作用于人类视觉器官所产生的主观感受。颜色可分为两大类：非彩色

（黑、白及其灰度）和彩色。颜色具有三种基本属性：色调、饱和度和亮度，这对应于常用的 HSI（Hue, Saturation, Intensity）颜色模型。

3.4.2 颜色模型

为了科学地定量描述和应用颜色，提出了多种颜色模型。根据用途，这些模型可分为两类：一类用于视频监视器、彩色摄像机和打印机等硬件设备，最常用的是 RGB 模型；另一类用于彩色处理应用，如动画图形，常用 HSI 模型。此外，在印刷工业和电视信号传输中，CMYK 和 YUV 模型也被广泛使用。

（1）RGB 模型

自然界中大多数颜色可通过按比例混合三基色（红、绿、蓝）获得。RGB 色彩空间基于加法混色原理，从黑色开始，逐步叠加红、绿、蓝三种基色，最终得到白色。

在 RGB 模型中，颜色可用三维空间中的一个点表示。如图 3-9 所示，每个点的三个分量分别对应于红、绿、蓝的亮度值。通常，亮度值在 [0, 255] 范围内变化，但在数学模型中标准化为 [0, 1]。RGB 模型的立方体中，原点（0, 0, 0）对应黑色，而与原点距离最远的顶点（1, 1, 1）对应白色。黑白之间的灰度值沿这条连线分布，称为灰度线。立方体内的其他点表示不同颜色，三个顶点分别对应于三基色——红色、绿色和蓝色，而另外三个顶点则对应三基色的补色——黄色、青色（蓝绿色）和品红色（紫色）。

（2）HSI 模型

HSI 模型由芒塞尔（Munsell）提出，基于两个重要原理：亮度（Intensity）与颜色信息无关；色相（Hue）和饱和度（Saturation）与人类对颜色的感知密切相关。这使得 HSI 模型适用于模拟人类视觉系统在图像处理中的彩色特性。如图 3-10 所示，HSI 模型采用圆锥形空间描述色相和饱和度。色相以角度表示，反映颜色与光谱波长的接近程度；通常，0°代表红色，120°代表绿色，240°代表蓝色。色相覆盖了可见光谱的所有颜色，而 240°～300°之间的色相表示人眼可见的非光谱颜色（如紫色）。饱和度则表示颜色的纯度，饱和度越高，颜色越鲜艳，如深红或深绿。在 HSI 模型中，饱和度通过色相环的圆心到彩色点的半径长度表示，半径越长，饱和度越高。

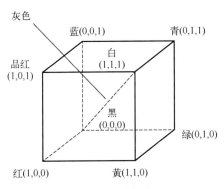

△ 图 3-9 RGB 模型示意图

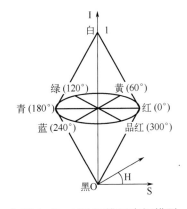

△ 图 3-10 HSI 圆锥形空间模型

圆锥形空间模型的横截面是色相环，环的边界上是纯的或饱和的颜色，其饱和度值为 1；在中心是中性（灰色）阴影，饱和度为 0。亮度是指光波作用于感受器所发生的效应，其大小由物体反射系数来定，反射系数越大，物体的亮度越大，反之越小。

（3）YUV 颜色模型

YUV 电视信号彩色坐标系统 PAL 制式将三基色信号 R、G、B 转换成 Y、U、V 信号，其中，Y 信号表示亮度，U、V 是色差信号。

（4）CMYK 颜色模型

计算机屏幕通常使用 RGB 模型，通过加色合成法（Additive Color Synthesis）产生其他颜色。而印刷工业则采用 CMYK 模型，通过减色合成法（Subtractive Color Synthesis）生成颜色。CMYK 中的 C（Cyan）代表青色，M（Magenta）代表品红色，Y（Yellow）代表黄色，K（Key Plate）代表黑色。在图像处理过程中，通常不采用 CMYK 模型，因为该模型的图像文件较大，占用大量存储空间。

（5）颜色模型的相互转换

① RGB 模型转换到 HSI 模型。

给定一幅 RGB 模型的图像，对任何三个[0,1]范围内的 R、G、B 值，其对应于 HSI 模型中的 I、S、H 分量分别为

$$
\begin{cases}
I = \dfrac{1}{3}(R+G+B) \\[2mm]
S = 1 - \dfrac{3}{(R+G+B)}\Big[\min(R,G,B)\Big] \\[2mm]
H = \begin{cases} \theta, & B \leqslant G \\ 360^\circ - \theta, & B > G \end{cases} \\[2mm]
\theta = \arccos\left\{ \dfrac{\frac{1}{2}\big[(R-G)+(R-B)\big]}{\Big[(R-G)^2+(R-G)(G-B)\Big]^{\frac{1}{2}}} \right\}
\end{cases}
\tag{3-13}
$$

② HSI 模型转换到 RGB 模型。

假设 S 和 I 的值在[0,1]之间，R、G、B 的值也在[0,1]之间，则 HSI 模型转换为 RGB 模型的公式分成三段，以便利用对称性。当 H 在[0°,120°]之间时，

$$
\begin{cases}
R = I\left[1 + \dfrac{S\cos H}{\cos(60^\circ - H)}\right] \\[2mm]
G = 3I - (B+R) \\[2mm]
B = I(1-S)
\end{cases}
\tag{3-14}
$$

当 H 在（120°，240°）之间时，

$$\begin{cases} R = I[1-S] \\ G = I\left[1+\dfrac{S\cos(H-120^\circ)}{\cos(180^\circ-H)}\right] \\ B = 3I-(B+R) \end{cases} \quad (3\text{-}15)$$

当 H 在 $[240^\circ, 360^\circ]$ 之间时，

$$\begin{cases} R = 3I-(G+B) \\ G = I(1-S) \\ B = I\left[1+\dfrac{S\cos(H-240^\circ)}{\cos(300^\circ-H)}\right] \end{cases} \quad (3\text{-}16)$$

③ RGB 模型转换到 CMYK 模型。

$$\begin{cases} C = W-R = G+B \\ M = W-G = R+B \\ Y = W-B = R+G \\ K = \min(C,M,Y) \end{cases} \quad (3\text{-}17)$$

④ CMYK 模型转换到 RGB 模型。

$$\begin{cases} R = W-C = 0.5\times(M+Y-C) \\ G = W-M = 0.5\times(Y+C-M) \\ B = W-Y = 0.5\times(M+C-Y) \end{cases} \quad (3\text{-}18)$$

式（3-18）和式（3-19）中，W 指白色分量；R、G、B 分别是红色分量、绿色分量、蓝色分量；C、M、Y 分别代表青色分量、品红色分量和黄色分量。

⑤ RGB 模型转换到 YUV 模型。

$$\begin{bmatrix} Y \\ U \\ V \end{bmatrix} = \begin{bmatrix} 0.299 & 0.587 & 0.114 \\ -0.169 & -0.332 & 0.500 \\ 0.500 & -0.419 & -0.081 \end{bmatrix} \begin{bmatrix} R \\ G \\ B \end{bmatrix} \quad (3\text{-}19)$$

⑥ YUV 模型转换到 RGB 模型。

$$\begin{bmatrix} R \\ G \\ B \end{bmatrix} = \begin{bmatrix} 1 & 0 & 1.140 \\ 1 & -0.395 & -0.581 \\ 1 & 2.032 & 0 \end{bmatrix} \begin{bmatrix} Y \\ U \\ V \end{bmatrix} \quad (3\text{-}20)$$

3.5 图像运算

在算术和逻辑运算中，每次仅涉及一个空间像素的位置，因此可以"原地"操作。这意味着在执行算术或逻辑运算时，结果可以直接存储在对应的图像位置，因为该位置在后续运算中不会被再次使用。例如，对于两幅图像 $f(x,y)$ 和 $h(x,y)$ 的运算结果 $g(x,y)$，可以直接将

$g(x,y)$ 覆盖 $f(x,y)$ 或 $h(x,y)$，从而在原存放输入图像的空间中生成输出图像。典型的代数运算包括图像加法、减法、乘法和除法，而典型的逻辑运算则包括与、或及补运算。

3.5.1 代数运算

代数运算是对两幅输入图像（无论是灰度图还是彩色图）进行点对点的加、减、乘、除运算，以生成目标图像。此外，可以通过适当组合形成涉及多幅图像的复合代数运算方程。在图像处理过程中，代数运算可用于抑制或消除噪声，或者通过叠加运算合成新的图像。需要注意的是，图像间的代数运算结果可能超出数据格式的动态范围，因此通常需进一步处理。常见的代数运算包括加法、减法、乘法和除法等。

图像处理代数运算的 4 种基本形式分别如下：

$$g(x,y) = f(x,y) + h(x,y) \tag{3-21}$$

$$g(x,y) = f(x,y) - h(x,y) \tag{3-22}$$

$$g(x,y) = f(x,y) \times h(x,y) \tag{3-23}$$

$$g(x,y) = f(x,y) \div h(x,y) \tag{3-24}$$

其中，$f(x,y)$ 和 $h(x,y)$ 分别为两幅输入图像在 (x,y) 处的灰度值或彩色值；$g(x,y)$ 为输出图像表达式。某些情况下，输入图像之一也可以是常数。在一些特定情况下，参与代数运算的输入图像可能多于两个，如用于消除加性随机噪声的图像相加运算一般多于两个输入图像。代数运算即像素位置不变，将对应像素的灰度值（或彩色分量）进行计算。

（1）加法运算

加法运算就是将两幅图像对应像素的灰度值或彩色分量进行相加。图像相加经常有两种用途：一种是消除图像的随机噪声，主要方法是将同一场景的图像相加后再取平均；另一种是做特效，把多幅图像叠加在一起再进一步处理。图像加法运算的一个典型应用就是将相同场景的多张噪声图像相加后求平均来进行降噪，噪声随机出现在每张图像的不同位置，N 张图相加后除以 N 可以衰减噪声。图像间还可以进行加权加法运算，即

$$g(x,y) = \omega_1 f(x,y) + \omega_2 h(x,y) \tag{3-25}$$

式中，ω_1、ω_2 为加权系数，通常 $\omega_1 + \omega_2 = 1$。

对于一些经过长距离模拟通信方式传送的图像（如太空航天器传回的星际图像），这种处理是不可缺少的。当噪声可以用同一个独立分布的随机模型表示和描述时，则利用求平均值方法降低噪声信号，提高信噪比非常有效。在实际应用中，要得到一静止场景或物体的多幅图像是比较容易的。如果这些图像被一加性随机噪声源所污染，则可通过对多幅静止图像求平均值来达到消除或降低噪声的目的。在求平均值的过程中，图像的静止部分不会改变，而由于图像的噪声是随机性的，各不相同的噪声图案累积得很慢，因此可以通过多幅图像求平均值降低随机噪声的影响。

对于灰度图像，相加结果为对应像素的灰度值相加；如果为彩色图像，则为对应颜色的分量相加。图 3-11（c）为图 3-11（a）、（b）两幅灰度图像加法运算的图示。图 3-12 给出了两幅彩色图像加法运算的实例。

0	0	0	0
0	100	100	0
0	100	100	0
0	0	0	0

(a) 图像1

100	0	0	0
0	100	0	0
0	0	100	0
0	0	0	100

(b) 图像2

100	0	0	0
0	200	100	0
0	100	200	0
0	0	0	100

(c) 图像3

⌃ 图 3-11　加法运算

(a) 图片1　　　　　(b) 图像2　　　　　(c) 相加结果

⌃ 图 3-12　彩色图像加法运算实例

用 C++和 OpenCV 实现的代码如下：

```cpp
cv::Mat src = imread("图像1.jpg");
cv::Mat m = imread("图像2.jpg");
cv::Mat dst;
cv::add(src, m, dst);//加法操作
cv::namedWindow("加法操作", WINDOW_FREERATIO);
cv::imshow("加法操作", dst);
```

（2）减法运算

减法运算就是将两幅图像对应像素的灰度值或彩色分量进行相减，它可以用于运动目标检测。图像相减运算又称为图像差分运算。差分方法可以分为可控制环境下的简单差分方法和基于背景模型的差分方法。在可控制环境下，或者在很短的时间间隔内，可以认为背景是固定不变的，可以直接使用差分运算检测变化及运动物体。在有些情况下，背景对图像中的被研究物体具有不利影响，这时背景就成为了噪声，可以利用图像减法运算消除背景噪声的影响。差值图像提供了图像间的差异信息，能用于指导动态监测、运动目标的检测和跟踪、图像背景的消除及目标识别等。

图 3-13 是图像减法运算的应用实例。C++和 OpenCV 实现代码如下：

```cpp
cv::Mat src = imread("图像1.jpg");
cv::Mat m = imread("图像2.jpg");
cv::Mat dst;
cv::subtract(src, m, dst);//减法操作
cv::namedWindow("减法操作", WINDOW_FREERATIO);
cv::imshow("减法操作", dst);
```

（3）乘法运算

乘法运算就是将两幅图像对应像素的灰度值或彩色分量进行相乘。乘法运算的主要作用

就是抑制图像的某些区域，对于需要保留下来的区域，掩膜值置为 1，而在对需要被抑制掉的区域，掩膜值置为 0。

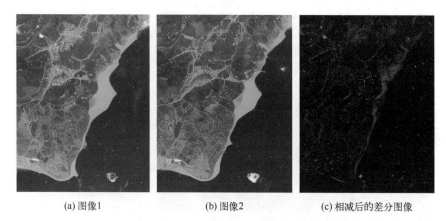

(a) 图像1　　　　　　(b) 图像2　　　　　(c) 相减后的差分图像

∧ 图 3-13　图像减法运算的实例

　　一般情况下，利用计算机图像处理软件生成掩膜图像的步骤如下：

　　① 新建一个与原始图像大小相同的图层，图层文件一般保存为二值图像文件。

　　② 用户在新建图层上人工勾绘出所需要保留的区域，区域的确定也可以由其他二值图像文件导入或由计算机图形文件（矢量）经转换生成。

　　③ 确定局部区域后，将整个图层保存为二值图像，选定区域内的像素点值为 1，非选定区域像素点值为 0。

　　④ 将原始图像与③中形成的二值图像进行乘法运算，即可将原始图像选定区域外像素点的灰度值置 0，而选定区域内像素的灰度值保持不变，得到与原始图像分离的局部图像，即掩膜图像。

　　掩膜技术也可以灵活应用，如可以增强选定区域外的图像而对区域内的图像不做处理，这时，只需将二值图像中区域外像素点置 1 而区域内的像素点置 0 即可。掩膜图像技术还可以应用于图像局部增强，一般的图像增强处理都是对整幅图像进行操作，但在实际应用中，往往需要只对图像的某一局部区域进行增强，以突出某一具体的目标。如果这些局部区域所包含的像素点数目相对于整幅图像来讲非常小，在计算整幅图像的统计量时其影响几乎可以忽略不计，那么以整幅图像的变换或转移函数为基础的增强方法对这些局部区域的影响也非常小，难以达到理想的增强效果。

　　乘法运算通常用于对图像添加阴影或非均匀光照。图像 $g(x,y)$ 从光影角度可看作均匀光照图像 $f(x,y)$ 和阴影函数 $s(x,y)$ 的乘积，即

$$g(x,y) = f(x,y) \times s(x,y) \tag{3-26}$$

　　图 3-14 给出了两幅灰度图像乘法运算的图示。图 3-15 给出了两幅彩色图像乘法运算的实例，体现了乘法运算的掩膜功能。乘法运算有时也被用来实现卷积或相关运算。

　　用 C++ 和 OpenCV 实现的代码如下：

```
cv::Mat src = imread("图像1.jpg");
cv::Mat m = imread("图像2.jpg");
cv::Mat dst;
cv::multiplyt(src, m, dst);//乘法操作
```

```
cv::namedWindow("乘法操作", WINDOW_FREERATIO);
cv::imshow("乘法操作", dst);
```

0	0	0	0
0	100	100	0
0	100	100	0
0	0	0	0

(a) 图像1

100	0	0	0
0	100	0	0
0	0	100	0
0	0	0	100

(b) 图像2

0	0	0	0
0	255	0	0
0	0	255	0
0	0	0	0

(c) 图像3

⌃ 图 3-14　乘法运算

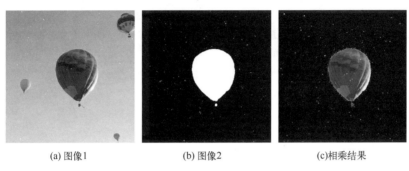

(a) 图像1　　　　　(b) 图像2　　　　　(c)相乘结果

⌃ 图 3-15　图像乘法运算实例

（4）除法运算

除法运算就是将两幅图像对应像素的灰度值或彩色分量进行相除。除法运算用于消除图像阴影或非均匀光照。除法运算的典型应用是比值图像处理。例如，除法运算可用于校正成像设备的非线性影响，在特殊形态的图像（如 CT 为代表的医学图像）处理中用到；此外，除法运算还经常用于消除图像数字化设备随空间变化所产生的影响，并可用于产生多光谱图像处理中非常有用的比率图像。

简单的除法运算可用于改变图像的灰度级，图 3-16 给出了两幅灰度图像除法运算的实例。

0	0	0	0
0	100	100	0
0	100	100	0
0	0	0	0

(a) 图像1

100	0	0	0
0	100	0	0
0	0	100	0
0	0	0	100

(b) 图像2

0	0	0	0
0	0	0	0
0	0	0	0
0	0	0	0

(c) 相除结果

⌃ 图 3-16　除法运算

除法运算可用于校正非线性畸变的成像设备，图 3-17 的（c）和（d）是利用除法运算处理 img1 和 img2 图像得到的结果。

用 C++和 OpenCV 实现的代码如下：

```
cv::Mat src = imread("图像1.jpg");
cv::Mat m =  imread("图像2.jpg");
```

```
cv::Mat dst;
cv::divide(src, m, dst);//除法操作
cv::namedWindow("除法操作", WINDOW_FREERATIO);
cv::imshow("除法操作",dst);
```

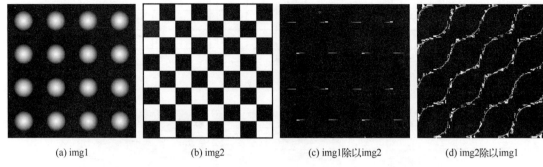

(a) img1　　　　　　(b) img2　　　　　　(c) img1除以img2　　　　　(d) img2除以img1

✖ 图 3-17　图像除法运算实例

3.5.2　逻辑运算

逻辑运算就是将两幅图像的对应像素进行逻辑操作。逻辑运算包括与（AND）、或（OR）及补运算。要对灰度图像进行逻辑运算，首先要进行二值化处理。如果是彩色图像，灰度化以后再进行二值化处理。二值化的公式为

$$s = T(r) = \begin{cases} 255, & A \leqslant r \leqslant B \\ 0, & 其他 \end{cases} \tag{3-27}$$

对灰度图像进行二值化处理，可以突出一定范围的信息，对于 A 和 B 的大小取值不同，二值化结果差异很大。例如，图 3-18 中，图（b）和图（c）是对图（a）采用不同 A 和 B 值进行二值化的结果。

(a) 原图像　　　　　　(b) 二值化结果1　　　　　(c) 二值化结果2

✖ 图 3-18　图像的二值化实例

用 C++ 和 OpenCV 实现的代码如下：

```
cv::threshold(m1, m1, 50, 255, THRESH_BINARY);
cv::threshold(m2, m2, 120, 255, THRESH_BINARY);
imshow("原图像", src);
imshow("二值化结果 1", m1);
imshow("二值化结果 2", m2);
```

（1）与运算

与运算是将两幅二值图像的对应像素进行逻辑与，需要两幅图像参与，主要用于提取图像中感兴趣区域的内容并屏蔽其他区域。在参与图像中，至少一幅图像为二值图像，该二值图像被称作掩膜图像，其作用是界定感兴趣区域。在掩膜图像中，像素值不为 0 的区域对应感兴趣区域。另一幅图像可以是二值图像、灰度或彩色图像。如果处理的图像不是二值图像，要先进行二值化处理。图 3-19 和图 3-20 分别给出了逻辑与运算的图示和实例。

0	0	0	255
0	0	0	255
0	0	0	255
255	255	255	255

(a) 图像1

255	255	255	255
255	0	0	0
255	0	0	0
255	0	0	0

(b) 图像2

0	0	0	255
0	0	0	0
0	0	0	0
255	0	0	0

(c) 与运算结果

∧ 图 3-19　与运算的图示

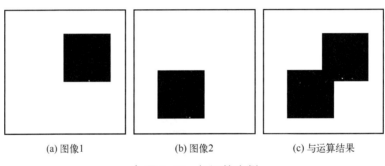

(a) 图像1　　　　(b) 图像2　　　　(c) 与运算结果

∧ 图 3-20　与运算实例

用 C++ 和 OpenCV 实现的代码如下：

```cpp
cv::Mat dst;
cv::bitwise_and(src, m1, dst);//与
cv::imshow("与运算的结果", dst);
```

（2）或运算

或运算是将两幅二值图像的对应像素进行逻辑或。如果处理的图像不是二值图像，要先进行二值化处理。图 3-21 和图 3-22 分别给出了逻辑或运算的图示和实例。

0	0	0	255
0	0	0	255
0	0	0	255
255	255	255	255

(a) 图像1

255	255	255	255
255	0	0	0
255	0	0	0
255	0	0	0

(b) 图像2

255	255	255	255
255	0	0	255
255	0	0	255
255	255	255	255

(c) 或运算结果

∧ 图 3-21　或运算的图示

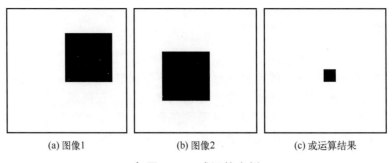

| | (a) 图像1 | | | (b) 图像2 | | | (c) 或运算结果 |

∧ 图 3-22　或运算实例

（3）补运算

补运算是对二值图像的每个像素取逻辑非。如果处理的图像不是二值图像，要先进行二值化处理。图 3-23 和图 3-24 分别给出了逻辑补运算的图示和实例。

0	0	0	255
0	0	0	255
0	0	0	255
255	255	255	255

255	255	255	
255	255	255	0
255	255	255	0
0		0	0

(a) 原图像　　　　　　　　(b) 补运算结果

∧ 图 3-23　补运算的图示

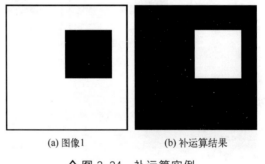

(a) 图像1　　　　　　　　(b) 补运算结果

∧ 图 3-24　补运算实例

3.5.3　灰度直方图及其应用

在数字图像处理中，一个简单又有用的工具是灰度直方图（Density Histogram），它概括了一幅图像的灰度级内容。

（1）灰度直方图的定义

灰度直方图反映了图像中各灰度级像素出现的频率。以灰度级为横坐标，频率为纵坐标绘制的关系图即灰度直方图，它是图像的重要特征，体现了图像的灰度分布情况。图 3-25 展示了一幅图像的灰度直方图，频率的计算公式为

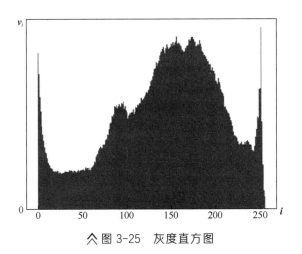

∧ 图 3-25 灰度直方图

$$v_i = \frac{n_i}{n} \tag{3-28}$$

式中，n_i 为图像灰度为 i 的像素数，n 为图像的总像素数。

（2）直方图的性质

① 灰度直方图仅能反映图像的灰度分布情况，而无法提供像素的位置信息，因而丢失了有关像素位置的关键数据。

② 每幅图像对应唯一的灰度直方图，但不同图像可能具有相同的直方图。例如，图 3-26 展示了不同图像拥有相同直方图的情况。此外，将一幅图像划分为多个区域时，这些区域的直方图之和即原图像的直方图。

∧ 图 3-26 不同图像具有相同直方图

（3）直方图的应用

① 数字化参数。灰度直方图作为直观的指标，可用于评估图像的合理性。如果图像的数字化级数少于 256，则无法恢复丢失的信息，除非重新进行数字化。此外，当图像亮度超出数字化设备的处理范围时，这些灰度级将被设置为 0 或 255，从而在直方图的两端产生尖峰。通过快速检查灰度直方图，可以及早发现数字化过程中出现的问题，从而避免在后续处理中浪费大量时间。

② 确定二值化图像分割的阈值。假定一幅图像背景和目标灰度相差较大，则其图像灰度直方图会呈明显的双峰状，可以选择谷底灰度值作为阈值，并进行二值化，从而实现对图像的简单分割，具体在后续章节会详细介绍该项应用。

3.6 习题

1．简述图像采集的基本过程，说明图像从获取到数字化处理的基本步骤，并讨论图像采集系统中的关键部件。

2．什么是模拟图像和数字图像？请解释模拟图像与数字图像的区别，并讨论数字化的必要性及其对图像处理的影响。

3．图像数字化的步骤包括哪些内容？简述图像数字化的两个主要步骤——采样与量化，分别说明它们的具体作用和意义。

4．解释常见的图像类型及其适用场景，请列出几种常见的图像类型（如灰度图、彩色图、二值图等），并举例说明它们在实际应用中的作用与优势。

5．请解释 RGB 色度模型与 YUV 色度模型的区别，分别介绍 RGB 和 YUV 色度模型的原理及其在不同场景中的应用，并讨论它们的优势与局限。

6．请简述图像数字化中的量化误差及其影响，讨论量化过程中的误差来源，分析量化误差对图像处理结果的影响，特别是在图像增强和压缩中的作用。

7．什么是图像直方图？它有什么应用？

8．色度模型在图像处理中有何重要作用？结合实际应用场景，讨论不同色度模型在图像处理中的重要性，如彩色图像处理和视频编码中的应用。

9．请结合不同的应用场景（如医疗影像、卫星图像等），讨论在图像数字化过程中如何选择适当的分辨率，并分析分辨率对图像处理结果的影响。

第4章

图像正交变换

本章详细介绍图像正交变换的基本概念和常用的方法。首先系统阐述一维与二维连续傅里叶变换与离散傅里叶变换；然后讨论离散余弦变换，不仅涵盖一维与二维的变换过程，还详尽展示其矩阵表示的便捷性；接着详细解析离散一维与二维沃尔什-哈达玛变换；最后全面介绍图像处理小波变换。

4.1 图像变换概述

图像变换理论是信号与线性系统理论在图像处理领域的推广与应用，是指为了用正交函数或正交矩阵表示图像而对原图像所作的二维线性可逆变换。它将图像看作依赖于空间坐标参数 (x,y) 的二维信号，并通过特定的数学运算（如积分或求和）对其进行参量变换，从而实现用不同的参量对信号进行描述的目的。一般称原始图像为空间域图像，变换后的图像称为转换域图像，转换域图像可反变换为空间域图像。

目前，图像变换技术被广泛运用于图像增强、图像复原、图像压缩、图像特征提取以及图像识别等领域。图像变换是图像频域增强技术的基础，也是变换域图像分析理论的基础。经过变换后的图像往往更有利于特征抽取、增强、压缩和编码。此外，多数图像滤波技术要求求解复杂的微分方程，利用图像变换可以将这些微分方程转换为代数方程，大大简化数学分析和求解。由于变换的目的是使图像处理简化，因而对图像变换有以下三方面的要求：

① 变换必须是可逆的，它保证了图像变换后，还可以变换回来。

② 变换应使处理得到简化。

③ 变换算法本身不能太复杂。每种图像变换都有严格的数学模型，并且通常都是酉变换，即完备和正交的，但不是每种变换都有其适合的实现物理意义。

实现图像变换的手段有数字和光学两种方式，分别对应二维离散和连续函数的运算。数字图像变换常用的方法有傅里叶变换、离散余弦变换、离散沃尔什-哈达玛变换和小波变换。

4.2 傅里叶变换

傅里叶变换是非常重要的数学分析工具，同时也是一种非常重要的信号处理方法，在图像处理领域，它也是一类应用最为广泛的正交变换，它除了许多在工程上具有重要意义的独特性质之外，还具有快速算法（FFT）。傅里叶变换是线性系统分析的有力工具。例如，在进行图像低通滤波、高通滤波时，可以借助于傅里叶变换将在空间域中解决的问题转换到频率域中解决。图像处理中的变换方法一般是保持能量守恒的正交变换，而且在理论上它的基本运算是严格可逆的。借助于傅里叶变换理论及其物理解释，并结合其他技术学科可以解决或解释大多数图像处理问题。

4.2.1 连续傅里叶变换

（1）一维连续傅里叶变换

若 $f(x)$ 为一维连续可积的实函数，则它的傅里叶变换定义为

$$F(u) = \int_{-\infty}^{\infty} f(x,y) e^{-j2\pi ux} dx \tag{4-1}$$

傅里叶逆变换定义为

$$f(x) = \int_{-\infty}^{\infty} F(u) e^{j2\pi ux} du \tag{4-2}$$

函数 $f(x)$ 和 $F(u)$ 称为傅里叶变换对。即对于任一函数 $f(x)$，其傅里叶变换 $F(u)$ 是唯一的；反之，对于任一函数 $F(u)$，其傅里叶逆变换 $f(x)$ 也是唯一的。

连续函数 $f(x)$ 的傅里叶变换 $F(u)$ 是一个复函数，因此 $F(u)$ 可以表示为

$$F(u) = R(u) + jI(u) \tag{4-3}$$

式中，$R(u)$ 和 $I(u)$ 分别表示 $F(u)$ 的实部和虚部。

$F(u)$ 也可以表示为指数形式，即

$$F(u) = |F(u)| e^{j\phi(u)} \tag{4-4}$$

式中

$$|F(u)| = \left[R^2(u) + I^2(u) \right]^{\frac{1}{2}} \tag{4-5}$$

$$\phi(u) = \arctan \left[\frac{I(u)}{R(u)} \right] \tag{4-6}$$

函数 $f(x)$ 的能量谱或功率谱定义为

$$E(u) = |F(u)|^2 \tag{4-7}$$

（2）二维连续傅里叶变换

一维连续函数的傅里叶变换的许多结论都可以很容易地根据定义推广到二维傅里叶变换。若 $f(x,y)$ 为二维连续函数，则它的傅里叶变换定义为

$$F(u,v) = \int_{-\infty}^{\infty}\int_{-\infty}^{\infty} f(x,y)\mathrm{e}^{-\mathrm{j}2\pi(ux+vy)}\mathrm{d}x\mathrm{d}y \tag{4-8}$$

傅里叶逆变换定义为

$$f(x,y) = \int_{-\infty}^{\infty}\int_{-\infty}^{\infty} F(u,v)\mathrm{e}^{\mathrm{j}2\pi(ux+vy)}\mathrm{d}u\mathrm{d}v \tag{4-9}$$

4.2.2 离散傅里叶变换

离散傅里叶变换（DFT）是指对离散序列进行傅里叶变换。

（1）一维离散傅里叶变换

一维离散序列 $f(x)(x=0,1,2,\cdots,N-1)$ 的傅里叶变换定义为

$$F(u) = \sum_{x=0}^{N-1} f(x)\mathrm{e}^{-\mathrm{j}\frac{2\pi ux}{N}}, u = 0,1,2,\cdots,N-1 \tag{4-10}$$

离散序列 $F(u)$ 的傅里叶逆变换定义为

$$f(x) = \frac{1}{N}\sum_{u=0}^{N-1} F(u)\mathrm{e}^{\mathrm{j}\frac{2\pi ux}{N}}, x = 0,1,2,\cdots,N-1 \tag{4-11}$$

Δx 和 Δu 分别为空间域采样间隔和频率域采样间隔，两者之间满足

$$\Delta x = \frac{1}{N\Delta u} \tag{4-12}$$

令

$$W = \mathrm{e}^{-\mathrm{j}\frac{2\pi}{N}} \tag{4-13}$$

离散傅里叶变换可以表示为：

正变换：

$$F(u) = \sum_{x=0}^{N-1} f(x)W_N^{ux}, u = 0,1,2,\cdots,N-1 \tag{4-14}$$

逆变换：

$$f(x) = \sum_{u=0}^{N-1} F(u)W_N^{-ux}, x = 0,1,2,\cdots,N-1 \tag{4-15}$$

根据欧拉公式，傅里叶变换可以写为

$$F(u) = \sum_{x=0}^{N-1} f(x)\left[\cos\frac{2\pi ux}{N} - \mathrm{j}\sin\frac{2\pi ux}{N}\right], u = 0,1,2,\cdots,N-1 \tag{4-16}$$

由此可知，离散序列 $f(x)$ 的傅里叶变换 $F(u)$ 依然是离散序列，而且通常情况下是一个

复数序列，与连续傅里叶变换类似，$F(u)$可以表示为

$$F(u) = R(u) + jI(u) \tag{4-17}$$

式中，序列$R(u)$和$I(u)$分别表示离散序列$F(u)$的实序列和虚序列。

序列$F(u)$还可以表示为指数形式，即

$$F(u) = |F(u)| \, e^{j\phi(u)} \tag{4-18}$$

式中

$$|F(u)| = \left[R^2(u) + I^2(u) \right]^{\frac{1}{2}} \tag{4-19}$$

$$\phi(u) = \arctan\left[\frac{I(u)}{R(u)} \right] \tag{4-20}$$

序列$f(x)$的能量谱或功率谱定义为

$$E(u) = |F(u)|^2 \tag{4-21}$$

（2）二维离散傅里叶变换

二维傅里叶变换是在一维傅里叶变换基础上建立的，其定义、性质和方法只要在一维变换基础上适当地推广即可完成。根据一维离散傅里叶变换的定义和二维连续傅里叶变换理论，尺寸为$M \times N$的离散函数$f(x,y)$的二维离散傅里叶变换定义为

$$F(u,v) = \frac{1}{MN} \sum_{x=0}^{M-1} \sum_{y=0}^{N-1} f(x,y) e^{-j2\pi(ux/M + vy/N)} \tag{4-22}$$

傅里叶逆变换定义为

$$f(x,y) = \sum_{u=0}^{M-1} \sum_{v=0}^{N-1} F(u,v) e^{j2\pi(ux/M + vy/N)} \tag{4-23}$$

式中，$x = 0, 1, 2, \cdots, M-1$；$y = 0, 1, 2, \cdots, N-1$。

$F(u,v)$即离散信号$f(x,y)$的频谱，通常是复数

$$F(u,v) = R(u,v) + jI(u,v) \tag{4-24}$$

式中，$R(u,v)$和$I(u,v)$分别是$F(u,v)$的实部和虚部。

根据傅里叶变换的定义，二维离散傅里叶变换是一种线性算子，具有与一维傅里叶变换相似的特性，其主要特点如下：

① 可分离性。

利用可分离性，傅里叶变换对可表示为

$$F(u,v) = \frac{1}{N} \sum_{y=0}^{N-1} e^{-j2\pi\frac{ux}{N}} \sum_{y=0}^{N-1} f(x,y) e^{-j2\pi\frac{vy}{N}} \quad (u,v = 0,1,2,\cdots,N-1) \tag{4-25}$$

$$f(x,y) = \frac{1}{N} \sum_{y=0}^{N-1} e^{j2\pi\frac{ux}{N}} \sum_{v=0}^{N-1} F(x,v) e^{j2\pi\frac{vy}{N}} \quad (x,y = 0,1,2,\cdots,N-1) \tag{4-26}$$

图像离散傅里叶变换过程可表示为

$$f(x,y) \xrightarrow{\text{列变换} \times N} F(x,v) \xrightarrow{\text{行变换}} F(u,v) \qquad (4\text{-}27)$$

即先对图像每行进行一维傅里叶变换，再对逐行变换后矩阵的每列进行一维傅里叶变换，可用 FFT 实现。因图像数据按行存放，执行列变换时取数速度减慢，故行变换后需进行矩阵转置，快速转置算法是二维图像 FFT 的关键。

② 周期性。

设 a 和 b 为整数，离散傅里叶变换有如下周期性：

$$F(u,v) = F(u+aM,v) = F(u,v+bN) = F(u+aM,v+bN) \qquad (4\text{-}28)$$

同样，逆变换也具有周期性：

$$f(x,y) = f(x+aM,y) = f(x,y+bN) = f(x+aM,y+bN) \qquad (4\text{-}29)$$

如图 4-1 所示，$f(x,y)$ 的 DFT 频谱是在水平方向以 N 为周期、在垂直方向以 M 为周期的周期图形。

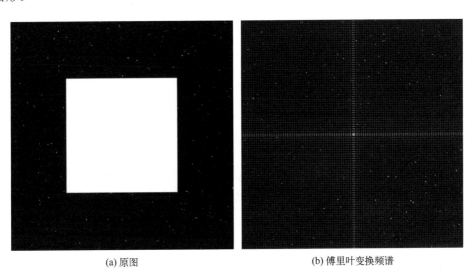

(a) 原图   (b) 傅里叶变换频谱

ᐱ 图 4-1　典型图像的频谱图

用 Python 和 OpenCV 实现的代码如下：

```python
import numpy as np
import matplotlib.pyplot as plt
import imageio

# 读取图像
image_path = 'binary_image.png'  # 替换为您的图像文件路径
image = imageio.imread(image_path)

# 确保图像是灰度的
if len(image.shape) == 3:
    image = np.mean(image, axis=2)

# 执行 2D FFT
fft_image = np.fft.fft2(image)
```

```
# 将零频成分移到中心
fft_shifted = np.fft.fftshift(fft_image)

# 绘制原始图像
plt.figure(figsize=(10, 5))
plt.subplot(1, 2, 1)
plt.imshow(image, cmap='gray')
plt.title('Original image')
plt.axis('off')

# 绘制频谱图
plt.subplot(1, 2, 2)
# 使用对数尺度显示频谱图以便于观察
plt.imshow(np.log(1 + np.abs(fft_shifted)), cmap='viridis')
plt.title('Fourier Transform Spectrum')
plt.axis('off')

plt.tight_layout()

# 保存频谱图
plt.savefig('spectrum.png')   # 替换为你想要保存的文件名和路径

plt.show()
```

③ 旋转不变性。

引入极坐标，即

$$x = r\cos\theta, y = r\sin\theta, u = \omega\cos\varphi, v = w\sin\varphi \qquad (4\text{-}30)$$

则 $f(x,y)$ 和 $F(u,v)$ 分别表示为 $f(r,\theta)$ 和 $F(\omega,\varphi)$。替换 $f(x,y) \Leftrightarrow F(u,v)$，根据二维离散傅里叶变换的定义可以得到

$$f(r,\theta+\theta_0) \Leftrightarrow F(\omega,\varphi+\theta_0) \qquad (4\text{-}31)$$

上式表明，对 $f(x,y)$ 旋转 θ_0 角度，则其对应的二维离散傅里叶变换 $F(u,v)$ 也旋转 θ_0 角度。

④ 共轭对称性。

傅里叶变换存在共轭对称性：

$$F(u,v) = F^*(-u,-v) \qquad (4\text{-}32)$$

式中，$u = 0,1,2,\cdots,M-1; v = 0,1,2,\cdots,N-1$。

且

$$|F(u,v)| = |F^*(-u,-v)| \qquad (4\text{-}33)$$

式中，$u = 0,1,2,\cdots,M-1; v = 0,1,2,\cdots,N-1$。

⑤ 卷积定理。

如果二维离散函数 $f(x,y)$ 和 $h(x,y)$ 的傅里叶变换分别为 $F(u,v)$ 和 $H(u,v)$，则 $f(x,y)$ 和 $h(x,y)$ 之间的卷积可以通过其傅里叶变换 $F(u,v)$ 和 $H(u,v)$ 获得。

$$\text{DFT}\big[f(x,y)*h(x,y)\big] = F(u,v)H(u,v) \qquad (4\text{-}34)$$

反之也存在如下关系：

$$\mathrm{DFT}^{-1}\left[F(u,v)*H(u,v)\right]=f(x,y)h(x,y) \tag{4-35}$$

⑥ 相关定理。

设 $f(x,y)$ 和 $h(x,y)$ 是两个大小分别为 $A\times B$ 和 $C\times D$ 的二维空间域离散函数，则它们的互相关定义为

$$f(x,y)\circ h(x,y)=\sum_{m=0}^{M-1}\sum_{n=0}^{N-1}f^{*}(m,n)h(x+m,y+n) \tag{4-36}$$

其中，"∘"符号表示相关运算，$M=A+C-1$，$N=B+D-1$，则相关定理为

$$F\left[f(x,y)\circ h(x,y)\right]=F^{*}(u,v)H(u,v) \tag{4-37}$$

$$F\left[f^{*}(x,y)h(x,y)\right]=F(u,v)\circ H(u,v) \tag{4-38}$$

4.2.3 傅里叶变换在图像处理中的应用

傅里叶变换在图像处理中是一个最基本的数学工具。利用这个工具，可以对图像的频谱进行各种各样的处理，如滤波、降噪、增强等。傅里叶变换的实例如图 4-2 所示。它的频谱如图 4-2（b）所示，对于图像中的平坦区域，它占有图像的低频（中心）位置，由于这部分成分占图像的大部分区域，因而其值较高。对于栅格部分，可以认为是一种正弦波，这种成分是图像的另一个重要组成成分，其对应的频率将在频谱图上出现较高的值，即图 4-2（b）中原点两侧的亮点，之所以出现在横轴而不是纵轴是由该正弦波的方向决定的，当我们把对应正弦波的频率去除后再求傅里叶反变换，就会达到去除噪声的目的，如图 4-2（c）、（d）所示。

(a) 加栅格的图像

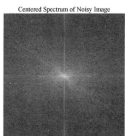
(b) 频谱图

(c) 去除高频后的频谱图

(d) 傅里叶反变换结果

△ 图 4-2 利用傅里叶变换减弱 Lena 图像的栅格效应噪声

用 Python 和 OpenCV 实现的代码如下：

```python
import torch
import numpy as np
import matplotlib.pyplot as plt
from PIL import Image

# 加载 Lena 图像
def load_lena_image(path='lena.bmp'):
    lena_image = Image.open(path)
```

```python
    lena_image = lena_image.convert('L')  # 转换为灰度图像
    lena_image = np.array(lena_image)
    lena_image = torch.from_numpy(lena_image).float()
    return lena_image


# 生成明显的正弦波噪声并添加到 Lena 图像上（仅在 x 方向上）
def add_sin_noise_to_image(image):
    frequency = 40  # 噪声频率
    amplitude = 20  # 噪声幅度
    height = image.size(0)
    width = image.size(1)

    # 创建 x 方向的正弦波噪声
    x = torch.arange(0, width, 1).unsqueeze(0)  # 仅在 x 方向
    noise = amplitude * torch.sin(2 * np.pi * frequency * x / 50)
    noisy_image = image + noise
    return noisy_image


# 傅里叶变换去除高频噪声并反变换
def denoise_image(noisy_image):
    fft_image = torch.fft.fftn(noisy_image)
    magnitude = torch.abs(fft_image)
    phase = torch.angle(fft_image)

    # 设置阈值去除高频部分
    threshold = 0.04 * magnitude.max()  # 调整阈值以改善去噪效果
    filtered_magnitude = torch.where(magnitude < threshold, magnitude, torch.zeros_like(magnitude))
    filtered_fft_image = filtered_magnitude * torch.exp(1j * phase)
    denoised_image = torch.real(torch.fft.ifftn(filtered_fft_image))
    return denoised_image


# 计算并显示图像的频谱
def show_spectrum(image, title, save_path):
    fft_image = torch.fft.fftn(image)
    magnitude = torch.abs(fft_image)
    magnitude_centered = torch.fft.fftshift(magnitude)  # 中心化频谱
    plt.imshow(np.log(magnitude_centered.numpy()), cmap='gray')
    plt.title(title)
    plt.axis('off')  # 隐藏坐标轴
    plt.savefig(*args:save_path, bbox_inches='tight', pad_inches=0)  # 保存图像
    plt.show()


# 主函数
def main():
    # 加载 Lena 图像
    lena_image = load_lena_image()

    # 添加正弦波噪声
    noisy_image = add_sin_noise_to_image(lena_image)
```

```python
# 去噪
denoised_image = denoise_image(noisy_image)

# 计算添加噪声后的频谱
fft_noisy_image = torch.fft.fftn(noisy_image)
magnitude_noisy = torch.abs(fft_noisy_image)
magnitude_noisy_centered = torch.fft.fftshift(magnitude_noisy)   # 中心化频谱

# 计算去噪后图像的频谱
fft_denoised_image = torch.fft.fftn(denoised_image)
magnitude_denoised = torch.abs(fft_denoised_image)
magnitude_denoised_centered = torch.fft.fftshift(magnitude_denoised)   # 中心化频谱

# 可视化原始图像
plt.figure()
plt.imshow(lena_image.numpy(), cmap='gray')
plt.title('Original Lena Image')
plt.axis('off')   # 隐藏坐标轴
plt.savefig(*args:'original_lena_image.png', bbox_inches='tight', pad_inches=0) # 保存图像
plt.show()

# 可视化噪声图像
plt.figure()
plt.imshow(noisy_image.numpy(), cmap='gray')
plt.title('Noisy Lena Image with Horizontal Sine Wave')
plt.axis('off')   # 隐藏坐标轴
plt.savefig(*args:'noisy_lena_image.png', bbox_inches='tight', pad_inches=0)   # 保存图像
plt.show()

# 可视化去噪图像
plt.figure()
plt.imshow(denoised_image.numpy(), cmap='gray')
plt.title('Denoised Lena Image')
plt.axis('off')   # 隐藏坐标轴
plt.savefig(*args:'denoised_lena_image.png', bbox_inches='tight', pad_inches=0)   # 保存图像
plt.show()

# 可视化噪声图像频谱
plt.figure()
plt.imshow(np.log(magnitude_noisy_centered.numpy()), cmap='gray')   # 使用对数尺度来更好地
显示频谱
plt.title('Centered Spectrum of Noisy Image')
plt.axis('off')   # 隐藏坐标轴
plt.savefig(*args:'spectrum_noisy_image.png', bbox_inches='tight', pad_inches=0)   # 保存图像
plt.show()

# 可视化去噪图像频谱
plt.figure()
plt.imshow(np.log(magnitude_denoised_centered.numpy()), cmap='gray')
```

```
        plt.title('Centered Spectrum of Denoised Image')
        plt.axis('off')  # 隐藏坐标轴
        plt.savefig(*args:'spectrum_denoised_image.png', bbox_inches='tight', pad_inches=0)
# 保存图像
        plt.show()


    # 运行主函数
    if __name__ == '__main__':
        main()
```

4.3　离散余弦变换

离散余弦变换（DCT）源自傅里叶变换，在傅里叶级数展开式中，如果被展开的函数是实偶函数，其傅里叶级数中只包含余弦项，再将其离散化即可导出离散余弦变换。与离散傅里叶变换相比，DCT 参数为实数，计算更简便快速。此外，离散余弦变换不仅具有正交变换性质，且信息集中能力强，其基向量能有效描述图像与语音信号特征。

4.3.1　一维离散余弦变换

一维离散余弦变换的变换核定义为

$$g(x,u) = C(u)\sqrt{\frac{2}{N}}\cos\left[\frac{(2x+1)u\pi}{2N}\right] \tag{4-39}$$

式中，$x,u = 0,1,2,\cdots,N-1$；

$$C(u) = \begin{cases} \dfrac{1}{\sqrt{2}}, & u = 0 \\ 1, & u \neq 0 \end{cases} \tag{4-40}$$

若 $f(x)(x = 0,1,2,\cdots,N-1)$ 为 N 点离散序列，则一维离散余弦变换定义为

$$F(u) = C(u)\sqrt{\frac{2}{N}}\sum_{x=0}^{N-1}f(x)\cos\left[\frac{(2x+1)u\pi}{2N}\right] \tag{4-41}$$

式中，$u = 0,1,2,\cdots,N-1$；$F(u)$ 是第 u 个余弦变换系数；u 是广义频率变量。

一维离散余弦逆变换定义为

$$f(x) = \sqrt{\frac{2}{N}}\sum_{u=0}^{N-1}C(u)F(u)\cos\left[\frac{(2x+1)u\pi}{2N}\right] \tag{4-42}$$

式中，$x = 0,1,2,\cdots,N-1$。

根据式（4-40）和式（4-41）可以看出，一维离散余弦正变换与逆变换的核相同。与离散傅里叶变换一样，离散余弦变换也可以写成矩阵形式：

$$\boldsymbol{F} = \boldsymbol{Gf} \tag{4-43}$$

$$\boldsymbol{F} = \left[F(0), F(1), F(2), \cdots, F(N-1)\right]^{\mathrm{T}}$$

式中，
$$\boldsymbol{G} = \frac{1}{\sqrt{N}} \begin{bmatrix} \sqrt{\dfrac{1}{N}}[1 & 1 & \cdots & 1] \\[2mm] \sqrt{\dfrac{2}{N}}\left[\cos\left(\dfrac{\pi}{2N}\right) & \cos\left(\dfrac{3\pi}{2N}\right) & \cdots & \cos\left(\dfrac{(2N-1)\pi}{2N}\right)\right] \\[2mm] \sqrt{\dfrac{2}{N}}\left[\cos\left(\dfrac{2\pi}{2N}\right) & \cos\left(\dfrac{6\pi}{2N}\right) & \cdots & \cos\left(\dfrac{(2N-1)2\pi}{2N}\right)\right] \\[2mm] \cdots & \cdots & \ddots & \cdots \\[2mm] \sqrt{\dfrac{2}{N}}\left[\cos\left(\dfrac{(N-1)\pi}{2N}\right) & \cos\left(\dfrac{(N-1)3\pi}{2N}\right) & \cdots & \cos\left(\dfrac{(N-1)(2N-1)\pi}{2N}\right)\right] \end{bmatrix}$$

$$\boldsymbol{f} = \left[f(0), f(1), f(2), \cdots, f(N-1)\right]^{\mathrm{T}}$$

一维离散余弦变换的逆变换（IDCT）定义为

$$f(x) = \sqrt{\frac{2}{N}} \sum_{u=0}^{N-1} C(u)F(u)\cos\left[\frac{(2x+1)u\pi}{2N}\right] \tag{4-44}$$

式中，$x = 0, 1, 2, \cdots, N-1$。

傅里叶变换中的指数项通过欧拉公式进行分解，实数部分对应于余数项，虚数部分对应于正弦项。因此，离散余弦变换可以从傅里叶变换的实数部分求得，即离散余弦变换可以改写成以下形式：

$$F(0) = \frac{1}{\sqrt{N}} \sum_{x=0}^{N-1} f(x) \tag{4-45}$$

$$F(u) = \sqrt{\frac{2}{N}} \mathrm{Re}\left\{\left[\exp\left(\frac{-\mathrm{j}2u\pi}{2N}\right)\right] \sum_{x=0}^{2N-1} f(x)\exp\left(\frac{-\mathrm{j}2\pi ux}{N}\right)\right\} \tag{4-46}$$

式中，$u = 1, 2, \cdots, N-1$。对于 $x = N, N+1, \cdots, 2N-1$ 有 $f(x) = 0$，$\mathrm{Re}\{\cdot\}$ 表示取实数部分，其中求和项就是 $2N$ 个点上的离散余弦变换。

4.3.2 二维离散余弦变换

一维离散余弦变换可以很方便地推广到二维离散余弦变换，设二维离散图像序列为 $\{f(x,y)$ $(x=0,1,2,\cdots,M-1; v=0,1,2,\cdots,N-1)\}$，则二维离散余弦正变换核为

$$g(x,y,u,v) = \sqrt{\frac{2}{MN}} C(u)C(v)\cos\left[\frac{(2x+1)u\pi}{2M}\right]\cos\left[\frac{(2x+1)v\pi}{2N}\right] \tag{4-47}$$

式中，$x, u = 0, 1, 2, \cdots, M-1; y, v = 0, 1, 2, \cdots, N-1$。

二维离散余弦正变换定义为

$$F(u,v) = \sqrt{\frac{2}{MN}} \sum_{x=0}^{M-1}\sum_{y=0}^{N-1} f(x,y)C(u)C(v)\cos\left[\frac{(2x+1)u\pi}{2M}\right]\cos\left[\frac{(2x+1)v\pi}{2N}\right] \tag{4-48}$$

式中，$u = 0, 1, 2, \cdots, M-1; v = 0, 1, 2, \cdots, N-1$。

二维离散余弦逆变换定义为

$$f(x,y) = \sqrt{\frac{2}{MN}} \sum_{u=0}^{M-1} \sum_{v=0}^{N-1} F(u,v) C(u) C(v) \cos\left[\frac{(2x+1)u\pi}{2M}\right] \cos\left[\frac{(2x+1)v\pi}{2N}\right] \qquad (4\text{-}49)$$

式中，$x = 0, 1, 2, \cdots, M-1; y = 0, 1, 2, \cdots, N-1$。

与一维离散余弦变换一样，二维离散余弦变换也可以写成矩阵形式：

$$\boldsymbol{F} = \boldsymbol{GfG}^{\mathrm{T}} \qquad (4\text{-}50)$$

二维离散余弦正变换与逆变换的核相同，而且是可分离的，即可分离以后进行运算。

$$
\begin{aligned}
g(x,y,u,v) &= \sqrt{\frac{2}{MN}} C(u) C(v) \cos\left[\frac{(2x+1)u\pi}{2M}\right] \cos\left[\frac{(2x+1)v\pi}{2N}\right] \\
&= \left\{\sqrt{\frac{2}{M}} C(u) \cos\left[\frac{(2x+1)u\pi}{2M}\right]\right\}\left\{\sqrt{\frac{2}{N}} C(v) \cos\left[\frac{(2x+1)v\pi}{2N}\right]\right\} \\
&= g_1(x,u) g_2(y,v) \qquad (4\text{-}51)
\end{aligned}
$$

式中，$x, u = 0, 1, 2, \cdots, M-1; y, v = 0, 1, 2, \cdots, N-1$。

图 4-3 展示了离散余弦变换的实例。图 4-3（a）为未经压缩的原始图像，图 4-3（b）是采用 JPEC 方式压缩存储的图像。观察可知，图 4-3（b）基本上保留了原图的内容信息，看不出有什么损失，但图 4-3（b）的文件大小是图 4-3（a）的 30%，可见离散余弦变换在图像压缩上发挥了作用。

︿图 4-3　离散余弦变换在图像压缩中的应用

用 Python 和 OpenCV 实现的代码如下：

```python
def dct_image_compression(image_path, compression_ratio):
    # 读取图像
    image = cv2.imread(image_path, cv2.IMREAD_GRAYSCALE)
    if image is None:
        raise ValueError("Image not found or path is incorrect")
    # 确保压缩比例在 0 到 1 之间
    if not (0 < compression_ratio <= 1):
        raise ValueError("Compression ratio must be between 0 and 1")
```

```
# 进行离散余弦变换
dct = cv2.dct(np.float32(image))
# 计算需要保留的系数数量
rows, cols = image.shape
total_coeffs = rows * cols
keep_coeffs = int(total_coeffs * compression_ratio)
# 对 DCT 系数进行排序并保留最大的系数
dct_sorted = np.sort(np.abs(dct).ravel())
threshold = dct_sorted[-keep_coeffs]
dct_compressed = dct * (np.abs(dct) > threshold)

# 进行逆离散余弦变换得到压缩后的图像
idct_compressed = cv2.idct(dct_compressed)
idct_compressed = np.clip(idct_compressed, 0, 255).astype(np.uint8)

#显示原图和压缩后的图像
plt.figure(figsize=(10, 5))
plt.subplot(1, 2, 1), plt.imshow(image, cmap='gray')
plt.title('Original Image'), plt.axis('off')
plt.subplot(1, 2, 2), plt.imshow(idct_compressed, cmap='gray')
plt.title(f'Compressed Image (Ratio: {compression_ratio})'), plt.axis('off')
plt.show()
```

4.4 离散沃尔什–哈达玛变换

DFT 或 DCT 都是以正弦或余弦三角函数为基本的正交函数基，均运算复杂，占用时间较多，而在实际应用中，有时需要更为有效和便利的变换方法，沃尔什（Walsh）变换就是其中一种，与 DFT 相比，沃尔什变换减少了存储空间并提高了运算速度。哈达玛（Hadamard）变换与沃尔什变换十分类似，就其本质而言，哈达玛变换是一种特殊排序的沃尔什变换。哈达玛变换核矩阵与沃尔什变换不同之处仅仅是行的次序不同。哈达玛变换的最大优点在于，它的变换核矩阵具有简单的递推关系，即高阶矩阵可以通过低阶矩阵求出。

4.4.1 沃尔什变换

（1）一维离散沃尔什变换

设 $N = 2^n$ ，一维沃尔什变换核为

$$g(x,u) = \frac{1}{N} \prod_{i=0}^{n-1} (-1)^{b_i(x)b_{n-1-i}(u)} \tag{4-52}$$

式中， $u, x = 0, 1, 2, \cdots, N-1$ 。 $b_k(z)$ 代表 z 的二进制表示的第 k 位值。

沃尔什变换核是一个对称阵列，其行和列是正交的。

一维沃尔什变换定义为

$$W(u) = \frac{1}{N}\sum_{x=0}^{N-1} f(x)\prod_{i=0}^{n-1}(-1)^{b_i(x)b_{n-1-i}(u)} \tag{4-53}$$

逆变换定义为

$$f(x) = \sum_{x=0}^{N-1} W(u)\prod_{i=0}^{n-1}(-1)^{b_i(x)b_{n-1-i}(u)} \tag{4-54}$$

正变换核、逆变换核仅相差一个常数项 $1/N$。计算正变换的任何算法同样适用于逆变换。

（2）二维离散沃尔什变换

二维沃尔什变换要求图像的大小为 $N = 2^n$，其正变换核为

$$g(x,y;u,v) = \frac{1}{N}\prod_{i=0}^{n-1}(-1)^{\left[b_i(x)b_{n-1-i}(u)+b_i(y)b_{n-1-i}(v)\right]} \tag{4-55}$$

逆变换核为

$$h(x,y;u,v) = \frac{1}{N}\prod_{i=0}^{n-1}(-1)^{\left[b_i(x)b_{n-1-i}(u)+b_i(y)b_{n-1-i}(v)\right]} \tag{4-56}$$

二维沃尔什正变换和逆变换分别定义为

$$W(u,v) = \frac{1}{N}\sum_{x=0}^{N-1}\sum_{y=0}^{N-1} f(x,y)\prod_{i=0}^{n-1}(-1)^{\left[b_i(x)b_{n-1-i}(u)+b_i(y)b_{n-1-i}(v)\right]} \tag{4-57}$$

$$f(x,y) = \frac{1}{N}\sum_{u=0}^{N-1}\sum_{v=0}^{N-1} W(u,v)\prod_{i=0}^{n-1}(-1)^{\left[b_i(x)b_{n-1+i}(u)+b_i(y)b_{n-1+i}(v)\right]} \tag{4-58}$$

可见，沃尔什变换是可分离的和对称的。因此，二维沃尔什变换可以像二维离散傅里叶转换一样，分为两次一维沃尔什变换实现。

图 4-4 展示了沃尔什变换的实例。图 4-4（b）为对应于图 4-4（a）的沃尔什变换结果，图 4-4（c）为旋转 45° 后的沃尔什变换结果。

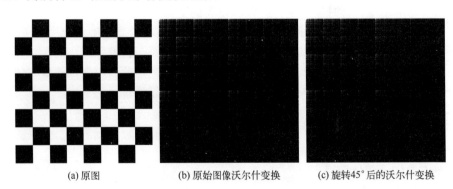

(a) 原图　　　　　　　　(b) 原始图像沃尔什变换　　　　　(c) 旋转45°后的沃尔什变换

☆图 4-4　沃尔什变换的频谱分布

用 C++ 和 OpenCV 实现的代码如下：

```cpp
#include <iostream>
#include <opencv2/opencv.hpp>

using namespace cv;
using namespace std;
```

```cpp
// 计算 8×8 沃尔什基函数矩阵
Mat walshMatrix8x8() {
    Mat walshMatrix(8,8, CV_32F);
    for(int i = 0;i < 8;++i) {
        for (int j=0;j<8;++j) {
            int p = i;
            int q = j;
            int num1 = 0;
            int num2 = 0;
            while (p> 0) {
                num1 += p% 2;
                p=p / 2;
            }
            while (q> 0){
                num2 +=q% 2;
                q=q / 2;
            }
            walshMatrix.at<float>(i,j)=(num1+num2)%2==0 ?1 :-1;
        }
    }
    return walshMatrix ;
}
//对 8×8 图像块进行沃尔什变换
Mat walshTransformBlock(Mat block) {
    Mat walshMatrix = walshMatrix8x8();
    block.convertTo(block, CV_32F);
    if(block.cols ! = walshMatrix .rows) {
        cerr << "Error: Matrix dimensions are not suitable for multiplication." << endl;
        return block;
    }
    Mat result;
    gemm(block, walshMatrix, 1, Mat(), 0, result);
    return result;
}

// 对整个图像进行沃尔什变换
Mat walshTransform(Mat img) {
    int rows = img.rows;
    int cols = img.cols;
    Mat result = img.clone();
    if(rows % 8 !=0 || cols % 8 ! = 0) {
        cout << "Image size should be multiple of 8 for this implementation." << endl;
        return result;
    }
    for (int i = 0; i < rows; i += 8) {
        for (int j = 0; j < cols; j += 8) {
            Mat block = img(Rect(j, i, 8,8));
            Mat walshBlock = walshTransformBlock(block);
            walshBlock.copyTo(result(Rect(j, i, 8, 8)));
```

```
        }
    }
    return result;
}
int main() {
    Mat img = imread("棋盘格.jpg", 0);
    if (img.empty()) {
        cout << "Error: Could not read image." << endl;
        return -1;
    }
    Mat walshImg = walshTransform(img);
    imshow("Original Image",img);
    imshow(" Walsh Transformed Image" , walshImg);
    waitKey(0);
    return 0;
}
```

4.4.2 哈达玛变换

（1）一维离散哈达玛变换

哈达玛变换矩阵是元素仅由+1 和−1 组成的正交方阵，它的任意两行或两列都彼此正交，即它们的对应元素之和为零。哈达玛变换核矩阵与沃尔什变换的差异仅仅是行的次序不同。

一维哈达玛变换核为

$$g\left(x,u\right)=\frac{1}{N}\left(-1\right)^{\sum_{i=0}^{n-1}b_i(x)b_i(u)} \tag{4-59}$$

式中，$u,x=0,1,2,\cdots,N-1$。

一维哈达玛正变换定义为

$$H\left(u\right)=\frac{1}{N}\sum_{x=0}^{N-1}f\left(x\right)\left(-1\right)^{\sum_{i=0}^{n-1}b_i(x)b_i(u)} \tag{4-60}$$

式中，$u=0,1,2,\cdots,N-1$。

一维哈达玛逆变换定义为

$$f\left(x\right)=\sum_{u=0}^{N-1}H\left(u\right)\left(-1\right)^{\sum_{u=0}^{n-1}b_i(x)b_i(u)} \tag{4-61}$$

式中，$x=0,1,2,\cdots,N-1$。

（2）二维离散哈达玛变换

二维哈达玛正变换和逆变换分别定义为

$$H\left(u,v\right)=\frac{1}{N}\sum_{x=0}^{N-1}\sum_{y=0}^{N-1}f\left(x,y\right)\left(-1\right)^{\sum_{i=1}^{n-1}[b_i(x)b_i(u)+b_i(y)b_i(v)]} \tag{4-62}$$

$$f\left(x,y\right)=\frac{1}{N}\sum_{u=0}^{N-1}\sum_{v=0}^{N-1}H\left(u,v\right)\left(-1\right)^{\sum_{i=0}^{n-1}[b_i(x)b_i(u)+b_i(y)b_i(v)]} \tag{4-63}$$

可见，二维哈达玛正、逆变换也具有相同的形式。哈达玛变换核是可分离的和对称的，因此，二维的哈达玛正变换和逆变换都可通过两个一维变换实现。

4.5 小波变换

4.5.1 小波变换的概念和特性

小波概念由法国 EIf-Aquitaine 公司地球物理学家 J.Morlet 于 1984 年提出，用于地质资料分析。小波指小区域、有限长度、均值为 0 的振荡波形，如图 4-5（a）和（b）所示。"小"指它具有衰减性，即局部非零性，其非零系数的个数多少，反映了高频成分的丰富程度；"波"指它具有波动性，表现为局部非零及振幅正负相间的形式。小波两大特性为振荡性和局部化振幅。

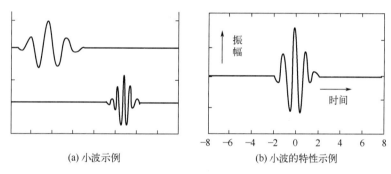

(a) 小波示例　　　　　　(b) 小波的特性示例

△ 图 4-5　小波及其特性

依据小波的定义及特性进行分析，图 4-6 中所呈现的波形并不符合小波的特征。具体而言，图 4-6（a）展示的是一种周期性波形，其振幅并非仅局限于一个极短的区间内为非零值；图 4-6（b）所描绘的波形则缺乏小波应具备的振荡性质。因此，可以断定，图 4-6 中的波形并不属于小波范畴。

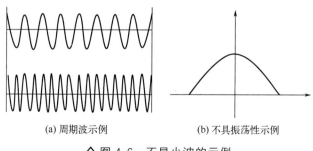

(a) 周期波示例　　　　　(b) 不具振荡性示例

△ 图 4-6　不是小波的示例

小波变换是基于母函数在时间平移与尺度伸缩所得函数族，用以表示或逼近信号或函数，实现自适应频变分析。它弥补了傅里叶变换不能描述随时间变化的频率特性的不足，尤其适用于时间窗内频变特性各异的信号或图像，旨在获取局部而非整体频谱信息。

4.5.2　图像的小波变换

图像信源的最大特点是非平稳特性，也就是不能用一种确定的数学模型来描述；而小波的多分辨率分析特性使之既可高效地描述图像的平坦区域，又可有效地表示图像信号的局部突变（即图像的边缘轮廓部分）。小波在空域和频域良好的局部性，使之能够聚焦到图像的任意细节，相当于一个具有放大和平移功能的"数学显微镜"。因此小波非常适合于进行图像处理。

（1）二维离散小波变换及其算法基础

将一维信号的离散小波变换推广到二维，就可得到二维离散小波变换。设 $\varphi(x)$ 是一维尺度函数，$\psi(x)$ 是一维小波函数，则可得到二维小波变换的基础函数为

$$\begin{cases} \varphi(x,y) = \varphi(x)\varphi(y) \\ \psi^1(x,y) = \psi(x)\varphi(y) \\ \psi^2(x,y) = \varphi(x)\psi(y) \\ \psi^3(x,y) = \psi(x)\psi(y) \end{cases} \tag{4-64}$$

式中，$\varphi(x,y)$ 是一个可分离的二维尺度函数，$\psi^1(x,y),\psi^2(x,y)$ 和 $\psi^3(x,y)$ 分别是可分离的"方向敏感"二维小波，$\psi^1(x,y)$ 反映的是沿列的水平方向边缘的灰度变化，$\psi^2(x,y)$ 反映的是沿行的垂直方向边缘的灰度变化，$\psi^3(x,y)$ 反映的是对角线方向边缘的灰度变化。

设图像的大小为 $M \times N$，且 $M = 2^m, N = 2^n, m > 0, n > 0$。对图像每进行一次二维离散小波变换，就可分解产生一个低频子图（子带）LL（行低频、列低频）和三个高频子图，即水平子带 HL（行高频、列低频）、垂直子带 LH（行高频、列低频）和对角子带 HH（行高频、列高频），下一级小波变换在前级产生的低频子带 LL 的基础上进行，依次重复，即可完成图像的 $i(i = 1,2,\cdots,I-1,I)$ 级小波分解，对图像进行 i 级小波变换后，产生的子带数目为 $3i+1$。由于对图像每进行一次小波变换，就相当于在水平方向和垂直方向进行隔点采样，所以变换后的图像就分解成 4 个大小为前一级图像（或子图）尺寸的 1/4 的频带子图，图像的时域分辨率就下降一半（相应使尺度加 1），在对图像进行 i 级小波变换后，所得到的 i 级分辨率图像的分辨率是原图像分辨率的 $1/2^i$。当 $i = 1$ 时，即对图像进行一次小波变换后的子带分布如图 4-7 所示，每个子带分别包含了各自相应频带的小波系数。

︿图 4-7　对图像进行一次小波变换后的小波系数分布示意图

对图像进行三层小波变换（即对图像的 3 尺度的分解）后的系数分布示意图如图 4-8 所示。

图 4-9 展示了对 Lena 图像进行三层小波变换的实例，图中 cH、cV、cD 分别代表水平细节系数、垂直细节系数和对角细节系数，分别反映图像在水平、垂直、对角方向上的高频信息变换。

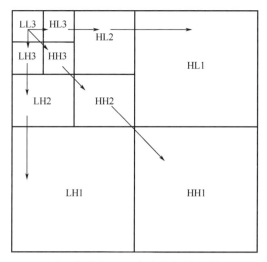

⌃ 图 4-8　对图像进行三层小波变换的系数分布示意图

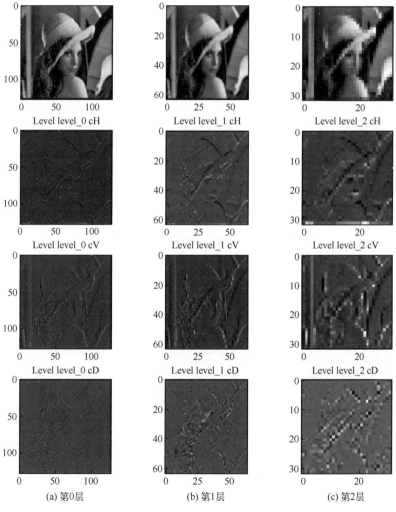

⌃ 图 4-9　对图像进行三层小波变换的结果实例

用 Python 和 OpenCV 实现的代码如下：

```python
import torch
import torchvision.transforms as transforms
import pywt
from PIL import Image
import matplotlib.pyplot as plt
# 读取图像
image_path = "lena.bmp"  # 将这里替换为你的实际图像路径
image = Image.open(image_path)
# 将图像转换为张量
transform = transforms.ToTensor()
image_tensor = transform(image)
# 进行小波变换
def wavelet_transform(image_tensor):
    image_np = image_tensor.squeeze().numpy()  # 去掉批次维度并转换为 numpy 数组
    coeffs = pywt.dwt2(image_np, 'haar')
    cA, (cH, cV, cD) = coeffs
    return cA, cH, cV, cD
# 进行多层小波变换
def multi_level_wavelet_transform(image_tensor, levels=3):
    results = {}
    current_coeffs = image_tensor.squeeze().numpy()
    for level in range(levels):
        cA, cH, cV, cD = wavelet_transform(torch.from_numpy(current_coeffs).unsqueeze(0))
        results[f'level_{level}'] = {'cA': cA, 'cH': cH, 'cV': cV, 'cD': cD}
        current_coeffs = cA  # 更新 current_coeffs 为下一层的近似部分
    return results
# 执行多层小波变换
wavelet_results = multi_level_wavelet_transform(image_tensor)
# 可视化结果
fig, axes = plt.subplots(4, len(wavelet_results), figsize=(15, 10))
for i, (level, coeffs) in enumerate(wavelet_results.items()):
    cA_img = torch.from_numpy(coeffs['cA']).unsqueeze(0)
    cH_img = torch.from_numpy(coeffs['cH']).unsqueeze(0)
    cV_img = torch.from_numpy(coeffs['cV']).unsqueeze(0)
    cD_img = torch.from_numpy(coeffs['cD']).unsqueeze(0)
    axes[0][i].imshow(cA_img.squeeze(), cmap='gray')
    axes[0][i].set_title(f'Level {level} cA')
    axes[1][i].imshow(cH_img.squeeze(), cmap='gray')
    axes[1][i].set_title(f'Level {level} cH')
    axes[2][i].imshow(cV_img.squeeze(), cmap='gray')
    axes[2][i].set_title(f'Level {level} cV')
    axes[3][i].imshow(cD_img.squeeze(), cmap='gray')
    axes[3][i].set_title(f'Level {level} cD')
plt.tight_layout()
plt.show()  # 添加这一行以显示图像
```

（2）图像小波变换的几个关键问题

在对图像进行小波变换中一个关键问题是小波变换层数的选择，另一个关键技术问题就是小波基的选取。

① 小波变换层数的选择。

离散小波变换是将原始图像分解成一个近似信号和三个细节信号，即每一层分解成 4 个子带信号，近似信号又可以进一步分解成 4 个子带信号，故总的子带数为 3i+1，其中 i 就是分解的层数。分解层数的选择一方面要看图像的复杂程度和滤波器的长度，另一方面要从子带信息量来分析：当一个子带分成 4 个子带时，若 4 个子带的熵值和很小，就不值得再分解了。例如，给定子带 B，要进一步分解成 LL、HL、LH 和 HH 4 个子带，其熵分别记为 H(LL)、H(HL)、H(LH)和 H(HH)，即

$$H(B) - \frac{1}{4}\left[H(LL) + H(HL) + H(LH) + H(HH)\right] > H_{th} \tag{4-65}$$

式中，H_{th} 为给定的门限值。

② 小波基的选取。

与傅里叶变换相比，小波变换具有很大的灵活性，其中一个重要方面就是傅里叶变换具有唯一的正弦型基函数，其数学性质比较简单，而小波变换在理论上有很多小波基可供选择。选用不同的小波基对于图像处理的效果有很大影响，这种灵活性一方面使小波变换的性能比傅里叶变换有了根本提高，另一方面也给小波变换的应用带来了难题。

小波基的选取一般要考虑以下因素：

a. 线性相位。如果小波具有线性相位或至少具有广义线性相位，则可以避免小波分解和重构时的图像失真，尤其是图像在边缘处的失真。

b. 紧支性。若函数 $\psi(t)$ 在区间 $[a,b]$ 外恒为零，则称函数在这个区间上紧支，称 $[a,b]$ 为 ψ 的支集，$[a,b]$ 越小，支集越小，具有该性质的小波称为紧支撑小波。支集宽度越小的小波，其局部化能力越强，计算复杂度也越低，更便于快速实现。

c. 正交性。用正交小波基对图像做多尺度分解，可得一正交的镜像滤波器。低通子带数据和高通子带数据分别落在相互正交的 $L^2(R)$ 子空间中，使各子带数据相关性减少。

（3）几种最基本的小波基

① Haar 小波。

Haar 小波是最常用的小波基，如图 4-10 所示。其解析表达式为

$$\psi(x) = \begin{cases} 1, & 0 \leqslant x < 0.5 \\ -1, & 0.5 \leqslant x < 1 \\ 0, & \text{其他} \end{cases} \tag{4-66}$$

⌃ 图 4-10　Haar 小波

Haar 小波的尺度函数为

$$\varphi\left(x\right)=\begin{cases}1, & 0\leqslant x<1 \\ 0, & 其他\end{cases}$$ (4-67)

Haar 小波具有紧（最短的）支集，支集长度为 1，滤波器长度为 2，具有正交性和对称性。

② MexicoHat 小波。

MexicoHat 小波如图 4-11 所示，其解析表达式为

$$\psi\left(x\right)=\frac{2}{\sqrt{3}}\pi^{-1/4}\left(1-x^2\right)e^{-x^2/2}, -\infty<x<+\infty$$ (4-68)

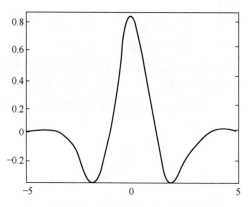

⚠ 图 4-11　MexicoHat 小波

MexicoHat 小波为连续小波，不存在尺度函数，也不具备正交性，不存在紧支集，有效支集区间为 [−5,5]，时频均具有很好的局部性。

③ Morlet 小波。

Morlet 小波如图 4-12 所示，其解析表达式为

$$\psi\left(x\right)=e^{-x^2/2}\cos\left(5x\right), -\infty<x<+\infty$$ (4-69)

⚠ 图 4-12　Morlet 小波

Morlet 小波为连续小波，不存在尺度函数，也不具备正交性，不存在紧支集，有效支集区间为 [−4,4]，时频均具有很好的局部性。

4.6 习题

1. 傅里叶变换的基本思想是什么？
2. 用 FFT 计算下列序号的离散傅里叶变换。

$$f(x) = \begin{cases} 1, 0 \leqslant x \leqslant 5 \\ 0, 其他 \end{cases}$$

3. 离散余弦有几种实现方法？如何实现？
4. 离散沃尔什变换有哪些性质？哈达玛变换有什么优点？
5. 简述小波变换的基本思想。
6. 应用 Python 和 OpenCV 编写显示一幅灰度图像、彩色图像的程序。
7. 用 C++ 和 OpenCV 编写实现图像沃尔什变换的程序。

## 第 5 章

图像预处理

本章介绍图像增强方法、图像滤波以及形态学处理。首先介绍图像预处理的关键操作——图像增强方法：灰度变换与几何变换，细致剖析灰度线性变换与灰度非线性变换的异同，讨论平移、镜像变换、旋转、缩放以及复合变换等多种几何变换方式；然后介绍图像滤波技术：空域方法和频域方法；最后介绍形态学处理的概念及其基本运算。

5.1 图像增强

5.1.1 灰度变化

一般的成像系统受限于亮度范围，其亮度最大值与最小值之差构成对比度，对比度不足会降低图像视觉质量。灰度变换，依据变换函数及像素值，能有效增强对比度、处理阈值，突出或抑制图像特定区域或特征。它扩展图像动态范围，使图像更清晰，特征更显著，从而优化视觉效果。灰度变换是图像增强的关键方法。

单色图像的像素值只有一个分量，该分量称为灰度，而彩色图像的每个像素有多个分量，如红、绿、蓝三个分量。图像灰度变换针对单色图像进行，如果需要对彩色图像进行类似处理，则可将每个色彩分量图当作一幅单色图像，分别进行灰度变换。

灰度变换法又分为灰度线性变换和灰度非线性变换两种。

（1）灰度线性变化

设空间坐标 (x,y) 变换前的像素值 $f(x,y)=r$，经灰度变换 T 后像素值 $g(x,y)=s$，即 $s=T(r)$，若 s 与 r 满足如下线性关系：

$$s=T(r)=a\times r+b \tag{5-1}$$

则变换称为线性变换。式中，a、b 均为常数。选择不同的 a、b 值会得到不同的线性变换效果。若 $a>1$，则变换后图像最小值与最大值的差距增大，图像明暗对比度增加；当 $0<a<1$ 时，

图像对比度降低。

对图 5-1（a）用 $a=0.5$，$b=0$ 进行线性变换，结果如图 5-1（b）所示。若 $a=1$ 且 $b\neq 0$，则图像最小值与最大值的差距不变，明暗对比度不变，此时若 $b>0$，则图像灰度值整体升高，图像变亮，对图 5-1（b）中的每个像素值增加 64，结果如图 5-1（c）所示；同理，$b<0$ 时，图像整体变暗。若原始图像 r 的取值范围为 $[0, R-1]$，当 $a=-1$，$b=R-1$ 时，图像明暗反转，如同黑白摄影胶片的负片。

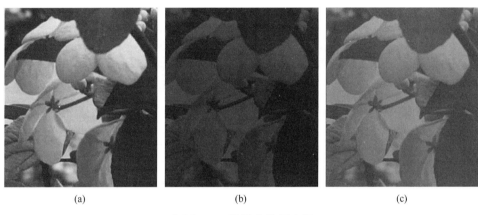

(a)　　　　　　　　　　　(b)　　　　　　　　　　　(c)

⋀ 图 5-1　线性变换示意图

用 Python 和 OpenCV 实现的代码如下：

```python
import cv2
import numpy as np

# 定义线性变化函数
def linear_transformation(image, parameters):
    s, b = parameters
    transformed_image = s * image + b

    # 将像素值限制在 0 到 255 之间
    transformed_image = np.clip(transformed_image, 0, 255).astype(np.uint8)
    return transformed_image
image_path = r'flowers.jpg'
# 读取灰度图像
original_image = cv2.imread(image_path, cv2.IMREAD_GRAYSCALE)
# 设定线性变换参数
parameters = (0.5, 0)
# 应用线性变换
transformed_image = linear_transformation(original_image, parameters)
# 对变换后的图像的每个像素加 64
transformed_image_plus_64 = np.clip(transformed_image + 64, 0, 255).astype(np.uint8)
# 显示原始图像、变换后的图像以及像素值增加 64 的图像
cv2.imshow('Gray Image', original_image)
cv2.imshow('Transformed Image', transformed_image)
cv2.imshow('Transformed Image with +64', transformed_image_plus_64)

cv2.waitKey(0)
cv2.destroyAllWindows()
```

① 全域线性变换。

假定原图像 $f(x,y)$ 的灰度范围为 $[a,b]$，希望变换后图像 $g(x,y)$ 的灰度范围扩展至 $[c,d]$，则线性变换关系（见图 5-2）为

$$g(x,y)=\left[(d-c)/(b-a)\right]\left[f(x,y)-a\right]+c \qquad (5-2)$$

如果图像中大部分像素的灰度级分布在区域 $[a,b]$ 之间，小部分灰度级超出了此区域，为了改善增强效果，变换关系（见图 5-3）为

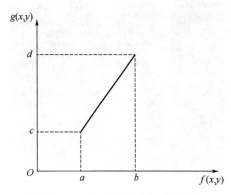 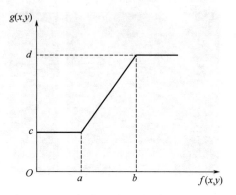

⌃ 图 5-2 灰度范围线性变换关系　　　⌃ 图 5-3 式（5-3）的线性变换关系

$$g(x,y)=\begin{cases} c, & 0\leqslant f(x,y)<a \\ \dfrac{d-c}{b-a}\left[f(x,y)-a\right]+c, & a\leqslant f(x,y)<b \\ d, & b\leqslant f(x,y)\leqslant M \end{cases} \qquad (5-3)$$

在灰度线性变换中有一种比较特别的情况，就是图像的负相变换。对图像求反是将原图灰度值翻转。普通黑白照片和底片就是这种关系。负相变换的关系可用图 5-4 表示，图中的 a 为图像灰度的最大值。

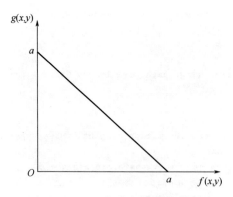

⌃ 图 5-4 图像的负相变换关系

负相变换有时是很有用的，如图 5-5 所示，原图中黑色区域占绝大多数，这样打印起来很费墨，可以先进行负相变换处理再打印，省墨的同时同样能反映原图的基本内容。

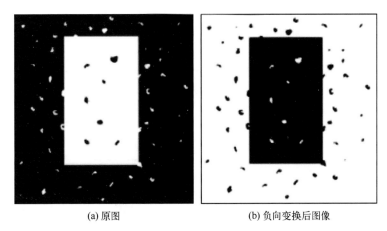

(a) 原图   (b) 负向变换后图像

⌃ 图 5-5　负相变换示意图

用 Python 和 OpenCV 实现的代码如下：

```python
import cv2
import numpy as np

def negative_transform(image):
    # 确定图像的最大灰度值
    max_val = np.iinfo(image.dtype).max
    # 计算负相变换
    negative_image = max_val - image
    return negative_image
# 读取图像
image_path = r'rectangel.tif'
original_image = cv2.imread(image_path, cv2.IMREAD_GRAYSCALE)

# 应用负相变换
negative_image = negative_transform(original_image)

# 显示原始图像和负相变换后的图像
cv2.imshow('Original Image', original_image)
cv2.imshow('Negative Transformed Image', negative_image)

# 等待按键后关闭所有窗口
cv2.waitKey(0)
```

② 分段线性变换。

分段线性变换对位于不同灰度区间段的像素值分别采用不同的线性变换函数，选择性拉伸或压缩某段灰度区间的像素值可改善输出图像质量。常用的方法是分三段做线性变换，如图 5-6 所示，其数学表达式为

$$g(x,y)=\begin{cases} (c/a)f(x,y), & 0\leqslant f(x,y)<a \\ \left[(d-c)/(b-a)\right]\left[f(x,y)-a\right]+c, & a\leqslant f(x,y)<b \\ \left[(M_g-d)/(M_f-b)\right]\left[f(x,y)-b\right]+d, & b\leqslant f(x,y)\leqslant M_f \end{cases} \tag{5-4}$$

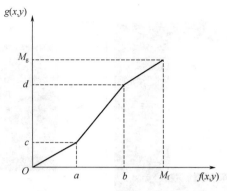

⋀ 图 5-6　分段线性变换关系

对灰度区间 $[a,b]$ 进行了线性变换，而灰度区间 $[0,a]$ 和 $[b,M]$ 受到了压缩。通过细心调整折线拐点的位置及控制分段直线的斜率，可对任意灰度区间进行扩展或压缩。这种变换适用于在黑色或白色附近有噪声干扰的情况。如图 5-7 中的照片，小狗右耳片边有一个白色的划痕，经分段线性变换处理，由于变换后 $[0,a]$ 和 $[b,M]$ 之间的灰度受到压缩，划痕与背景的对比度得到减弱，颜色与背景接近，从而使划痕减弱。

⋀ 图 5-7　分段线性变换示意图

用 Python 和 OpenCV 实现的代码如下：

```python
def apply_piecewise_linear_transform(image, start_point, end_point):
    # 复制原始图像
    transformed_image = np.copy(image)
    # 划痕所在的列
    x = start_point[0]
    # 划痕所在的行的范围
    y_start, y_end = start_point[1], end_point[1]
    # 提取划痕所在的列
    scratch_column = image[y_start:y_end + 1, x]
    # 定义分段线性变换的阈值和斜率
    # 这里假设白色划痕的像素值接近 255，我们将其映射到更低的值
    threshold_high = 250   # 假设高于此阈值为白色划痕
    threshold_low = 200    # 假设低于此阈值为正常像素
    new_high = 200   # 新的最高像素值
```

```
                new_low = 100    # 新的最低像素值
                # 应用分段线性变换
                scratch_column = np.piecewise(scratch_column,
                                            condlist: [scratch_column < threshold_low,
                                            (scratch_column >= threshold_low) & (scratch_column <
threshold_high),
                                            scratch_column >= threshold_high],
                                            fanclist: [lambda x: x,
                                            lambda x: ((x - threshold_low) / (threshold_high - threshold_
low)) * (
                                                        new_high - new_low) + new_low,
                                            lambda x: new_high])


                # 读取图像
                image = cv2.imread('output_with_scratch.jpg', cv2.IMREAD_GRAYSCALE)
                # 划痕的起点和终点坐标
                start_point = (50, 200)
                end_point = (50, 230)
                # 应用分段线性变换
                transformed_image = apply_piecewise_linear_transform(image, start_point, end_point)
```

几种常用的分段线性变换处理如下：

a. 对比度扩展。在分段线性变换中，对比度扩展尤为显著，其实质是对图像对比的增强，旨在加大原图各部分的反差。具体而言，此过程常通过拓宽原图中特定灰度值区间的动态范围来实现。典型的对比度增强变换曲线如图 5-6 所示，揭示了以下变化：原图灰度值位于 $[0,a]$ 及 $[b,M]$ 区间的动态范围被压缩，而位于 $[a,b]$ 区间内的动态范围得到扩展，进而显著提升了该区间内的对比度。变换后的效果如图 5-8 所示。

∧ 图 5-8　对比度扩展示意图

用 Python 和 OpenCV 实现的代码如下：

```
import cv2 as cv
import numpy as np


# 读取图像
I = cv.imread('low_brightness_image.jpg', flags=0)
```

```
# 检查图像是否正确加载
if I is not None:
    # 计算图像的最小和最大灰度值
    min_val, max_val, min_loc, max_loc = cv.minMaxLoc(I)

# 对比度扩展
    O = np.interp(I, [min_val, max_val], [0, 255]).astype(np.uint8)

    # 显示原始图像
    cv.imshow('Original Image', I)
    # 保存原始图像
    cv.imwrite('Original_Image.jpg', I)
    # 显示对比度扩展后的图像
    cv.imshow('Contrast-Stretched Image', O)
    # 等待按键后关闭所有窗口
    cv.waitKey(0)
    cv.destroyAllWindows()
else:
    print("Error: 图像加载失败，请检查文件路径是否正确。")
```

b. 削波。削波可以看作对比度扩展的一个特例，在图 5-9 所示的对比度扩展曲线中，如果 $c=0$, $d=M_g$，则变换后的图像抑制了 $[0,a]$ 和 $[b,M]$ 两个灰度区间内的像素，增强了 $[a,b]$ 之间像素的动态范围，其变换关系如图 5-9 所示。

c. 阈值化。阈值化可以看作削波的一个特例，在图 5-9 所示的对比度扩展曲线中，如果 $a=b$, $c=0$, $d=M_g$，则变换后的图像只剩下两个灰度级，对比度最大但细节全部丢失。阈值就好像一个门槛，比它大的就是白，比它小的就是黑。经过阈值化处理后的图像变成了黑白二值图。阈值化的变换关系和实例如图 5-10 所示。

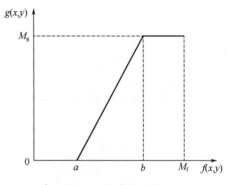

∧ 图 5-9　削波的变换关系

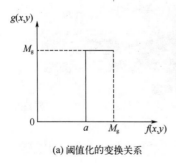

(a) 阈值化的变换关系

(b) 示意图

∧ 图 5-10　阈值化变换

用 Python 和 OpenCV 实现的代码如下：

```
import cv2
img = cv2.imread("lena.bmp")
retval, dst = cv2.threshold(img, 127, 255, cv2.THRESH_BINARY)
cv2.imshow("Original Image", img)
cv2.imshow("Binary Threshold Result", dst)
cv2.waitKey()
cv2.destroyAllWindows()
```

d. 灰度窗口变换。灰度窗口变换分离特定灰度级与背景，分两类：清除背景与保留背景。清除背景时，非窗口内像素设为最小灰度，窗口内设为最大，实现窗口二值化，其变换关系如图 5-11 所示；保留背景时，非窗口内像素不变，窗口内设为最大灰度，其变换关系如图 5-12 所示。

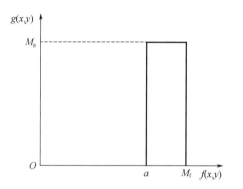

∧ 图 5-11　清除背景的灰度窗口变换关系

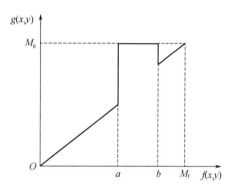

∧ 图 5-12　保留背景的灰度窗口变换关系

灰度窗口变换作为一种有效的图像灰度分析工具，能够精准识别位于特定灰度范围内的所有像素。如图 5-13 所示，实施背景清除的灰度窗口变换后，原图中夜景大厦的灯光被成功提取；而采用保留背景的灰度窗口变换，则在提取灯光的同时，亦维持了大厦背景的完整性，两者差异显著。

(a) 原图

(b) 清除背景的灰度窗口变换

(c) 保留背景的灰度窗口变换

∧ 图 5-13　图像的灰度窗口变换

用 Python 和 OpenCV 实现的代码如下：

```
import cv2
import numpy as np


def clear_background_gray_window_transform(image, lower_bound, upper_bound):
    mask = cv2.inRange(image, lower_bound, upper_bound)
```

```
        transformed_image = cv2.bitwise_and(image, image, mask=mask)
        return transformed_image

    def retain_background_gray_window_transform(image, lower_bound, upper_bound):
        mask = cv2.inRange(image, lower_bound, upper_bound)
        background_mask = cv2.bitwise_not(mask)
        background = cv2.bitwise_and(image, image, mask=background_mask)
        foreground = cv2.bitwise_and(image, image, mask=mask)
        transformed_image = cv2.add(background, foreground)
        return transformed_image
# 读取图像
image_path = r'Library image.jpg'    # 替换为实际的图像路径
image = cv2.imread(image_path, cv2.IMREAD_GRAYSCALE)
# 增加对比度
alpha = 1.3    # 对比度增强系数
beta = 0    # 亮度调整值
enhanced_image = cv2.convertScaleAbs(image, alpha=alpha, beta=beta)


# 设定灰度窗口范围
lower_bound = 100
upper_bound = 200


    # 进行清除背景的灰度窗口变换
    clear_background_transformed_image = clear_background_gray_window_transform(enhanced_image,
lower_bound, upper_bound)
    # 进行保留背景的灰度窗口变换
    retain_background_transformed_image = retain_background_gray_window_transform(enhanced_imag
e, lower_bound, upper_bound)
    # 保存原始图像、清除背景的变换图像和保留背景的变换图像
    cv2.imwrite(filename:'5-14a original_image.jpg', image)
    cv2.imwrite(filename:'5-14b clear_background_transformed_image.jpg', clear_background_tran
sformed_image)
    cv2.imwrite(filename:'5-14c retain_background_transformed_image.jpg', retain_background_tr
ansformed_image)
    # 显示原始图像、清除背景的变换图像和保留背景的变换图像
    cv2.imshow(winname:'Original Image', image)
    cv2.imshow(winname:'Clear Background Transformed Image', clear_background_transformed_image)
    cv2.imshow(winname:'Retain Background Transformed Image', retain_background_transformed_image)
    cv2.waitKey(0)
    cv2.destroyAllWindows()
```

（2）灰度非线性变化

当用某些非线性函数，如对数函数作为图像的映射函数时，可实现图像灰度的非线性变换，对数变换的一般形式为

$$g(x,y) = a + \frac{\ln\left[f(x,y)+1\right]}{b\ln c} \tag{5-5}$$

式中，a、b、c 是为了便于调整曲线的位置和形状而引入的参数，它使低灰度范围的 f 得以扩展而高灰度范围的 f 得到压缩，以使图像分布均匀，与人的视觉特性匹配。图像的对数变换关系及其动态范围压缩效果如图 5-14 所示。

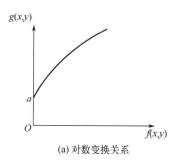

(a) 对数变换关系

(b) 动态范围压缩示意图

⌃图 5-14 图像对数变换关系

用 Python 和 OpenCV 实现的代码如下：

```python
import cv2
import numpy as np

def log_transform(image):
    # 对图像进行归一化处理
    normalized_image = image / 255.0
    # 计算对数变换的常数 c
    c = 255 / np.log(1 + np.max(normalized_image))
    # 应用对数变换
    log_transformed_image = c * np.log(1 + normalized_image)
    # 将像素值转换为整数并限制在 0 到 255 之间
    log_transformed_image = np.clip(log_transformed_image, a_min: 0, a_max:255).astype(np.uint8)
    return log_transformed_image


# 读取图像
image_path = "lena.bmp"   # 替换为实际的图像路径
original_image = cv2.imread(image_path)


# 将图像灰度化
gray_image = cv2.cvtColor(original_image, cv2.COLOR_BGR2GRAY)


# 进行对数形式的动态范围压缩
compressed_image = log_transform(gray_image)


# 显示原始图像、灰度化后的图像和压缩后的图像
cv2.imshow(winname: "Original Image", original_image)
cv2.imshow(winname: "Gray Image", gray_image)
cv2.imshow(winname: "Compressed Image", compressed_image)


# 保存压缩后的图像
cv2.imwrite(filename"5-16b compressed_image.jpg", compressed_image)
cv2.waitKey(0)
cv2.destroyAllWindows()
```

5.1.2 几何变换

几何变换，又称几何运算，是对原图像在尺寸、形态和位置等方面进行调整的过程。它通过改变像素点的几何坐标及物体间的空间关系，实现图像内容的移动或变形。几何变换可分为位置变换（如平移、镜像、旋转）、形状变换（如放大、缩小、错切）和复合变换等。需要注意的是，几何变换仅影响图像的空间关系，而不改变其色彩属性，示例见图 5-15。

(a) 原图 (b) 平移后的图 (c) 旋转后的图 (d) 水平镜像后的图

△ 图 5-15　几何变换示例

用 Python 和 OpenCV 实现的代码如下：

```python
# 显示原始图片
plt.figure(figsize=(15, 10))
#原始图片
plt.subplot(2, 3, 1)
plt.imshow(cv.cvtColor(img, cv.COLOR_BGR2RGB))
plt.axis('off')
plt.title("原始图片")
# 平移（右 90 像素，下 90 像素）
obj = np.float32([[1, 0, 90], [0, 1, 90]])
img1 = cv.warpAffine(img, obj, (width, height))
# 显示平移后的图片
plt.subplot(2, 3, 2)
plt.imshow(cv.cvtColor(img1, cv.COLOR_BGR2RGB))
plt.axis('off')
plt.title("平移后的图片")
# 旋转（逆时针 60°）
M = cv.getRotationMatrix2D((width / 2, height / 2), 60, 1)
img2 = cv.warpAffine(img, M, (width, height))
# 显示旋转后的图片
plt.subplot(2, 3, 3)
plt.imshow(cv.cvtColor(img2, cv.COLOR_BGR2RGB))
plt.axis('off')
plt.title("旋转后的图片")
# 水平镜像
img3 = cv.flip(img, 1)
# 显示水平镜像后的图片
plt.subplot(2, 3, 4)
plt.imshow(cv.cvtColor(img3, cv.COLOR_BGR2RGB))
```

```
plt.axis('off')
plt.title("水平镜像后的图片")
```

（1）平移变换

图像的平移是将一幅图像上的所有像素点都按给定的偏移量沿 x 方向（水平方向）和 y 方向（垂直方向）进行移动，如图 5-16 所示。

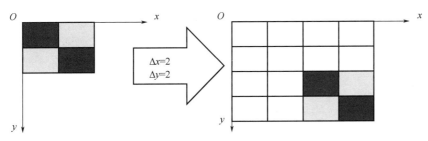

∧ 图 5-16　图像的平移

平移操作后，新图像与原图像在内容上保持一致，即新图像中的任意点均可在原图像中找到其对应位置。若原图像中的某些像素点未出现在新图像中，说明这些点已被移出可视区域。以图 5-17 为例，（a）为原始图像，（b）为平移 100 个像素后的状态。平移后，原图像的部分像素可能移出可视范围，若需完整保留原图像内容，应适当扩大新图像的显示区域。

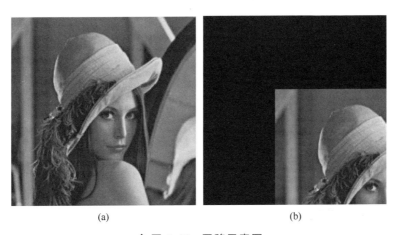

(a)　　　　　　　　　　　　(b)

∧ 图 5-17　平移示意图

用 Python 和 OpenCV 实现的代码如下：

```
# 获取图像的宽度和高度
height, width = img.shape[:2]


# 显示原始图片
plt.figure(figsize=(15, 10))
# 原始图片
plt.subplot(2, 3, 1)
plt.imshow(cv.cvtColor(img, cv.COLOR_BGR2RGB))
plt.axis('off')
```

```
plt.title("原始图片")

# 平移（右 90 像素，下 90 像素）
obj = np.float32([[1, 0, 100], [0, 1, 100]])
img1 = cv.warpAffine(img, obj, (width, height))
# 显示平移后的图片
plt.subplot(2, 3, 2)
plt.imshow(cv.cvtColor(img1, cv.COLOR_BGR2RGB))
plt.axis('off')
plt.title("平移后的图片")
plt.show()
```

（2）镜像变换

镜像变换并不改变图像的基本形状，可分为水平镜像与垂直镜像两大类。水平镜像变换指的是，以图像的垂直中轴线为对称轴，将图像的左半部分与右半部分进行对称性交换，此过程如图 5-18（b）所示。相应地，垂直镜像变换则是依据图像的水平中轴线，将图像的上半部分与下半部分进行对称性互换，此过程如图 5-18（c）所示。

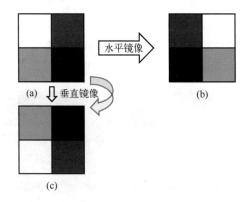

≪ 图 5-18　图像的镜面位置关系

图 5-19 展示了图像水平镜像变换的实例，（a）为原始图像，（b）为原始图像经水平镜像变换后的图像。

(a) 原始图像　　　　　　　　　　(b) 水平镜像变换后的图像

≪ 图 5-19　水平镜像变换示意图

用 Python 和 OpenCV 实现的代码如下：

```python
import cv2

# 读取图像
image = cv2.imread('lena.bmp')

# 水平镜像
horizontal_flip = cv2.flip(image, 1)
# 显示图像
cv2.imshow('Original Image', image)
cv2.imshow('Horizontal Flip', horizontal_flip)

# 等待按键后关闭所有窗口
cv2.waitKey(0)
cv2.destroyAllWindows()
```

图 5-20 展示了图像垂直镜像变换的实例，（a）为原始图像，（b）为原始图像经垂直镜像变换后的图像。

(a) 原始图像　　　　　　　　(b) 垂直镜像变换后的图像

☆ 图 5-20　垂直镜像变换示意图

用 Python 和 OpenCV 实现的代码如下：

```python
import cv2

# 读取图像
image = cv2.imread('lena.bmp')

# 垂直镜像
vertical_flip = cv2.flip(image, 0)

# 显示图像
cv2.imshow('Original Image', image)
cv2.imshow('Vertical Flip', vertical_flip)

# 等待按键后关闭所有窗口
cv2.waitKey(0)
cv2.destroyAllWindows()
```

（3）图像旋转变换

图像的旋转变换是以图像中心为原点，对图像上所有像素实施同一角度的旋转操作。此变换导致图像位置变化，且通常伴随图像尺寸的改变。与平移变换相似，在处理旋转后的图像时，可选择裁剪超出显示区域的部分，或扩展显示区域以确保图像完整性得以展示。图 5-21 展示了图像旋转所带来的效应，原图（a）在经过两次 45°和 135°旋转后，最终完成 360°旋转，效果如图（b）所示，（c）是（a）和（b）的差异图，证明经旋转后图像有变化。

（a）原图　　　　　　　　　（b）旋转后的图　　　　　　　　（c）差异图

∧ 图 5-21　旋转产生的影响示意图

用 Python 和 OpenCV 实现的代码如下：

```python
4 usages
def rotate_image(image, angle):
    # 获取图像的尺寸
    (h, w) = image.shape[:2]
    # 计算旋转中心
    center = (w // 2, h // 2)
    # 获取旋转矩阵
    M = cv2.getRotationMatrix2D(center, angle, scale:1.0)
    # 进行旋转变换
    rotated_image = cv2.warpAffine(image, M, dsize:(w, h), flags=cv2.INTER_CUBIC, borderMode=cv2.BORDER_REPLICATE)
    return rotated_image


# 读取图像
image_path = "lena.bmp"  # 替换为实际的图像路径
original_image = cv2.imread(image_path)


# 进行第一次 45°旋转变换
rotated_image_45_1 = rotate_image(original_image, angle: 45)
# 进行第二次 45°旋转变换
rotated_image_45_2 = rotate_image(rotated_image_45_1, angle: 45)
# 进行第一次 135°旋转变换
rotated_image_135_1 = rotate_image(rotated_image_45_2, angle: 135)
# 进行第二次 135°旋转变换
rotated_image_135_2 = rotate_image(rotated_image_135_1, angle: 135)
```

```
# 显示差异图像
cv2.imshow(winname: "Difference Image", diff_image)
cv2.waitKey(0)
cv2.destroyAllWindows()
```

（4）图像缩放

图像缩放是指通过减少或增加像素数量以调整图像尺寸的过程。具体而言，缩小图像时，其清晰度可能有所提升；而放大图像则往往导致质量下降，此时需采用插值技术以优化效果。图像缩放的数学表达为

$$\begin{bmatrix} x_1 \\ y_1 \\ 1 \end{bmatrix} = \begin{bmatrix} \alpha & 0 & 0 \\ 0 & \beta & 0 \\ 0 & 0 & 1 \end{bmatrix} \begin{bmatrix} x_0 \\ y_0 \\ 1 \end{bmatrix} \tag{5-6}$$

即

$$\begin{cases} x_1 = \alpha x_0 \\ y_1 = \beta y_0 \end{cases} \tag{5-7}$$

当 $\alpha = \beta$ 时，表示 x 轴和 y 轴等比缩放；当 $\alpha, \beta > 1$ 时，表示放大；当 $\alpha, \beta < 1$ 时，表示缩小。

① 图像放大。图像放大涵盖等比例放大与非等比例放大两种情况。具体而言，当式（5-7）满足 $\alpha = \beta > 1$ 时，即表明图像进行了等比例放大。此过程中，需应用恰当的插值算法，以确定新增空白像素的灰度或颜色值。图 5-22 展示了等比例放大的实例，相对地，图 5-23 则呈现了非等比例放大的示例，从该图中可清晰观察到放大后图像出现的失真现象。

⚑ 图 5-22　等比放大

⚑ 图 5-23　非等比放大

用 Python 和 OpenCV 实现等比放大的代码如下：

```
放大百分比
scale_percent = 150.0   # 放大到原来的150%

# 计算放大后的尺寸
new_width = int(image.shape[1] * scale_percent / 100)
```

```
new_height = int(image.shape[0] * scale_percent / 100)
new_size = (new_width, new_height)

# 放大图片
resized_image = cv2.resize(image, new_size, interpolation=cv2.INTER_LINEAR)
# 显示原始图片
cv2.imshow("Original image", image)
# 显示放大后的图片
cv2.imshow("Resized Image (Proportional Enlargement)", resized_image)
# 等待按键按下
cv2.waitKey(0)
cv2.destroyAllWindows()
```

用 Python 和 OpenCV 实现非等比放大的代码如下：

```
# 放大百分比
scale_percent_width = 110.0   # 宽度放大到原来的 110%
scale_percent_height = 140.0   # 高度放大到原来的 140%

# 计算放大后的尺寸
new_width = int(image.shape[1] * scale_percent_width / 100)
new_height = int(image.shape[0] * scale_percent_height / 100)
new_size = (new_width, new_height)

# 放大图片
resized_image = cv2.resize(image, new_size, interpolation=cv2.INTER_AREA)
# 显示原始图片
cv2.imshow("Original image", image)
# 显示放大后的图片
cv2.imshow("Resized Image (Non-proportional Enlargement)", resized_image)
# 等待按键按下
cv2.waitKey(0)
cv2.destroyAllWindows()
```

② 图像缩小。在图像缩小处理中，主要存在等比缩小与非等比缩小两种方式。

等比缩小指的是，图像在 x 轴与 y 轴上均按照相同的比例进行缩减。具体而言，如图 5-24 所示，当应用式（5-7）中 $\alpha = \beta = \dfrac{1}{2}$ 时，图（a）会等比例缩小为图（b）。针对目标图像与原始图像像素间的对应关系，若需将图像的行与列均缩减一半，可采取以下两种简化策略：一是选取原图像的偶数行与列来构成新图像；二是选择原图像的奇数行与列来形成新图像。

︽ 图 5-24   等比缩小示意图

用 Python 和 OpenCV 实现的代码如下：

```python
import cv2
image_path = "cameraman.tif"  # 替换为实际的图像路径
image = cv2.imread(image_path)
# 缩放百分比
scale_percent = 50.0  # 修改这个值即可
# 计算缩放后的尺寸
width = int(image.shape[1] * scale_percent / 100)
height = int(image.shape[0] * scale_percent / 100)
new_size = (width, height)
# 缩放图片
resized_image = cv2.resize(image, new_size)
# 显示原始图片
cv2.imshow("Original image", image)
# 显示缩放后的图片
cv2.imshow("Resized Image", resized_image)
cv2.waitKey(0)
cv2.destroyAllWindows()
```

非等比缩小：图像的 x 轴和 y 轴按照不同比例缩小，会给图像带来畸变，如图 5-25 所示。

⋀ 图 5-25　非等比缩小示意图

用 Python 和 OpenCV 实现的代码如下：

```python
# 读取图像
image_path = "cameraman.tif" # 替换为实际的图像路径
image = cv2.imread(image_path)
# 获取原始图像的尺寸
height, width = image.shape[:2]

#设置非等比缩小的尺寸
new_width = int(width * 0.5) # 假设宽度缩小到原来的一半
new_height = int(height * 0.7) # 假设高度缩小到原来的70%

# 缩放图像
resized_image = cv2.resize(image, dsize:(new_width, new_height),interpolation = cv2.INTER_AREA)
```

```
# 保存处理后的图像
cv2.imwrite( filename: '5-29 processed image.jpg', resized_image)

# 显示原始图像和非等比缩小的图像
cv2.imshow( winname:'Original Image', image)
cv2.imshow(winname:'Resized Image(Non - proportional)', resized_image)
```

（5）复合变换

图像的复合变换是指对给定图像进行两次或两次以上的平移、镜像、比例、旋转等基本变换的多次变换，又称为级联变换。

根据复合变换的组合类型，复合变换可以分为如下两类：

① 同类型复合变换：复合变换由同一种基本变换组成，即相同的基本变换连续进行多次，如复合平移、复合比例缩放、复合旋转等。

② 不同类型复合变换：复合变换由不同类型的基本变换组成，即不同的基本变换连续进行多次，如图像的转置、绕任意点的比例缩放、绕任意点的旋转等。

5.2 图像滤波

由于图像在成像、传输和转换等过程中受设备条件、传输信道、照明不足等客观因素的限制，所获得的灰度图像往往存在某种程度的质量下降。图像滤波就是通过对图像的某些特征，如边缘、轮廓、对比度等，进行强调或尖锐化，使之更适合于人眼的观察或机器的处理的一种技术。图像滤波技术分为两大类：一类是空域方法，也即在图像平面中对图像的像素灰度值直接进行运算处理的方法；另一类是频域方法，是指在图像的频域中对图像进行增强处理的方法。

5.2.1 空域滤波

空域滤波技术涉及在图像平面内逐像素地移动空间模板，该模板（亦称空间滤波器、核、掩膜或窗口）与其所覆盖的图像像素灰度值依据预设关系进行运算处理。此技术旨在消除图像噪声、增强细节、凸显关键信息及抑制无用信息，从而优化人类视觉体验或使图像更适配于特定的机器识别与分析需求。空域滤波主要划分为两大类：空域平滑滤波与空域锐化滤波。

（1）空域平滑滤波

空域平滑滤波器依据其操作性质，可细分为线性平滑滤波器与非线性平滑滤波器两大类。具体而言，若滤波器对图像像素执行线性运算，则归类为线性滤波器；反之，则为非线性滤波器。

① 线性平滑滤波器。

线性平滑滤波器，其输出基于给定邻域内像素灰度值的简单平均或加权平均而得，亦常被称作均值滤波器。此滤波器在图像处理中扮演着重要角色：一者在于降低图像噪声；二者在于消除不相关细节，使这些细节与背景融合，进而便于目标检测。其中，模板尺寸的选择需与不相关细节的规模匹配。

a. 邻域平均滤波。邻域平均滤波作为一种实施方式，是将某像素及其邻域内所有像素的平均值赋予输出图像对应位置，以实现平滑效果，该方法亦称为均值滤波。在邻域平均法的简化形式中，所有模板系数均取同一值。3×3 和 5×5 为最常用的两种模板类型。

$$3\times3\text{模板：}\frac{1}{9}\begin{bmatrix}1&1&1\\1&1&1\\1&1&1\end{bmatrix};\quad 5\times5\text{模板：}\frac{1}{25}\begin{bmatrix}1&1&1&1&1\\1&1&1&1&1\\1&1&1&1&1\\1&1&1&1&1\\1&1&1&1&1\end{bmatrix}$$

邻域平均滤波法的运算公式为

$$g(x,y)=\frac{1}{N}\sum_{j\in M}f(i,j)\quad x,y=0,1,2,\cdots,N-1 \tag{5-8}$$

式中，M 是以 (x,y) 为中心的邻域像素点的集合；N 是该邻域内像素点总数。

通过对各像素点应用式（5-8），可计算获得增强图像的全像素灰度值。图 5-26 展示了邻域平均滤波在图像增强中的实例，（a）为含随机噪声的原始灰度图像，（b）与（c）分别为应用不同模板进行平滑滤波后的图像，图示清晰表明了邻域平均法在图像平滑处理中的有效性。

(a) 原始灰度图像　　　　(b) 3×3平滑滤波　　　　(c) 5×5平滑滤波

⌃ 图 5-26　邻域平均滤波示意图

用 Python 和 OpenCV 实现的代码如下：

```python
# 邻域平均法处理 - 使用 3×3 内核
neighbourhood_mean_3×3 = cv2.blur(image_data, (3, 3))
# 邻域平均法处理 - 使用 5×5 内核
neighbourhood_mean_5×5 = cv2.blur(image_data, (5, 5))

# 绘制子图
fig, ax = plt.subplots(1, 3, figsize=(15, 5))

# 原始图像
ax[0].imshow(image_data, cmap='gray')
ax[0].set_title('原始图像')
```

```
ax[0].axis('off')

# 3×3 邻域平均法处理的图像
ax[1].imshow(neighbourhood_mean_3×3, cmap='gray')
ax[1].set_title('3×3 邻域平均法处理后的图像')
ax[1].axis('off')

# 5×5 邻域平均法处理的图像
ax[2].imshow(neighbourhood_mean_5×5, cmap='gray')
ax[2].set_title('5×5 邻域平均法处理后的图像')
ax[2].axis('off')
plt.show()
```

　　b. 加权均值滤波。加权均值滤波器以滤波器内像素的加权平均灰度值作为输出，距离滤波器中心越近的像素对结果影响越大，故中心像素系数最大，且系数值随距离中心增加而递减。图 5-27 展示了一个加权均值滤波器模板，其中模板中心系数最大，其余系数与距中心距离成反比，用户可根据实际需求调整各系数权重。图 5-28 展示了加权均值滤波的实例。

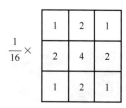

⌃ 图 5-27　加权平均滤波器模板　　　　　⌃ 图 5-28　加权均值滤波示意图

　　用 Python 和 OpenCV 实现的代码如下：

```
def weighted_mean_filter(image, kernel_size = 3, sigma = 1.0):
    if kernel_size % 2 == 0:
        raise ValueError("Kernel size must be an odd number.")

    # 创建高斯核
    kernel = np.fromfunction(lambda x, y: (1 / (2 * np.pi * sigma ** 2)) * np.exp(
        -((x - (kernel_size - 1) / 2) ** 2+(y - (kernel_size - 1) / 2) ** 2) / (2 * sigma
** 2)),
                             shape: (kernel_size, kernel_size))
    # 归一化核
    kernel /= kernel.sum()
    # 图像边界填充
    pad_width = kernel_size // 2
    padded_image = cv2.copyMakeBorder(image, pad_width, pad_width, pad_width, pad_width, c
v2.BORDER_REFLECT)
    # 初始化输出图像
    output_image = np.zeros_like(image)
    # 应用加权均值滤波器
    for i in range(pad_width, padded_image.shape[0] - pad_width):
```

```
        for j in range(pad_width, padded_image.shape[1] - pad_width):
            # 提取局部区域
            local_region = padded_image[i - pad_width:i + pad_width + 1, j -
pad_width:j + pad_width + 1]
            # 应用加权均值
            output_image[i - pad_width, j - pad_width] = np.sum(local_region * kernel)
    return output_image
```

c. 高斯滤波。高斯滤波是基于高斯函数构建滤波模板，专为图像信号平滑降噪而设计。在图像处理后续环节中，噪声问题尤为凸显，因误差会逐级累积。高斯平滑滤波器针对正态分布噪声展现出高效抑制力，有助于获取高信噪比图像，即更真实反映原始信号。图 5-29 展示了高斯滤波实例，对原始图像（a）分别进行 3×3，5×5 和 9×9 高斯平滑滤波的结果如图 5-29（b）、（c）、（d）所示，可以发现随着高斯滤波模板的增大，滤波结果越来越平滑。

(a) 原始图像　　　　　(b) 3×3 高斯平滑滤波　　　　(c) 5×5 高斯平滑滤波　　　　(d) 9×9 高斯平滑滤波

⌃ 图 5-29　高斯滤波示意图

用 Python 和 OpenCV 实现的代码如下：

```
import cv2

# 读取本地图像
image_path = "D:\PCharm  image\dip\images\cameraman.tif"    # 将这里替换为你的图像路径
img = cv2.imread(image_path)

# 转换为灰度图（如果需要处理彩色图像，可以分别对每个通道进行处理）
gray_img = cv2.cvtColor(img, cv2.COLOR_BGR2GRAY)

# 3×3 高斯平滑滤波
blur_3×3 = cv2.GaussianBlur(gray_img, (3, 3), 0)

# 5×5 高斯平滑滤波
blur_5×5 = cv2.GaussianBlur(gray_img, (5, 5), 0)

# 9×9 高斯平滑滤波
blur_9×9 = cv2.GaussianBlur(gray_img, (9, 9), 0)

# 显示原始图像和滤波后的图像
cv2.imshow('Original Image', gray_img)
cv2.imshow('3×3 Gaussian Blur', blur_3×3)
cv2.imshow('5×5 Gaussian Blur', blur_5×5)
```

```
cv2.imshow('9×9 Gaussian Blur', blur_9×9)

cv2.waitKey(0)
cv2.destroyAllWindows()
```
②　非线性平滑滤波。

非线性滤波中，经典且广泛应用的方法是基于模板的统计排序滤波。统计排序滤波先对模板内像素灰度值排序，后选取代表性灰度值作为滤波器响应。中值滤波器、最大值滤波器及最小值滤波器是典型的统计排序滤波器。

a. 中值滤波器。在统计排序滤波器范畴内，中值滤波器尤为常用。针对特定随机噪声，中值滤波器展现出了优越的降噪性能，且在保持图像清晰度方面，相较于同尺寸均值滤波器，其模糊程度显著降低。尤其对于脉冲噪声（或称椒盐噪声），中值滤波器表现出极高的处理效率，因其通过选取窗口内各点值的中位数作为滤波输出，能有效消除邻域内的极端像素值（如黑点或白点）。

设 $\left[x_{ij}\left(i,j\right)\in I^2 \right]$ 表示图像中各像素的灰度值，滤波窗口为 W 的二维中值滤波可定义为

$$g_{ij} = \underset{W}{\mathrm{Med}}\left\{ x_{ij} \right\} \tag{5-9}$$

图 5-30 展示了利用中值滤波去除椒盐噪声的实例，（a）为含椒盐噪声原始图像，（b）、（c）及（d）依次为 3×3，5×5，7×7 窗口进行中值滤波后的效果。观察可知，窗口尺寸增大虽能更有效地清除噪声，但同时导致图像边缘模糊加剧。

(a) 原始图像　　　　　(b) 3×3中值滤波　　　　　(c) 5×5中值滤波　　　　　(d) 7×7中值滤波

∧ 图 5-30　中值滤波示意图

用 Python 和 OpenCV 实现的代码如下：
```
import cv2
import numpy as np

# 读取本地图像
image_path = "jiaoyan noisy_image.jpg"  # 将这里替换为你的图像路径
img = cv2.imread(image_path)

# 转换为灰度图（如果需要处理彩色图像，可以分别对每个通道进行处理）
gray_img = cv2.cvtColor(img, cv2.COLOR_BGR2GRAY)

# 应用 3×3 中值滤波
median_blur_3×3 = cv2.medianBlur(gray_img, 3)

# 应用 5×5 中值滤波
```

```
median_blur_5×5 = cv2.medianBlur(gray_img, 5)

# 应用 7×7 中值滤波
median_blur_7×7 = cv2.medianBlur(gray_img, 7)
# 显示原始图像和滤波后的图像
cv2.imshow('Original Image', gray_img)
cv2.imshow('3×3 Median Blur', median_blur_3×3)
cv2.imshow('5×5 Median Blur', median_blur_5×5)
cv2.imshow('7×7 Median Blur', median_blur_7×7)

cv2.waitKey(0)
cv2.destroyAllWindows()
```

b. 最大值滤波器。最大值滤波器是将邻域内的像素灰度值进行从小到大的排序，用序列的最后一个值（即最大值）代替该像素的灰度值，对于发现图像最亮点非常有效，可有效降低胡椒噪声。计算公式为

$$g_{ij} = \underset{W}{\mathrm{Max}}\left\{x_{ij}\right\} \tag{5-10}$$

c. 最小值滤波器。最小值滤波器用序列的最小值代替该像素的灰度值，对于发现图像最暗点非常有效，可有效降低盐粒噪声。计算公式为

$$g_{ij} = \underset{W}{\mathrm{Min}}\left\{x_{ij}\right\} \tag{5-11}$$

图 5-31 展示了最大值滤波和最小值滤波的实例。图 5-31（a）为原始图像，（b）与（c）分别为加入胡椒噪声与盐粒噪声后的图像。采用 3×3 窗口最大值滤波器处理图 5-31（b），其降噪效果见图 5-31（d）；而 3×3 窗口最小值滤波器处理图 5-31（c）的结果见图 5-31（e）。通过观察可发现，最大值滤波使图像变亮，有效去除胡椒噪声；最小值滤波则使图像变暗，对去除盐粒噪声效果显著。

(a) 原始图像　　　　　　(b) 加入胡椒噪声　　　　　　(c) 加入椒盐噪声

(d) 3×3最大值滤波器降噪　　　(e) 3×3最小值滤波器降噪

⌄ 图 5-31　最大值、最小值滤波示意图

用 Python 和 OpenCV 实现的代码如下：

```python
# 3×3 最大值滤波器对胡椒噪声图像进行降噪
def max_filter(image):
    filtered_image = np.zeros_like(image)
    for i in range(1, height - 1):
        for j in range(1, width - 1):
            neighborhood = image[i - 1:i + 2, j - 1:j + 2]
            filtered_image[i, j] = np.max(neighborhood)
    return filtered_image
pepper_filtered_img = max_filter(pepper_noisy_img)
# 3×3 最小值滤波器对盐粒噪声图像进行降噪
def min_filter(image):
    filtered_image = np.zeros_like(image)
    for i in range(1, height - 1):
        for j in range(1, width - 1):
            neighborhood = image[i - 1:i + 2, j - 1:j + 2]
            filtered_image[i, j] = np.min(neighborhood)
    return filtered_image
salt_filtered_img = min_filter(salt_noisy_img)
# 显示图像
cv2.imshow('Original Image', original_img)
cv2.imshow('Pepper Noisy Image', pepper_noisy_img)
cv2.imshow('Salt Noisy Image', salt_noisy_img)
cv2.imshow('Filtered Pepper Image', pepper_filtered_img)
cv2.imshow('Filtered Salt Image', salt_filtered_img)
cv2.waitKey(0)
cv2.destroyAllWindows()
```

（2）空域锐化滤波

图像平滑虽能处理图像，却易导致边缘纹理信息损失，使图像模糊。为突显此类信息，可采用锐化滤波器，其通过削弱低频分量来增强物体边缘轮廓，使非边缘像素灰度值趋近零。鉴于微分反映函数局部变化，空域锐化滤波可基于空间微分实现。空域平滑与锐化在逻辑上相对立，故锐化处理亦可通过原始图像减去平滑后图像实现，此法称为反锐化掩蔽。

① 梯度算子。梯度算子是一阶微分算子。对于连续函数 $f(x,y)$，在其坐标(x,y)上的梯度定义为

$$\nabla f = \begin{bmatrix} G_x \\ G_y \end{bmatrix} = \begin{bmatrix} \dfrac{\partial f}{\partial x} \\ \dfrac{\partial f}{\partial y} \end{bmatrix} \tag{5-12}$$

梯度向量的幅度为

$$\nabla f = \left[G_x^2 + G_y^2 \right]^{1/2} = \left[\left(\frac{\partial f}{\partial x} \right)^2 + \left(\frac{\partial f}{\partial y} \right)^2 \right]^{\frac{1}{2}} \tag{5-13}$$

梯度向量的方向角为

$$\theta = \arctan\left(\frac{\partial f}{\partial y} \Big/ \frac{\partial f}{\partial x} \right) \tag{5-14}$$

梯度向量的各分量虽具备线性算子特性，但其幅度因涉及平方与开方运算而呈现非线性。梯度向量的幅值具有各向同性，且函数 $f(x,y)$ 在梯度向量 ∇f 方向上的变化率达到最大。

在实际应用中，通常使用下面的近似公式：

$$\nabla f \approx | f(x+1,y) - f(x,y)| + | f(x,y+1) - f(x,y)| \qquad (5\text{-}15)$$

关于梯度的另一种近似计算方法是 Robert 交叉差分算法，计算公式为

$$\nabla f \approx | f(x+1,y+1) - f(x,y)| + | f(x+1,y) - f(x,y+1)| \qquad (5\text{-}16)$$

图像的梯度近似与相邻像素灰度差成正比，梯度值随灰度变化速率增大而增大，于灰度恒定区域则为零。因此，计算梯度可有效凸显图像中的边缘及灰度突变区域。如图 5-32 所示，(a) 为二值图像，(b) 为其梯度图像，其中灰度不变的白、黑区域在梯度图中均呈现为 0，而边缘处因灰度剧变，梯度值为 1。

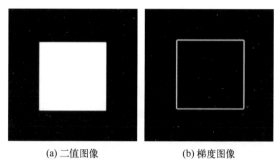

(a) 二值图像   (b) 梯度图像

∧ 图 5-32　二值图像及其梯度图像

用 Python 和 OpenCV 实现的代码如下：

```python
import cv2
import numpy as np

img_path = r'binary_image.png'
img = cv2.imread(img_path, cv2.IMREAD_GRAYSCALE)

if img is None:
    print(f"无法加载图像：{img_path}")
else:
    # 使用 Sobel 算子计算梯度
    grad_x= cv2.Sobel(img, cv2.CV_64F, dx:1, dy:0, ksize=3)
    grad_y = cv2.Sobel(img, cv2.CV_64F, dx:0, dy:1, ksize=3)
    gradient = np.sqrt(grad_x**2 + grad_y**2)

# 将梯度值归一化到 0-255 范围
gradient = cv2.normalize(gradient, dst: None, alpha: 0, beta:255, cv2.NORM_MINMAX, cv2.CV_8U)

# 显示原始图像和梯度图像
cv2.imshow( winname:'Original Image', img)
cv2.imshow( winname:'Gradient Image', gradient)
cv2.waitKey(0)
cv2.destroyAllWindows()
```

② 拉普拉斯算子。拉普拉斯算子是二阶微分算子。连续函数 $f(x,y)$ 的拉普拉斯变换定义为

$$\nabla^2 f = \frac{\partial^2 f}{\partial x^2} + \frac{\partial^2 f}{\partial y^2} \tag{5-17}$$

对于数字图像，在某个像素点 (x,y) 处的拉普拉斯算子可采用如下差分形式近似：

$$\nabla^2 f(x,y) = -f(i,j+1) - f(i,j-1) - f(i+1,j) - f(i-1,j) + 4f(i,j) \tag{5-18}$$

拉普拉斯算子常用于增强图像灰度突变区域。为保护拉普拉斯锐化效果并保留图像背景，通常将拉普拉斯图像与原始图像进行叠加处理，即

$$g(x,y) = \begin{cases} f(x,y) - \nabla^2 f(x,y), & \text{拉普拉斯模板的中心系数为负} \\ f(x,y) + \nabla^2 f(x,y), & \text{拉普拉斯模板的中心系数为正} \end{cases} \tag{5-19}$$

图 5-33 展示了拉普拉斯锐化增强的过程及结果，（a）为原始图像，（b）为经拉普拉斯算子空间滤波后所得图像，（c）为原始图像与拉普拉斯图像按比例叠加后的锐化增强图像。

(a) 原始图像　　　　　　(b) 拉普拉斯图像　　　　(c) 拉普拉斯锐化增强图像

⌃ 图 5-33　拉普拉斯锐化增强结果

用 Python 和 OpenCV 实现的代码如下：

```python
def laplacian_sharpening(image_path):
    # 读取图像
    image = cv2.imread(image_path, cv2.IMREAD_COLOR)
    if image is None:
        print(f"无法读取图像：{image_path}")
        return


    # 转换为灰度图
    gray = cv2.cvtColor(image, cv2.COLOR_BGR2GRAY)

    # 创建拉普拉斯核
    laplacian_kernel = np.array([[0, -1, 0],
                                 [-1, 4, -1],
                                 [0, -1, 0]])|
    # 应用拉普拉斯变换
    laplacian = cv2.filter2D(gray, -1, laplacian_kernel)
```

```
# 转换为适合显示的格式
laplacian_uint8 = cv2.convertScaleAbs(laplacian)
# 将拉普拉斯变换的结果扩展到三通道
laplacian_3ch = cv2.cvtColor(laplacian_uint8, cv2.COLOR_GRAY2BGR)
# 锐化图像：将拉普拉斯图像与原始图像相加
sharpened_image = cv2.addWeighted(image, alpha:1.5, laplacian_3ch, -0.5, gamma:0)

# 显示图像
plt.figure(figsize=(15, 5))

plt.subplot(131)
plt.imshow(cv2.cvtColor(image, cv2.COLOR_BGR2RGB))
plt.title('Original Image')
plt.axis('off')

plt.subplot(132)
plt.imshow(laplacian_uint8, cmap='gray')
plt.title('Laplacian Image')
plt.axis('off')

plt.subplot(133)
plt.imshow(cv2.cvtColor(sharpened_image, cv2.COLOR_BGR2RGB))
plt.title('Sharpened Image')
plt.axis('off')

plt.show()

# 使用示例
image_path = r'lena.bmp'
laplacian_sharpening(image_path)
```

③ 定向滤波。定向滤波为一种锐化模板，旨在增强特定方向（如山脉、河流走向）的物体形迹。图 5-34 展示了水平、对角及垂直方向的定向滤波模板。

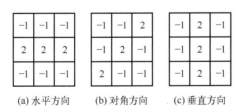

(a) 水平方向　　(b) 对角方向　　(c) 垂直方向

∧ 图 5-34　常用定向滤波模板算子

④ 反锐化掩蔽。图像平滑会导致边缘与细节模糊，为此，可采用反锐化掩蔽进行锐化处理，该方法包含三步：先经平滑滤波获取模糊图像，再由原始图像减去模糊图像得差值图像，最后将差值图像加回原始图像中。

原始图像 $f(x,y)$ 平滑处理所得的模糊图像为 $s(x,y)$，用原始图像减去模糊图像得到差值

图像 $d(x,y)$：

$$d(x,y) = f(x,y) - s(x,y) \tag{5-20}$$

将差值图像以一定比例叠加到原始图像：

$$g(x,y) = f(x,y) + c \times d(x,y) \tag{5-21}$$

式中，$c(c \geqslant 0)$ 为权重系数。$c=1$ 时，称为反锐化掩蔽；$c>1$ 时，称为高提升滤波；$c<1$ 时，不强调反锐化掩蔽效果。

5.2.2 频域滤波

与空域滤波相似，频域滤波旨在改善图像质量，如消除噪声和突出边缘，其基础为傅里叶变换与卷积理论。具体过程（见图 5-35）为：将原始图像经傅里叶变换转换至频域，选用适当滤波器对频谱进行滤波以消除噪声，最后经傅里叶逆变换获得增强图像。

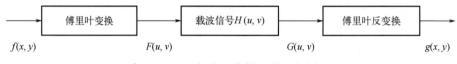

∧ 图 5-35 频率图像增强的一般过程

频域滤波可表示为

$$G(u,v) = H(u,v)F(u,v) \tag{5-22}$$

频域滤波分为低通与高通两类。低通滤波允许低频信号通过，阻隔或减弱高频信号，以去除图像噪声，类似于空域平滑；高通滤波则允许高频信号通过，阻隔或减弱低频信号，以增强图像边缘，类似于空域锐化。

（1）频域低通滤波

① 理想低通滤波。二维的理想低通滤波器的传递函数可表示为

$$H(u,v) = \begin{cases} 1, & D(u,v) \leqslant D_0 \\ 0, & D(u,v) > D_0 \end{cases} \tag{5-23}$$

式中，D_0 是一个非负整数，即理想低通滤波器的截止频率；$D(u,v)$ 是从点 (u,v) 到频域原点的距离，即

$$D(u,v) = \sqrt{u^2 + v^2} \tag{5-24}$$

图 5-36 展示了不同截止频率的理想低通滤波器对图像平滑的效果。图 5-36（a）为原始图像，图 5-36（b）～（f）依次为截止频率为 5、15、30、80 和 230 的滤波结果，对应包含原始图像 92.0%、94.6%、96.4%、98% 和 99.5% 的能量。分析表明，低频率滤波导致细节信息模糊，尤其是当 8% 能量被滤除时 [见图 5-36（b）]；随着截止频率 D_0 增加，高频损失减少，但伴随模糊与振铃 [见图 5-36（c）、(d)]；D_0 进一步增大时，图像质量接近原始图像 [见图 5-36（e）、(f)]。

(a) 原始图像　　　　　　　(b) 截止频率为5　　　　　　　(c) 截止频率为15

(d) 截止频率为30　　　　　　(e) 截止频率为80　　　　　　(f) 截止频率为230

⌃ 图 5-36　用理想低通滤波器进行图像平滑示例

用 Python 和 OpenCV 实现的代码如下：

```python
def frequency_filter(image, filter):
    fftImg = np.fft.fft2(image)
    fftImgShift = np.fft.fftshift(fftImg)
    filtered_fftImgShift = fftImgShift * filter
    filtered_fftImg = np.fft.ifftshift(filtered_fftImgShift)
    filtered_image = np.fft.ifft2(filtered_fftImg)
    filtered_image = np.abs(np.real(filtered_image))
    return filtered_image


def ideal_low_pass_filter(image, d0):
    rows, cols = image.shape
    crow, ccol = rows // 2, cols // 2
    mask = np.zeros((rows, cols), np.uint8)
    center = [crow, ccol]
    x, y = np.ogrid[:rows, :cols]
    mask_area = (x - center[0]) ** 2 + (y - center[1]) ** 2 <= d0**2
    mask[mask_area] = 1
    return mask


# 读取原始图像
image = cv.imread('cameraman.tif', cv.IMREAD_GRAYSCALE)


# 应用不同截止频率的理想低通滤波器
d0_values = [5, 15, 30, 80, 230]
fig, axs = plt.subplots(2, len(d0_values) + 1, figsize=(15, 10))
```

② 巴特沃斯低通滤波。巴特沃斯低通滤波器，亦称最大平坦滤波器，与理想低通滤波

器相异，其特点在于通带与阻带间存在平滑过渡带，避免了"振铃"现象，性能优于理想低通滤波器。

一个 n 阶的巴特沃斯低通滤波器的传递函数 $H(u,v)$ 表示为

$$H(u,v) = \frac{1}{1 + \left[D(u,v)/D_0 \right]^{2n}}$$

（5-25）

式中，D_0 为截止频率，$D(u,v)$ 是频率平面上点 (u,v) 到原点 $(0,0)$ 的距离。

图 5-37 展示了采用二阶巴特沃斯低通滤波器进行图像平滑的效果，其中（a）为原始图像，（b）～（f）依次为截止频率为 5、15、30、80、230 的处理结果。相较于理想低通滤波器，巴特沃斯滤波器显著降低了图像模糊，且未引发明显振铃效应。

(a) 原始图像   (b) 截止频率为5   (c) 截止频率为15

(d) 截止频率为30   (e) 截止频率为80   (f) 截止频率为230

△ 图 5-37　用巴特沃斯低通滤波器进行图像平滑示例

用 Python 和 OpenCV 实现的代码如下：

```python
def butterworth_low_pass_filter(image, d0, n):
    rows, cols = image.shape
    crow, ccol = rows // 2, cols // 2
    mask = np.zeros((rows, cols), dtype=np.float32)
    for i in range(rows):
        for j in range(cols):
            d = np.sqrt((i - crow) ** 2 + (j - ccol) ** 2)
            mask[i, j] = 1 / (1 + (d / d0) ** (2 * n))
    return mask


def frequency_filter(image, filter):
    fftImg = np.fft.fft2(image)
    fftImgShift = np.fft.fftshift(fftImg)
    filtered_fftImgShift = fftImgShift * filter
```

```
    filtered_fftImg = np.fft.ifftshift(filtered_fftImgShift)
    filtered_image = np.fft.ifft2(filtered_fftImg)
    filtered_image = np.abs(np.real(filtered_image))
    return filtered_image


# 读取原始图像
image = cv.imread('cameraman.tif', cv.IMREAD_GRAYSCALE)


d0_values = [5, 15, 30, 80, 230]
fig. axs = plt.subplots(2, len(d0_values)+ 1, figsize=(15,10))
```

③ 高斯低通滤波。高斯低通滤波器有较好的去除噪声的作用，图像边缘模糊程度比巴特沃斯低通滤波器明显一些，它的优点也是没有明显的振铃效应。高斯低通滤波器的传递函数表示为

$$H(u,v) = e^{-D^2(u,v)/2D_0^2} \tag{5-26}$$

式中，D_0 为截止频率；$D(u,v)$ 是频率平面上点 (u,v) 到原点 $(0,0)$ 的距离。当 $D(u,v)=D_0$ 时，滤波器的响应值降到最大值的 0.607 倍处。

图 5-38 展示了高斯低通滤波器在图像平滑中的应用，其中（a）为原图，（b）～（f）依次为截止频率为 5、15、30、80、230 处理后的图像。观察可知，随截止频率降低，图像平滑效果增强，且未出现振铃现象。相较于同频二维巴特沃斯滤波器，图像模糊减轻。

| (a) 原始图像 | (b) 截止频率为5 | (c) 截止频率为15 |
| (d) 截止频率为30 | (e) 截止频率为80 | (f) 截止频率为230 |

∧ 图 5-38　用高斯低通滤波器进行图像平滑示例

用 Python 和 OpenCV 实现的代码如下：

```
def gaussian_low_pass_filter(image, d0):
    rows, cols = image.shape
    crow, ccol = rows // 2, cols // 2
    filter = np.zeros((rows, cols), dtype=np.float32)
```

```python
    for i in range(rows):
        for j in range(cols):
            d = np.sqrt((i - crow)**2 + (j - ccol)**2)
            filter[i, j] = np.exp(-(d**2) / (2 * d0**2))
    return filter


def frequency_filter(image, filter):
    fftImg = np.fft.fft2(image)
    fftImgShift = np.fft.fftshift(fftImg)
    filtered_fftImgShift = fftImgShift * filter
    filtered_fftImg = np.fft.ifftshift(filtered_fftImgShift)
    filtered_image = np.fft.ifft2(filtered_fftImg)
    filtered_image = np.abs(np.real(filtered_image))
    return filtered_image

# 读取原始图像
image = cv.imread('cameraman.tif', cv.IMREAD_GRAYSCALE)

d0_values = [5, 15, 30, 80, 230]
fig, axs = plt.subplots(2,len(d0_values) + 1, figsize=(15, 10))
```

（2）频域高通滤波

高通滤波器通过衰减低频分量，相对强调高频分量，进而增强图像中的边缘及急剧变化部分，实现图像锐化，其工作原理与低通滤波器相似。

① 理想高通滤波。一个理想的二维高通滤波器的传递函数 $H(u,v)$ 表示为

$$H(u,v)=\begin{cases} 0, & D(u,v) \leqslant D_0 \\ 1, & D(u,v) > D_0 \end{cases} \tag{5-27}$$

式中，$D(u,v)=\sqrt{u^2+v^2}$，D_0 为截止频率，$D(u,v)$ 是频率平面上点 (u,v) 到原点 $(0,0)$ 的距离。

对图 5-39（a）所示图像应用理想高通滤波器锐化，处理结果见图 5-39，其中图（b）～（d）分别对应 15、30 和 80 像素点的截止频率 D_0。观察可知，滤波后图像边缘清晰度提升，但伴随振铃现象，且截止频率越低，振铃现象越显著。

(a) 原始图像　　　　　(b) 截止频率为15　　　　(c) 截止频率为30　　　　(d) 截止频率为80

⚠ 图 5-39　理想高通滤波器的处理结果

用 Python 和 OpenCV 实现的代码如下：

```python
def ideal_high_pass_filter(image, d0):
    rows, cols = image.shape
    crow, ccol = rows // 2, cols // 2
    filter = np.ones((rows, cols), dtype=np.float32)
    for i in range(rows):
        for j in range(cols):
            d = np.sqrt((i - crow)**2 + (j - ccol)**2)
            if d <= d0:
                filter[i, j] = 0
    return filter


def frequency_filter(image, filter):
    fftImg = np.fft.fft2(image)
    fftImgShift = np.fft.fftshift(fftImg)
    filtered_fftImgShift = fftImgShift * filter
    filtered_fftImg = np.fft.ifftshift(filtered_fftImgShift)
    filtered_image = np.fft.ifft2(filtered_fftImg)
    filtered_image = np.abs(np.real(filtered_image))
    return filtered_image


# 读取原始图像
image = cv.imread('cameraman.tif', cv.IMREAD_GRAYSCALE)

d0_values = [15, 30, 80]
fig, axs = plt.subplots(2,len(d0_values) + 1, figsize=(15, 10))
```

② 巴特沃斯高通滤波。一个 n 阶的巴特沃斯高通滤波器的传递函数 $H(u,v)$ 表示为

$$H(u,v) = \frac{1}{1 + \left[D_0 / D(u,v) \right]^{2n}} \tag{5-28}$$

式中，D_0 为截止频率；$D(u,v)$ 是频率平面上点 (u,v) 到原点 $(0,0)$ 的距离。n 的大小决定了衰减率。

对图 5-40（a）所示图像应用二阶巴特沃斯高通滤波器进行锐化，结果展示于图 5-40（b）～（d），分别对应截止频率 D_0 为 15、30 和 80 的像素点。观察可知，相较于理想高通滤波器，巴特沃斯滤波器的处理效果呈现更平滑的特性。

(a) 原始图像　　　　(b) 截止频率为15　　　　(c) 截止频率为30　　　　(d) 截止频率为80

☆ 图 5-40　二阶巴特沃斯高通滤波器的处理结果

用 Python 和 OpenCV 实现的代码如下：

```
def butterworth_high_pass_filter(image, d0, n):
    rows, cols = image.shape
    crow, ccol = rows // 2, cols // 2
    filter = np.zeros((rows, cols), dtype=np.float32)
    for i in range(rows):
        for j in range(cols):
            d = np.sqrt((i - crow) ** 2+(j - ccol) ** 2)
            # 添加条件来避免除以零
            if d == 0:
                filter[i, j] = 0   # 或者设置为其他适当的值
            else:
                filter[i, j] = 1 / (1+(d0 / d) ** (2 * n))
    return filter

def frequency_filter(image, filter):
    fftImg = np.fft.fft2(image)
    fftImgShift = np.fft.fftshift(fftImg)
    filtered_fftImgShift = fftImgShift * filter
    filtered_fftImg = np.fft.ifftshift(filtered_fftImgShift)
    filtered_image = np.fft.ifft2(filtered_fftImg)
    filtered_image = np.abs(np.real(filtered_image))
    return filtered_image
# 读取原始图像
image = cv.imread('cameraman.tif', cv.IMREAD_GRAYSCALE)
d0_values = [15, 30, 80]
fig, axs = plt.subplots(2, len(d0_values)+1, figsize=(15, 10))
```

③ 高斯高通滤波。高斯高通滤波器的传递函数 $H(u,v)$ 表示为

$$H(u,v) = 1 - e^{-D^2(u,v)/2D_0^2} \tag{5-29}$$

式中，D_0 为截止频率；$D(u,v)$ 是频率平面上点 (u,v) 到原点 $(0,0)$ 的距离。

采用高斯高通滤波器对图 5-41（a）所示图像实施锐化，处理结果展示于图 5-41（b）~（d），分别对应截止频率 D_0 为 15、30 和 80 像素点的情况。结果表明，高斯高通滤波器相较于前两种滤波器，处理效果更为平滑，且在处理细微灰度变化特征时亦能取得良好的锐化成效。

(a) 原始图像　　　　(b) 截止频率为15　　　　(c) 截止频率为30　　　　(d) 截止频率为80

︽ 图 5-41　高斯高通滤波器的处理结果

用 Python 和 OpenCV 实现的代码如下：

```
def gaussian_high_pass_filter(image, d0):
rows, cols = image.shape
```

```
crow,ccol = rows // 2, cols // 2
filter = np.zeros( shape:(rows, cols), dtype=np.float32)
for i in range(rows):
    for j in range(cols):
        d = np.sqrt((i - crow)**2+(j - ccol)**2)
        filter[i, j]=1 - np.exp(-(d**2)/(2 * d0**2))
return filter

def frequency_filter(image, filter):
    fftImg = np.fft.fft2(image)
    fftImgShift = np.fft.fftshift(fftImg)
    filtered_fftImgShift = fftImgShift * filter
    filtered_fftImg = np.fft.ifftshift(filtered_fftImgShift)
    filtered_image = np.fft.ifft2(filtered_fftImg)
    filtered_image = np.abs(np.real(filtered_image))
    return filtered_image
# 读取原始图像
image = cv.imread(filename:'cameraman.tif', cv.IMREAD_GRAYSCALE)
d0_values = [15, 30, 80]
```

5.3 形态学处理

图像的形态学处理基于数学形态学理论，利用数学手段对图像进行形态上的处理，其核心在于分析图像的几何特性。该方法通过集合思想实现，具有高效、思路明确等优势，故在多个领域得到广泛应用。形态学原属生物学分支，而在图像处理中，它运用数学形态学（或称图像代数）作为工具，以特定形态的结构元素度量并提取图像形状，实现图像分析与识别。其数学基础及语言为集合论，旨在简化图像数据、保留基本形状特征并去除无关结构。基本运算包括腐蚀、膨胀、开运算、闭运算及击中击不中变换等。

5.3.1 二值形态学的基本运算

在二值形态学中，运算对象被视为集合。给定图像 A 与作为结构元素（本质上亦为图像或集合）的 B，数学形态学运算定义为利用 B 对 A 执行的操作，过程中可为每个结构元素指定一个原点作为参照。

（1）腐蚀

腐蚀是最基本的一种数学形态学运算，其作用是可以消除物体的边界点。

集合 A 被集合 B 腐蚀，表示为 $A\Theta B$，其定义为

$$A\Theta B = \{x : B + x \subset A\} \tag{5-30}$$

式中，A 称为输入图像，B 称为结构元素。

理论中 B 这种结构元素可以是任意的形状，实际应用中 B 一般是对称形状的二值图像，可以是正方形、圆形、矩形等，其原点在 B 的中心。$B+x$ 是指将一个集合 B 平移距离 x，$A\Theta B$

由将 B 平移 x 但仍包含在 A 灰度级为 1 的部分（物体）内的所有像素点坐标 x 组成。图 5-42 为二值图像，阴影为目标集合 A。用十字形结构元对图 5-42（a）进行腐蚀。将结构元的原点依次覆盖到图 5-42（a）中的各目标像素点上，如图 5-42（b）～（e）所示。当原点覆盖在图 5-42（b）、（e）所示的目标像素上时，结构元的一部分（图中斜网格部分）落在背景区，则在腐蚀结果图 5-42（f）中，原点当前所在位置的像素值为 0。反之，当结构元原点在目标上的位置如图 5-42（c）、（d）所示时，结构元的所有元素均覆盖在目标集合 A 上，因此在最终腐蚀结果图 5-42（f）中，原点当前所在位置的像素值设为 1。

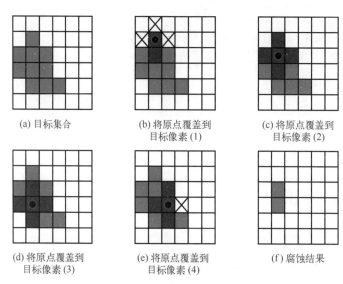

(a) 目标集合　　　　(b) 将原点覆盖到　　　　(c) 将原点覆盖到
　　　　　　　　　　目标像素 (1)　　　　　　目标像素 (2)

(d) 将原点覆盖到　　　　(e) 将原点覆盖到　　　　(f) 腐蚀结果
目标像素 (3)　　　　　　目标像素 (4)

人 图 5-42　腐蚀示例

　　腐蚀效果受目标、结构元的形状、尺寸及原点位置影响。当目标尺寸小于结构元时，腐蚀导致目标完全消失。此过程可用于去除多余部分及断开窄连接目标。图 5-43 展示了不同结构元对二值图像的腐蚀效果：如图 5-43（b）所示，宽度为 3 像素的正方形结构元使原图中 1 像素宽的横线消失，窄连接断开，且小于结构元尺寸的最小圆形消失，而等宽正方形则仅余一点。如图 5-43（c）～（d）所示，宽度为 6 像素的正方形与直径为 6 像素的圆形结构元腐蚀效果对比显示，特定目标在正方形结构元作用下消失，而在圆形结构元作用下仍有残留。无论结构元形状，腐蚀均使目标区域缩减，故可用于消除细小噪声。恰当选择结构元的大小与形状，可有效滤除无法完全包容结构元的噪声及干扰。

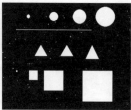

(a) 原始图像　　　(b) 正方形宽度为3像素　　(c) 正方形宽度为6像素　　(d) 圆形直径为6像素
　　　　　　　　　结构元腐蚀结果　　　　　结构元腐蚀结果　　　　　结构元腐蚀结果

人 图 5-43　不同像素的腐蚀效果

用 C++和 OpenCV 实现的代码如下：

```
// 创建结构元素 3
Mat element = getStructuringElement(MORPH_RECT, Size(6, 6)); // 3×3 的矩形结构元素
// 执行腐蚀操作
Mat dst;
erode(src, dst, element);
// namedWindow("腐蚀", WINDOW_AUTOSIZE);
imshow("宽度为 3 的腐蚀", dst);
// 创建结构元素矩形 6
Mat element1 = getStructuringElement(MORPH_RECT, Size(20, 20)); // 6×6 的矩形结构元素
// 执行腐蚀操作
Mat m3;
erode(m1, m3, element1);
//namedWindow("腐蚀", WINDOW_AUTOSIZE);
imshow("矩形宽度为 6 的腐蚀", m3);
// 创建结构元素  圆 6
Mat element2 = getStructuringElement(MORPH_ELLIPSE, Size(20, 20)); // 6×6 的矩形结构元素
// 执行腐蚀操作
Mat m4;
erode(m2, m4, element2);
//namedWindow("腐蚀", WINDOW_AUTOSIZE);
imshow("圆宽度为 6 的腐蚀", m4);
```

（2）膨胀

膨胀与腐蚀相对应，集合 A 被 B 膨胀，表示为 $A \oplus B$，定义为

$$A \oplus B = \left\{ x \mid \left(\hat{B} \right)_x \cap A \neq \varnothing \right\} \tag{5-31}$$

式中，$\hat{B}$ 表示 B 关于坐标原点的反射（对称集），$(\hat{B})_x$ 表示对 B 进行位移 x 的平移。$(\hat{B})_x \cap A \neq \varnothing$ 表示将 B 平移到 x 位置仍与图像 A 中灰度级为 1 的部分有交集，这时位移就是膨胀结果 AB 中的一个像素。

图 5-44（a）为二值图像，阴影部分构成目标集合 A。图 5-44（b）为结构元 B 及其反射 $\hat{B}$，原点用黑点标示。将 B 的原点分别放到图 5-44（a）的每个像素（注意，不仅仅是目标像素点）位置，如果 B 上至少有一个像素落在目标区域上，如图 5-44（c）、（d）所示，则在膨胀结果图 5-44（f）中将当前原点位置的像素值设为 1。反之如图 5-44（e）所示，B 没有一个像素落在目标区域，则膨胀结果图中将 B 当前原点位置的像素值设为 0。最终膨胀结果如图 5-44（f）所示，经过膨胀目标区域变大。

  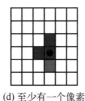

(a) 目标函数　　(b) 结构元　　(c) 至少有一个像素　　(d) 至少有一个像素　　(e) 没有一个像素　　(f) 膨胀结果
　　　　　　　　　　　　　　落在目标区域(1)　　落在目标区域(2)　　落在目标区域

⌃ 图 5-44　膨胀示例

膨胀运算能填补图像中背景小于结构元尺寸的区域，并可用于连接相近的目标区域。其效果同样取决于结构元的大小、形状及中心点位置。

（3）开运算和闭运算

若结构元素为小型圆形，膨胀操作可填补图像中小于结构元素的孔洞及边缘细微凹陷，促使图像扩展；而腐蚀操作则能消除图像边缘的微小区域，导致图像收缩且其补集扩张。需要注意的是，膨胀与腐蚀并非互逆过程，故可级联应用。基于这两种基本运算及其与集合操作（如并、交、补）的组合，可构建数学形态学的其他运算算子。具体而言，先腐蚀后膨胀的操作定义为开运算，而先膨胀后腐蚀则称为闭运算，两者均为形态学中的重要组合运算。

设 A 为输入图像，B 为结构元素，利用 B 对 A 做开运算，表示为 $A \circ B$，定义为

$$A \circ B = (A \Theta B) \oplus B \tag{5-32}$$

如图 5-45 所示，（a）为原始图像 A，（b）为结构元素 B，（c）为开运算结果，可以观察到，集合 A 经过开运算后，图像内细小的连接被消除了。

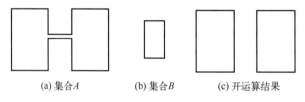

(a) 集合 A (b) 集合 B (c) 开运算结果

∧ 图 5-45 　开运算示例

闭运算是开运算的对偶运算，定义为先做膨胀后做腐蚀。利用 B 对 A 做闭运算表示为 $A \cdot B$，定义为

$$A \cdot B = (A \oplus \hat{B}) \Theta \hat{B} \tag{5-33}$$

如图 5-46 所示，（a）为原始圆形图像 A，（b）为结构元素 B，（c）为闭运算结果，可以观察到，集合 A 经过闭运算后，图像内的小凹陷消失了。

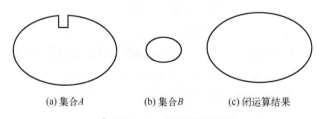

(a) 集合 A (b) 集合 B (c) 闭运算结果

∧ 图 5-46 　闭运算示例

依据腐蚀与膨胀的对偶性质，可推导出开运算与闭运算亦具备对偶性。具体而言，对目标 A 应用结构元 B 进行闭运算后取补集，其效果等同于先对 A 取补集，再以其补集为目标，使用 B 的反射作为结构元执行开运算。反之，对 A 应用 B 进行开运算后取补集，等效于先对 A 取补集，再以该补集为目标，利用 B 的反射执行闭运算。公式表示为

$$\begin{aligned} (A \cdot B)^c &= A^c \circ \hat{B} \\ (A \circ B)^c &= A^c \cdot \hat{B} \end{aligned} \tag{5-34}$$

（4）击中击不中

击中与击不中变换旨在模版匹配中定位特定形状或边界的目标，能同时考察目标内部与外部。对目标 A 用结构元 B 进行击中与击不中变换，表示为 $A \circledast B$，定义为

$$A \circledast B = \left(A \ominus B \right) \cap \left[A^c \ominus \left(W - B \right) \right] \qquad (5\text{-}35)$$

式中，W 是比结构元 B 更大的一个结构元；$W-B$ 用于描述 B 的外部轮廓形状。

5.3.2 二值图像的形态学处理

（1）边界提取

在图像处理领域，边缘检测作为关键步骤，对揭示物体形状信息至关重要。针对二值图像，边缘检测即提取图像集合 A 的边界。形态学边界提取法通过特定结构元素对目标图像实施形态学操作，再将操作结果与原图相减实现。据此，可获取内边界、外边界及形态学梯度三类边界，分别用 $\beta_1(A)$、$\beta_2(A)$ 和 $\beta_3(A)$ 表示：内边界由原图减去腐蚀图得到，外边界由膨胀图减去原图得到，而形态学梯度则由膨胀图减去腐蚀图得到。公式表示为

$$\beta_1 \left(A \right) = A - \left(A \ominus B \right) \qquad (5\text{-}36)$$

$$\beta_2 \left(A \right) = \left(A \oplus B \right) - A \qquad (5\text{-}37)$$

$$\beta_3 \left(A \right) = \left(A \oplus B \right) - \left(A \ominus B \right) \qquad (5\text{-}38)$$

图 5-47 展示了应用式（5-36）、式（5-37）及式（5-38）对一幅简单二值图像进行形态学处理，从而分别获得其内边界、外边界以及形态学梯度的具体实例。

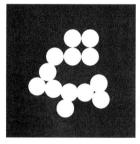  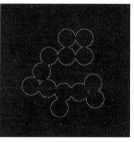 

   (a)原始图像   (b)原图像的内边界   (c)原图像的外边界   (d)原图像的形态学梯度

∧ 图 5-47 二值化图像求边界的实例

用 C++和 OpenCV 实现的代码如下：

```cpp
// 定义结构元素
Mat kernel = getStructuringElement(MORPH_RECT, Size(3, 3));
// 形态学操作
Mat dilatedImage, erodedImage, internalBoundary, externalBoundary, morphGradient;
// 膨胀操作
dilate(binaryImage, dilatedImage, kernel);
// 腐蚀操作
erode(binaryImage, erodedImage, kernel);
// 内边界
```

```
    internalBoundary = dilatedImage - binaryImage;
    // 外边界
    externalBoundary = binaryImage - erodedImage;
    // 形态学梯度
    morphGradient = dilatedImage - erodedImage;
```

（2）区域填充

形态学图像处理可以通过膨胀运算将封闭边界曲线中的区域填充起来，与边界形成一个整体区域。具体实现为：首先将非边界（即背景）点设为 0，选取封闭曲线（灰度设为 1）内一点，初始赋值为 1，随后迭代应用式（5-39），直至图像状态稳定，不再发生变化，即 $X_k = X_{k-1}$，则这个区域被填充完毕，循环结束。

$$X_k = (X_{k-1} \oplus B) \cap A^C \quad k = 1, 2, \cdots \tag{5-39}$$

式中，A 是原图，B 是对称结构元素。X_k 和 A 的并集包含被填充的集合和它的边界。

图 5-48 展示了形态学图像孔洞填充的一个实例。其中，图 5-48（a）为原始图像，尺寸为 222×338；图 5-48（b）、（c）呈现了孔洞填充的中间阶段；图 5-48（d）则展示了填充完成并与边界合并后的最终结果。在此过程中，采用了 3×3 的正方形作为结构元素 B，因此，初始的中间结果呈现方形特征。

(a) 原始图像   (b) 孔洞填充中间阶段   (c) 孔洞继续填充阶段   (d) 孔洞填充完成

︽ 图 5-48　形态学图像孔洞填充示例

用 C++ 和 OpenCV 实现的代码如下：

```
    // 定义结构元素
    cv::Mat se = cv::getStructuringElement(cv::MORPH_RECT, cv:: Size(3, 3));
    // 复制图像，用于孔洞填充
    cv::Mat filledImage = binaryImage.clone();
    // 设置初始点位置
    cv::Point seedPoint(111,166);
    // 检查初始点是否为孔洞的一部分
    if(filledImage.at<uchar>(seedPoint) !=0) {
        std::cout << "Seed point is not in a hole." << std::endl;
        return 1;
    }
    // 迭代膨胀填充孔洞
    int iterations =0;
    while (true) {
        // 执行膨胀操作
        cv::dilate(filledImage, filledImage, se);
```

```
    // 检查是否已经填充到边界
    if (filledImage.at<uchar>(seedPoint)!=0){
        break;
    }
    // 更新迭代次数
    iterations++;
}
// 合并上边界
cv::Mat finalImage = binaryImage | filledImage;
```

（3）连通分量提取

图像分析中常需要在二值图像中提取连通分量。A 为二值图像中的目标，从 A 中的某个点出发，将整个连通分量提取出来。X_0 是一个与原二值图像大小相同的初始化图像，在 X_0 中只有属于 A 的一个像素点值为 1，B 为结构元，进行如下迭代：

$$X_k = (X_{k-1} \oplus B) \bigcap A \quad k = 1, 2, \cdots \tag{5-40}$$

式中，下标 k 表示迭代次数。若 $X_k = X_{k-1}$，则迭代终止。

在图像含多个目标时，提取连通分量的同时即对其进行标注，具体操作为：为每个连通分量赋予唯一编号，并在输出标注图像中，以该编号作为各连通分量像素的值。基于标注信息，可统计连通分量的数量及各自的大小等属性。

图 5-49 所示二值图像中的阴影为目标集合 A，8 连通结构元如图 5-49（b）所示。首先从目标中任选一点，构成初始图像 X_0，如图 5-49（c）所示，X_0 膨胀后与 A 进行逻辑与运算，结果如图 5-49（d）所示，对它再次执行式（5-40）计算，得到图 5-49（e），多次迭代得到图 5-49（f），继续迭代后结果不再变化，提取出整个连通分量。

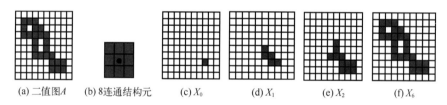

(a) 二值图A　(b) 8连通结构元　(c) X_0　(d) X_1　(e) X_2　(f) X_6

︽ 图 5-49　连通分量提取过程示例

（4）凸包

若目标 A 内任意两点连线均位于 A 内部，则 A 为凸集。A 的凸包 H 定义为包含 A 的最小凸集，H 与 A 的差集 $H-A$ 称作 A 的凸缺。图 5-50 展示了目标区域，其中最右侧两点连线不在区域内。经凸包处理后，形状如图 5-50（b）所示，无凹陷。A 的凸包记作 $C(A)$。

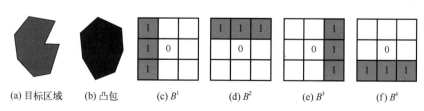

(a) 目标区域　(b) 凸包　(c) B^1　(d) B^2　(e) B^3　(f) B^4

︽ 图 5-50　凸包处理以及所用结构元

令 B^i（$i=1, 2, 3, 4$）表示图 5-50（c）～（f）所示的 4 个组合结构元，B^i 可由 B^{i-1} 顺时针旋转 90°得到，这些结构元作为凸包计算中击中与击不中变换的组合结构元。对 A 分别用结构元 B^i 进行以下操作：

$$X_k^i = \left(X_{k-1} \circledast B^i\right) \bigcup A \quad i=1,2,3,4; k=1,2,\cdots \tag{5-41}$$

式（5-41）中，$X_0^i = A$，下标 k 表示迭代次数，上标 i 对应使用的结构元 B^i。当迭代收敛即 $X_k^i = X_{k-1}^i$ 时，将收敛结果用 D^i 表示，有 $D^i = X_k^i$，A 的凸包是所有 D^i 的并集，即

$$C\left(A\right) = \bigcup_{i=1}^{4} D^i \tag{5-42}$$

凸包处理首先反复执行如下操作：用结构元 B^i 对 A 进行击中与击不中变换，与 A 求并集，重复上述步骤，当结果不再发生变换时，将结果用 D^1 表示；然后用结构元 B 对 A 重复上述操作，依此类推，当 4 个结构元都进行上述操作后，求 D^1、D^2、D^3、D^4 的并集后得到 A 的凸包。

5.3.3　灰度形态学的基本运算

二值形态学的一些基本理论可以推广到灰度形态学，如腐蚀、膨胀、开和闭等基本运算都可方便地推广到灰度图像空间，只是灰度形态学的运算对象不再被视为集合而看作图像函数。

（1）灰度腐蚀和膨胀

在灰度图像中，用结构元素 $b(x,y)$ 对图像函数 $f(x,y)$ 进行灰度腐蚀（$f \ominus b$）和灰度膨胀（$f \oplus b$）运算，分别表示为

$$(f \ominus b)(s,t) = \min\left\{f\left(s+x,t+y\right) | (s+x),(t+y) \in D_f;(x,y) \in b\right\} \tag{5-43}$$

$$(f \oplus b)(s,t) = \max\left\{f\left(s-x,t-y\right) | (s-x),(t-y) \in D_f,(x,y) \in b\right\} \tag{5-44}$$

式中，b 表示灰度图像的结构元素，D_f 表示原图 f 在 (s,t) 位置的邻域，$(x,y) \in b$ 表示 (x,y) 在结构元素 b 中位于灰度级为 1 的位置。

图 5-51 展示了两个灰度图像的腐蚀与膨胀运算实例。其中，图 5-51（a）与（d）为原始灰度图像，图像大小都是 500×375。图 5-51（b）与（e）为腐蚀后图像，较原图偏暗；图 5-51（c）与（f）为膨胀后图像，较原图偏亮且呈现平滑效果，类似局部排序平滑滤波结果。

用 C++和 OpenCV 实现的代码如下：

```cpp
// 创建腐蚀和膨胀后的图像
cv::Mat eroded, dilated;
// 定义腐蚀和膨胀的结构元素
// 这里我们使用 3×3 的矩形结构元素
cv::Mat element = cv::getStructuringElement(cv::MORPH_RECT, cv::Size(5, 5));
// 对图像进行腐蚀
cv::erode(src, eroded, element);
// 对图像进行膨胀
cv::dilate(src, dilated, element);
```

(a)　　　　　　　　　　　(b)　　　　　　　　　　　(c)

(d)　　　　　　　　　　　(e)　　　　　　　　　　　(f)

︽ 图 5-51　两个灰度图像腐蚀与膨胀运算

（2）灰度开运算和闭运算

设原图是 f ，结构元素是 b ，开运算表示为 $f\circ b$ ，闭运算表示为 $f\cdot b$ ，公式为
开运算：

$$f\circ b=(f\ominus b)\oplus b \tag{5-45}$$

闭运算：

$$f\cdot b=(f\oplus b)\ominus b \tag{5-46}$$

与二值图像开和闭运算一样，灰度图像的开运算为先腐蚀后膨胀，闭运算则为先膨胀后腐蚀，b 可以采用与二值图像形态学处理一样的结构元素，也可以采用不限于 0,1 的灰度级结构元素。图 5-52 展示了这两种运算对 Lena 图像的处理效果。通过对比，开运算去除了亮细节而保留了暗区域［见图 5-52（b）与（a）］，闭运算则去除了暗细节而保留了亮区域［见图 5-52（c）与（a）］。

(a) 原图像　　　　　(b) 灰度开运算结果图像　　　　　(c) 灰度闭运算结果图像

︽ 图 5-52　灰度开运算和闭运算对 Lena 图像的处理

用 C++和 OpenCV 实现的代码如下：

```cpp
// 定义结构元素，这里使用 3×3 的矩形
cv::Mat element = cv::getStructuringElement(cv::MORPH_RECT, cv::Size(3, 3));
// 灰度开运算
cv::Mat opened;
cv::morphologyEx(src, opened, cv::MORPH_OPEN, element);
// 灰度闭运算
cv::Mat closed;
cv::morphologyEx(src, closed, cv::MORPH_CLOSE, element);
```

（3）灰度形态学平滑

在图像预处理中，噪声滤除尤为关键。针对灰度图像，形态学平滑效果显著，其中灰度开运算与闭运算分别能磨光去除明亮及暗淡细节。通过先开后闭的组合运算，可高效平滑图像，消除亮暗噪声。

设形态学平滑结果图像用 g 表示，公式为

$$g = (f \circ b) \bullet b \tag{5-47}$$

图 5-53 展示了形态学滤波处理含椒盐噪声的效果。图 5-53（a）为原图；图 5-53（b）为开运算后图像，亮噪声被去除但暗噪声依旧；图 5-53（c）为形态学平滑后图像，与图 5-53（a）对比，椒盐噪声得到有效消除。

(a) 含椒盐噪声的原图像　　　(b) 对 (a) 开运算结果　　　(c) 对 (a) 形态学平滑结果

∧ 图 5-53　对添加了椒盐噪声的 Lena 图像形态学处理结果

用 C++和 OpenCV 实现的代码如下：

```cpp
// 定义结构元素，这里使用 3×3 的矩形
cv::Mat element = cv::getStructuringElement(cv::MORPH_RECT, cv::Size(3, 3));
// 灰度开运算
cv::Mat opened;
cv::morphologyEx(image, opened, cv::MORPH_OPEN, element);
// 灰度闭运算
cv::Mat closed;
cv::morphologyEx(opened, closed, cv::MORPH_CLOSE, element);
```

（4）灰度形态学梯度

边缘作为物体形状的关键信息，在图像处理中边缘检测是不可或缺的环节。对于二值图像，边缘检测等同于边界提取；而对于灰度图像，鉴于边缘附近灰度分布梯度较大，可通过

计算形态学梯度来有效检测图像边缘。

设灰度图像的形态学梯度用 g 表示,公式为

$$g = (f \oplus b) - (f \ominus b) \qquad (5\text{-}48)$$

在图像处理领域,存在多种梯度算子。常规空间梯度算子(如 Sobel、Prewitt、Roberts 等)通过计算局部差分近似微分以求取图像梯度,但这些方法对噪声敏感且可能增强噪声。相比之下,形态学梯度虽同样对噪声较敏感,却不会增强噪声;采用对称结构元素计算形态学梯度,还能减小边缘受方向的影响。

图 5-54 展示了使用 Sobel、Prewitt、Roberts 及形态学梯度算子处理 Lena 图像的结果。具体而言,图 5-54(a)、(b)、(c)分别为 Sobel、Prewitt、Roberts 算子提取的边缘,而图 5-54(d)为形态学算子提取的边缘。经比较,形态学算子提取的边缘更具实用价值。

(a) Sobel边缘提取　　　　(b) Prewitt边缘提取　　　　(c) Roberts边缘提取　　　　(d) 形态学边缘提取

︿ 图 5-54　对 Lena 图像的边缘检测结果

用 C++和 OpenCV 实现的代码如下:

```cpp
// Sobel 算子
Mat sobelX, sobelY;
Sobel(img, sobelX, CV_64F, 1, 0, 3);
Sobel(img, sobelY, CV_64F, 0, 1, 3);
Mat sobelCombined;
convertScaleAbs(sobelX + sobelY, sobelCombined);
// Prewitt 算子
Mat prewittX, prewittY, prewittCombined;
filter2D(img, prewittX, CV_64F, getPrewittKernelX());
filter2D(img, prewittY, CV_64F, getPrewittKernelY());
convertScaleAbs(prewittX + prewittY, prewittCombined);
// 形态学梯度(使用膨胀和腐蚀)
Mat dilated, eroded, morphGrad;
dilate(img, dilated, Mat());
erode(img, eroded, Mat());
subtract(dilated, eroded, morphGrad);
// 应用 Roberts 边缘检测
Mat edges = robertsEdgeDetection(img);
```

(5)灰度形态学高帽变换

高帽变换是一种有效的形态学变换,因其使用类似高帽形状的结构元素进行形态学图像

处理而得名。设高帽变换结果用 g 表示，公式为

$$g = f - (f \circ b) \tag{5-49}$$

开运算的非扩展性确保高帽变换结果 h 非负，能有效检测图像中尖锐波峰。此特性可应用于从平缓背景中提取亮暗细节，如增强阴影特征、灰度图像分割、检测波峰波谷及细长结构。以星云图像处理为例（见图 5-55），高帽变换能减弱星云对星体的干扰，且经灰度线性拉伸后，能更准确地检测出被遮挡星体，如图 5-55（c）所示。

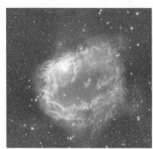

(a)星云图像　　　　　　　(b) 高帽变换处理结果　　　　(c) 对图(b)进行灰度线性拉伸的结果

へ图 5-55　高帽变换对星云图像进行处理的实例

用 C++和 OpenCV 实现的代码如下：

```cpp
// 定义结构元素，这里使用简单的矩形结构
Mat element = getStructuringElement(MORPH_RECT, Size(15, 15));

// 对图像进行开运算
Mat img_open;
morphologyEx(img, img_open, MORPH_OPEN, element);

// 计算高帽变换：原图 - 开运算结果
Mat img_tophat;
absdiff(img, img_open, img_tophat);

// 显示结果
imshow("星云原图像", img);
//imshow("Opened Image", img_open);
imshow("高帽变换结果", img_tophat);

// 找到图像的灰度最小值和最大值
double inMin, inMax;
minMaxLoc(img_tophat, &inMin, &inMax);

// 创建一个输出图像，与原图像大小相同
Mat dst = Mat::zeros(img_tophat.size(), img_tophat.type());

// 应用灰度线性拉伸
for (int i = 0; i < img_tophat.rows; i++) {
    for (int j = 0; j < img_tophat.cols; j++) {
        // 计算拉伸后的灰度值
```

```
        int gray = static_cast<int>(((((img_tophat.at<uchar>(i, j)) - inMin) / (inMax - inMin)
) * 255);
        // 防止超出灰度范围
        gray = max(0, min(255, gray));
        dst.at<uchar>(i, j) = static_cast<uchar>(gray);
    }
}
imshow("高帽变换线性拉伸图像", dst);
```

5.4 习题

1. 简述常用灰度变换方法。
2. 假设要把一幅图像缩小到原来的 1/2，简述其缩小原理或实现方法。
3. 图像空域滤波和频域滤波的基本原理是什么？
4. 空域非线性平滑滤波中常用哪几种滤波器？它们的特点是什么？
5. 频域平滑滤波和锐化滤波的主要区别有哪些？
6. 应用 Python 和 OpenCV 实现空域和频域平滑与锐化等。
7. 从巴特沃斯高通滤波器能推导出与其对应的低通滤波器吗？如果可以，请写出推导过程。
8. 什么是凸包？如何利用凸包实现边界分段？
9. 与腐蚀运算相比，开运算的优势是什么？与膨胀运算相比，闭运算的优势是什么？
10. 设有图 5-56（a）所示的原始图像和图 5-56（b）所示的结构元素。
（1）进行腐蚀运算，并给出运算得到的结果图像。
（2）进行膨胀运算，并给出运算得到的结果图像。
11. 绘制出链码为 222222555000 的曲线，计算该曲线的长度。
12. 灰度图像的形态学梯度如何计算？有什么作用？

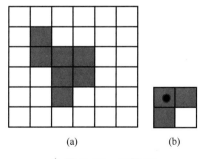

(a)　　　　　　(b)

∧ 图 5-56　习题 10

第 6 章

图像特征提取

本章全面阐述数字图像的基本特征及其描述与提取技术。首先介绍图像的基本特征，包括幅度特征、几何特征和统计特征；然后聚焦于图像角点特征，剖析其描述与提取过程，深入探讨 SUSAN 角点检测算法的原理与应用；接着介绍颜色特征的描述与提取，详细介绍颜色直方图和颜色矩特征提取方法；在此基础上，介绍纹理特征的描述与提取，详细介绍统计分析法、频谱分析法和纹理的结构分析等常见纹理特征提取方法；最后介绍形状特征的描述与提取，详细介绍边界描述和区域描述两类形状特征提取方法。

6.1 图像的基本特征

6.1.1 幅度特征

在图像特征中，最基本的为幅度特征，它涵盖图像的亮度、色彩、频谱值等变量的幅度描述。幅度特征既可直接通过图像变量（如色彩、灰度和亮度变化）提取，也可通过数学变换（如非线性变换灰度值、频谱值）获得。这些特征可针对单个像素或特定区域，常用者包括像素域平均幅度和邻域标准偏差等。

像素域平均幅度特征指在 $K \times K$ 的像素域上，其中心像素点的坐标为 (i, j)，该像素点上的某种幅度值为 $F(i, j)$，则该像素域上的平均幅度为

$$F_a(i, j) = \frac{1}{(2\omega+1)^2} \sum_{m=-\omega}^{\omega} \sum_{n=-\omega}^{\omega} F(i+m, j+n) \tag{6-1}$$

式中，ω 为像素域半径。

邻域标准偏差是像素域平均幅度特征的一种延伸方法，其表达式可表示为

$$S(i, j) = \frac{1}{2\omega+1} \{ \sum_{m=-\omega}^{\omega} \sum_{n=-\omega}^{\omega} \left[F(i+m, j+n) - M(i+m, j+n) \right]^2 \}^{1/2} \tag{6-2}$$

式中，M 为 $K \times K$ 像素域的图像平均幅度。

在实际操作中，图像的平均幅度与邻域标准偏差特征均可通过直方图计算得出。这些幅度特征既可直接源于像素灰度值，亦可源自线性或非线性变换后的新图像幅度空间。图像的幅度特征对于目标物分离与描述至关重要，如图 6-1 所示，其中（a）为原图，（b）为利用幅度特征分割出车站背景的结果。

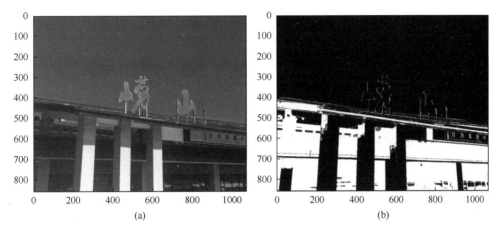

(a)   (b)

︽ 图 6-1   利用灰度信息将目标分割出来

用 Python 和 OpenCV 实现的代码如下：

```python
def otsu thresholding(image_path):
    # 读取彩色图像
    img_color = cv2.imread(image_path, cv2.IMREAD_COLOR)
    # 将彩色图像转换为灰度图像
    img_gray = cv2.cvtColor(img_color, cv2.COLOR_BGR2GRAY)
    # Otsu 自动阈值分割
    ret, binary_img = cv2.threshold(img_gray, thresh:0, maxval:255, cv2.THRESH_BINARY_INV | cv
2.THRESH_OTSU)
    # 将彩色图像从 BGR 转换为 RGB 以便在 matplotlib 中正确显示
    img_color_rgb = cv2.cvtColor(img_color, cv2.COLOR_BGR2RGB)

    # 显示原图和二值化后的图像
    fig, axs = plt.subplots(nrows=1, ncols=2, figsize=(12, 6))
    axs[0].imshow(img_color_rgb)
    axs[0].set_title("Color Image")
    axs[1].imshow(binary_img, cmap="gray")
    axs[1].set_title("Binary Image using Otsu's method")

    # 保存图像
    cv2.imwrite(filename:"6-1 original_image.jpg", img_color)
    cv2.imwrite(filename:"6-1 processed_image.jpg", binary_img)
    plt.show()
```

6.1.2　几何特征

在图像观察中，除颜色外，图像的几何形状及其信息亦备受关注。几何特征主要涉及图像中物体的位置、方向、周长及面积等。在图像分析中，这些几何特征具有重要意义。提取前，常需对图像进行分割与二值化处理。

（1）方向和位置

一般情况下，图像中的物体通常并不是一个点，因此，采用物体或区域的面积的中心点作为物体的位置。如图 6-2 所示，面积中心就是单位面积质量恒定的相同形状图形的质心 O。

图像分析不仅需要知道一幅图像中物体的具体位置，而且还要知道物体在图像中的方向。如果物体是细长的，则可以将较长方向的轴定义物体的方向。

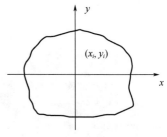

△ 图 6-2　物体的位置

（2）距离

像素间关系依据其空间接近度而定，此接近度可借由距离衡量。距离在数学上定义多样，图像处理领域亦不例外。针对坐标分别为 $p(x,y)$、$q(s,t)$、$r(u,v)$ 的三个像素，若度量函数 $D(p,q)$ 符合三项基本条件，即可视作距离。

① 非负性：$D(p,q) \geq 0$，当且仅当 $p=q$ 时等号成立；

② 对称性：$D(p,q)=D(q,p)$；

③ 三角不等式：$D(p,q) \leq D(p,r)+D(r,q)$。

图像处理常用的距离定义包括以下几种：

① 欧氏距离：

$$D_e(p,q) = \sqrt{(x-s)^2 + (y-t)^2} \tag{6-3}$$

② 城市距离：

$$D_4(p,q) = |x-s| + |y-t| \tag{6-4}$$

③ 棋盘距离：

$$D_8(p,q) = \max(|x-s|, |y-t|) \tag{6-5}$$

（3）周长

图像内物体或区域的周长，定义为该物体或区域边界的长度，即围绕其所有像素的外边界测量值。通常，测量周长会包含物体内多个 90° 的转弯，这些拐弯一定程度上扩大了物体的周长。物体或区域的周长在区别某些简单或复杂形状的物体时具有重要价值。

（4）面积

面积是衡量物体所占范围的一种方便的客观度量。面积与其内部灰度级的变化无关，而完全由物体或区域的边界决定。同样面积条件下，一个形状简单的物体其周长相对较短。常用的面积计算方法包括：像素计数法、边界行程码计算法和边界坐标计算法。

① 像素计数法。像素计数法即统计边界及其内部的像素的总数。根据定义，求出物体边界内像素点的总和即面积，计算公式如下：

$$A = \sum_{x=1}^{N} \sum_{y=1}^{M} f(x,y) \tag{6-6}$$

② 边界行程码计算法。边界行程码计算法可分为两种情况：若已知区域的行程编码，

则只需将值为 1 的行程长度相加，即区域面积：若已知某区域封闭边界的某种表示，则相应连通区域的面积为区域外边界包围的面积与内边界包围的面积（孔的面积）之差。

③ 边界坐标计算法。面积的边界坐标计算法采用高等数学中的格林公式进行计算，在 $x\text{-}y$ 平面上，一条封闭由线所包围的面积为

$$A = \frac{1}{2}\oint(x\mathrm{d}y - y\mathrm{d}x) \tag{6-7}$$

式中，积分沿着该闭合曲线进行。对于数字图像，将上式离散化，可得

$$\begin{aligned}A &= \frac{1}{2}\sum_{i=1}^{N}\left[x_i\left(y_{i+1} - y_i\right) - y_i\left(x_{i+1} - x_i\right)\right] \\ &= \frac{1}{2}\sum_{i=1}^{N}\left(x_i y_{i+1} - y_i x_{i+1}\right)\end{aligned} \tag{6-8}$$

式中，N 为边界点数。

6.1.3 统计特征

图像的统计特征是对图像幅度、颜色等属性的数学统计总结，主要涵盖颜色直方图和小波矩统计特征。颜色直方图通过统计图像各像素颜色分布得出，具备旋转、尺度和平移不变性，能有效反映图像特性。小波矩统计特征则是基于图像小波变换后的矩特征计算，具有旋转不变性和抗噪声性，但缺乏评议和比例不变性，可通过归一化处理改善。

对于一幅图像，设 $f(x,y)$ 是表示这一图像的连续函数，则可以将图像的连续标准矩表示为

$$M_{pq} = \iint x^p y^q f(x,y)\mathrm{d}x\mathrm{d}y \tag{6-9}$$

将上式转换到极坐标系得到

$$F_{pq} = \iint f(r,\theta)\mathrm{e}^{\mathrm{j}q\theta} r\mathrm{d}r\mathrm{d}\theta \tag{6-10}$$

如果将特征作为一维的来进行提取，则上式可写为

$$F_{pq} = \int s_q(r) g_p(r) r\mathrm{d}r \tag{6-11}$$

小波矩，就是小波基函数取 $g_p(\theta)$ 时的 F_{pq}。对于小波函数族

$$\psi_{ab}(r) = \frac{1}{\sqrt{a}}\psi\left[\frac{r-b}{a}\right] \tag{6-12}$$

式中，a 是尺度因子，b 是平移因子。令 $\psi_{ab}(r)$ 取代 $g_p(r)$，即可得到图像的小波矩。

6.2 角点特征的描述与提取

6.2.1 图像角点的概念

角点是图像中一种关键且直观的局部特征，对把握图像整体形状信息至关重要，具备旋转、平移和缩放不变性，且对光照、拍摄角度等外部条件变化鲁棒。角点的定义既有直观视

角（如直线交点、平面交界），也有特征视角（灰度剧变点、高曲率边界点）。角点检测方法多样，主要归纳为三类：模板法、边缘法和灰度变化法，其中灰度变化法应用最广。

6.2.2　SUSAN 角点检测算法

最小核同值区（SUSAN）算法，由 Smith 和 Brady 于 1997 年提出，是一种角点检测算法，基于图像灰度变化。在 SUSAN 算法中，图像中位于圆形模板（窗口）中心等待被检测的像素称为核心点。在非纹理假设下，核心点的邻域被分为核值相似区（USAN）和灰度值不相似区域。设定阈值 t 为灰度门限，USAN 区域由与核心点灰度差值小于 t 的像素组成，反映了图像局部结构信息和特征强度。模板移动时，USAN 区域大小变化：在背景或目标内部时最大，等于模板大小（见图 6-3 位置 a）；在角点上时最小（见图 6-3 位置 b）；在边界上时约为模板大小一半（见图 6-3 位置 c）；移向图像边缘时逐渐变小（见图 6-3 位置 e）。

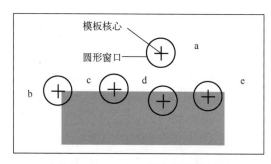

⋀图 6-3　SUSAN 算子模板位置图

基于 SUSAN 算子的角点检测过程如下。

① 进行亮度判断。用模板在图像上进行扫描移动，利用给定的阈值 t，通过对图像中模板内任意像素点与核心像素点灰度差值的比较判别该像素点是否属于 USAN 区域。当灰度差值小于或等于阈值 t 时，认为该像素点属于 USAN 区域；当灰度差值大于阈值 t 时，认为该像素点不属于 USAN 区域。比较公式为

$$C(\vec{r},\vec{r}_0)=\begin{cases}1, & f\mid I(\vec{r})-I(\vec{r}_0)\mid\leqslant t\\ 0, & f\mid I(\vec{r})-I(\vec{r}_0)\mid > t\end{cases} \tag{6-13}$$

式中，$\vec{r}_0$ 为图像中模板核心点像素的位置，$\vec{r}$ 表示图像中的模板除中心以外的其他任意一点的位置；$I(\vec{r})$ 和 $I(\vec{r}_0)$ 分别表示待定像素点 $\vec{r}$ 和中心像素点 $\vec{r}_0$ 的灰度值；t 表示灰度差阈值，阈值取值的大小决定了角点选取的精度。为了计算可靠，可以用式（6-14）替换式（6-13）。

$$C(\vec{r},\vec{r}_0)=\mathrm{e}^{-\left[\frac{I(\vec{r})-I(\vec{r}_0)}{6}\right]^6} \tag{6-14}$$

② 将被标记的像素点进行个数累加，可得出核值相似区的大小。公式为

$$n(\vec{r})=\sum_{\vec{r}}C(\vec{r},\vec{r}_0) \tag{6-15}$$

式中，$n(\vec{r}_0)$ 表示 $\vec{r}_0$ 点的 USAN 区域大小。

③ 对 USAN 区域进行阈值判定，判断是否是角点。当得到目标的所有像素点的 USAN 区域大小后，就可以通过各点的能量响应函数判断该点是否为角点，各像素点的能量响应函数 $R(\vec{r}_0)$ 定义为

$$R(\vec{r}_0) = \begin{cases} T - n(\vec{r}_0), & |n(\vec{r}_0)| < T \\ 0, & \text{其他} \end{cases} \tag{6-16}$$

式中，$n(\vec{r}_0)$ 表示点的 USAN 区域大小；T 是预先设定的几何门限阈值，用于决定哪些像素点可以被视为角点。当目标图像中某一像素点的 USAN 区域小于几何门限时，该像素点就被判定为角点，否则就不是角点。

④ 使用非最大抑制方法找特征点。即通过将一边缘点作为 3×3 模板的中心，与它的 8 邻域范围内的点进行比较，保留灰度值最大者，这样就可以找出特征点。

⑤ 剔除虚假角点。当目标图像区域边界较为模糊时，SUSAN 算子所检测出的角点就会包含许多虚假角点，这时就需要剔除这些虚假角点。一般可以通过确定 USAN 的质心和连续性来剔除虚假角点，其判定方法是：

a. 真实角点的 USAN 区域其重心（质心）的位置远离模板的中心位置，重心公式为

$$\vec{r}(\vec{r}_0) = \frac{\sum_{\vec{r}} \vec{r} c(\vec{r}, \vec{r}_0)}{\sum_{\vec{r}} c(\vec{r}, \vec{r}_0)} \tag{6-17}$$

b. 模板内从模板中心指向 USAN 区域重心的直线上的所有像素必须是 USAN 区的一部分。

图 6-4 展示了基于 SUSAN 算子的角点检测实例。

⌃ 图 6-4　SUSAN 算子的角点检测响应图像

用 Python 和 OpenCV 实现的代码如下：

```python
import cv2
import numpy as np

def susan_corner_detection(image, threshold=30, radius=3):
    # 将图像转换为灰度图像
    gray_image = cv2.cvtColor(image, cv2.COLOR_BGR2GRAY)
    # 获取图像的尺寸
    height, width = gray_image.shape
    # 初始化响应图像
    response_image = np.zeros((height, width), dtype=np.float32)
```

```python
        # 计算 SUSAN 响应
        for i in range(radius, height - radius):
            for j in range(radius, width - radius):
                center_value = gray_image[i, j]
                usan_area = 0
                # 遍历邻域像素
                for x in range(-radius, radius + 1):
                    for y in range(-radius, radius + 1):
                        if x == 0 and y == 0:
                            continue
                        neighbor_value = gray_image[i + x, j + y]
                        if abs(int(center_value) - int(neighbor_value)) < threshold:
                            usan_area += 1
                # 计算 SUSAN 响应
                response_image[i, j] = usan_area
        # 归一化响应图像
        response_image = cv2.normalize(response_image, None, 0, 255, cv2.NORM_MINMAX)
        response_image = np.uint8(response_image)

        return response_image
def main():
        # 读取图像
        image_path = "cameraman.tif"
        image = cv2.imread(image_path)
        # 进行 SUSAN 角点检测
        response_image = susan_corner_detection(image)
        # 显示结果
        cv2.imshow("Original Image", image)
        cv2.imshow("SUSAN Response Image", response_image)
        cv2.waitKey(0)
        cv2.destroyAllWindows()
```

6.3 颜色特征的描述与提取

彩色图像蕴含的信息远超灰度图像，在图像识别中，颜色特征提取至关重要。颜色特征作为底层视觉特征，显著、可靠且稳定，相较于其他视觉特征，颜色特征对图像几何形状特性依赖性小，鲁棒性强。作为一种全局特征，颜色特征描述图像或区域的表面性质，基于像素，但对图像局部特征捕捉能力有限。单独使用颜色特征进行图像识别时，在大型数据库中可能产生较多误检。颜色特征常用的特征提取与匹配方法主要包括颜色直方图和颜色矩。

6.3.1 颜色直方图

颜色直方图描绘了图像中像素颜色的数值分布，体现了图像颜色的统计特性及基本色调。它仅展示各颜色值的出现频数，不涉及像素的空间位置。横轴代表颜色等级，纵轴为对应颜色等级的像素占比，每一刻度指示颜色空间中的一种颜色。每幅图像对应唯一的颜色直方图，但相同直方图可能源自不同图像，形成一对多关系。图像分区后，各子区域直方图之和等于全图直方图。通常，颜色分布差异大的背景和前景在直方图上呈现双峰，而颜色相近者则无此特征。

设一幅图像包含 M 个像素，图像的颜色空间被量化成 N 个不同颜色。颜色直方图 H 定义为

$$p_i = h_i \tag{6-18}$$

式中，h_i 为第 i 种颜色在整幅图像中具有的像素数。

与灰度直方图类似，颜色直方图也可以定义为归一化直方图，即

$$p_i = \frac{h_i}{M} \tag{6-19}$$

建立颜色直方图时，基本步骤如下。

① 选择适当的颜色空间。将 RGB 空间转换为视觉一致性更强的 HSI、LUV 和 LAB 空间，其中 HSI 空间因贴近人的主观颜色认知，成为颜色直方图的首选。此外，亦可考虑采用更简洁的颜色空间：

$$\begin{cases} C_1 = \dfrac{R+G+B}{3} \\ C_2 = \dfrac{R+(\max - B)}{2} \\ C_3 = \dfrac{R+2\times(\max - G)+B}{4} \end{cases} \tag{6-20}$$

② 颜色量化。在完成颜色空间的选择后，需进行颜色量化，即将颜色空间划分成若干个小的颜色区间，每个小区间成为直方图的一个 bin（柱状图中每个柱所在的区间）。

③ 计算颜色落在每个小区间内的像素数量就可以得到颜色直方图。彩色图像也可以通过某种加权的方法转换成灰度图像进行处理，从而采取与灰度图像类似的方法进行分析。彩色图像变换成灰度图像的公式为

$$g = \frac{R+G+B}{3} \tag{6-21}$$

式中，R、G、B 为彩色图像的三个分量，g 为转换后的灰度值、一般彩色图像的直方图都是亮度的直方图，也就是灰度的直方图，如图 6-5 所示。

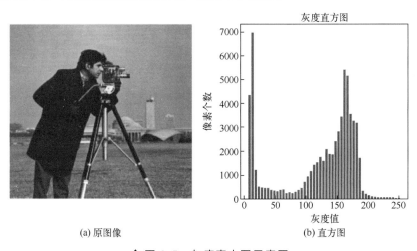

(a) 原图像　　　　　　　(b) 直方图

⌃ 图 6-5　灰度直方图示意图

用 Python 和 OpenCV 实现的代码如下：

```python
# 读取图像
img = cv2.imread(r'cameraman.tif', cv2.IMREAD_GRAYSCALE)  # 确保读取为灰度图像
# 计算直方图
hist, bins = np.histogram(img.ravel(), bins=50)
bin_centers = 0.5 * (bins[:-1] + bins[1:])
# 创建 matplotlib 的 subplot，1 行 2 列，位置 1
plt.subplot(1, 2, 1)
plt.imshow(img, cmap='gray')  # 显示原图
plt.title('Original Image')
plt.axis('off')  # 不显示坐标轴
# 创建 subplot，1 行 2 列，位置 2
plt.subplot(1, 2, 2)
plt.bar(bin_centers, hist, width=0.7 * (bins[1] - bins[0]))  # 绘制直方图
plt.title('Grayscale Histogram')
plt.xlabel('Grayscale value')
plt.ylabel('Pixels')
plt.show()
```

6.3.2　颜色矩

矩是重要统计量，能表征数据分布特性。在统计中，一阶、二阶、三阶矩分别代表均值、方差和偏移度。鉴于颜色分布信息多集中于低阶矩，故仅需利用一阶、二阶和三阶颜色矩即可充分表达图像颜色分布。相较于颜色直方图，颜色矩特征提取的优势在于无须预先量化颜色特征。

颜色的三个低阶矩的数学表达式为

$$\mu_i = \frac{1}{N} \sum_{j=1}^{N} p_{ij}$$

$$\sigma_i = \left(\frac{1}{N} \sum_{j=1}^{N} \left(p_{ij} - \mu_i \right)^2 \right)^{\frac{1}{2}}$$

$$s_i = \left(\frac{1}{N} \sum_{j=1}^{N} \left(p_{ij} - \mu_i \right)^3 \right)^{\frac{1}{3}}$$

（6-22）

式中，N 表示图像中像素点的总数；p_{ij} 表示第 i 个颜色通道中第 j 个灰度级的像素点出现的概率。

一阶矩反映颜色通道的平均响应，二阶矩表示响应方差，三阶矩则体现数据分布的偏移度。彩色图像的颜色矩共含 9 个分量，每通道各有 3 个低阶矩。颜色矩简洁易用，无须颜色空间量化，特征向量维数较低；但由于仅依赖少数矩可能导致错误检出增多，故常与其他特征结合使用。

6.4　纹理特征的描述与提取

纹理是图像中同质现象的视觉特征，表现为色彩或明暗变化带来的表面细节，体现了物体表面重复性或周期性变化的结构排列。它被视为图像的局部性质或局部像素关系的度量，

由灰度（颜色）的空间变化形成图案，用于定量描述图像空间信息，是图像固有特征。纹理分为人工纹理（如线条、点等有序排列）和自然纹理（如砖墙、森林等无规则排列），图示分别见图6-6（a）和（b）。

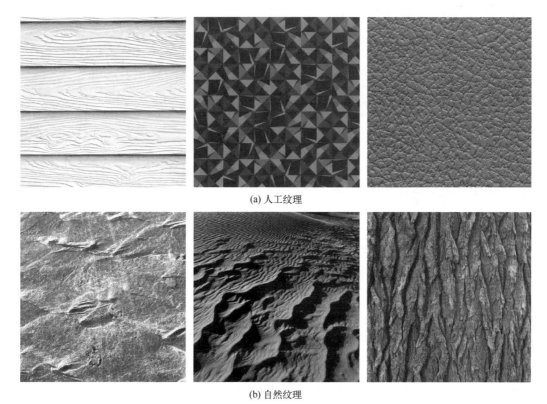

(a) 人工纹理

(b) 自然纹理

⚞ 图 6-6　纹理示意图

纹理特征蕴含物体表面结构及其环境关联信息，图像可视为多纹理区域组合，各纹理以向量或多维特征空间点表征。纹理特征提取采用图像处理技术，旨在获取纹理的定量或定性描述，其基本流程概述如下：

① 纹理基元建模。从像素出发，找出纹理基元（即纹理图像中辨识能力比较强的特征），并根据纹理基元的排列信息建立起纹理基元模型。

② 整体纹理模型构建。利用纹理基元模型对纹理图像进行特征提取，以支持对图像的进一步分割、分类和辨识，形成图像整体纹理模型。

常见的纹理特征提取方法包括：统计分析法、频谱分析法和纹理的结构分析。

6.4.1　统计分析法

统计分析法，亦称基于统计纹理特征的检测方法，涵盖灰度直方图法、灰度共生矩阵法、灰度差分统计法和自相关函数法等多种方法。它通过计算像素局部特征，分析小区域内纹理特征的统计分布及灰度级的空间分布，对无规则结构图像（如木纹、沙地、草地）分析尤为有效。此类方法简单易行，其中灰度共生矩阵法适应性强、鲁棒性好；然而，其局限在于与人类视觉感知脱节，缺乏全局信息考量，且计算复杂度较高。

（1）灰度直方图法

利用灰度直方图来间接描述纹理的方法，就是通过对灰度直方图的分布曲线取各阶矩，从而反映图像的边界分布的某些特性。将直方图曲线随灰度值的变化看作一维函数 $F(r)$ 随着变量 r 的变化，用 m 表示 $F(r)$ 的均值，则有

$$m = \sum_{i=1}^{L} r_i F(r_i) \tag{6-23}$$

则 $F(r)$ 对均值 m 的 n 阶矩为

$$k_n(r) = \sum_{i=1}^{L} (r_i - m)^n F(r_i) \tag{6-24}$$

式中，k_2 反映图像的灰度对比度，可描述图像直方图的相对平滑度；k_3 表示直方图的偏斜度；k_4 反映了直方图的相对平坦性。

（2）灰度共生矩阵法

灰度共生矩阵是建立在图像的二阶组合条件概率密度函数的基础上，即通过计算图像中特定方向和特定距离的两像素间从某一灰度过渡到另一灰度的概率，反映图像在方向、间隔、变化幅度及快慢的综合信息。

设 $f(x,y)$ 为一幅 $N \times N$ 的灰度图像，$d=(\mathrm{d}x,\mathrm{d}y)$ 是一个位移矢量，其中 $\mathrm{d}x$ 是行方向上的位移，$\mathrm{d}y$ 是列方向上的位移，L 为图像的最大灰度级数。灰度共生矩阵定义为

$$P(i,j|\ d,\theta) = \{(x,y)|\ f(x,y) = i, f(x+\mathrm{d}x,y+\mathrm{d}y) = j\} \tag{6-25}$$

式中，x 和 y 的取值范围为 $[0, N-1]$，i 和 j 的取值范围为 $[0, L-1]$。

灰度共生矩阵反映了图像灰度分布关于方向、邻域和变化幅度的综合信息，但它并不能直接提供区别纹理的特性。因此，有必要进一步从灰度共生矩阵中提取描述图像纹理的特征，用来定量描述纹理特性。设在取定 d、θ 参数下将灰度共生矩阵 $P(i,j|d,\theta)$ 归一化记为 $\hat{\mathbf{P}}(i,j|\ d,\theta)$，则最常用的三种特征量计算公式如下：

① 对比度：

$$CON = \sum_i \sum_j (i-j)^2 P(i,j|\ d,\theta) \tag{6-26}$$

② 能量：

$$ASM = \sum_i \sum_j P(i,j|\ d,\theta)^2 \tag{6-27}$$

③ 熵：

$$ENT = -\sum_i \sum_j P(i,j|\ d,\theta) \log_2 P(i,j|\ d,\theta) \tag{6-28}$$

（3）灰度差分统计法

灰度差分统计法又称一阶统计法，它通过计算图像中一对像素间灰度差分直方图来反映

图像的纹理特征。取图像内任意一点 (x,y)，设与该点相邻的点 $(x+\Delta x, y+\Delta y)$ 的灰度差分为

$$g_\Delta(x,y) = g(x,y) - g(x+\Delta x, y+\Delta y) \tag{6-29}$$

若 $g_\Delta(x,y)$ 的所有可能取值共有 m 级，令点 (x,y) 在整个区域上移动，统计出 $g_\Delta(x,y)$ 取各个灰度级的次数，由此作出 $g_\Delta(x,y)$ 的直方图。根据直方图可以得出 $g_\Delta(x,y)$ 取不同灰度值的概率 $p_\Delta(i)$。若 i 取值较小，而概率 $p_\Delta(i)$ 较大时，则说明纹理较粗糙；若概率 $p_\Delta(i)$ 较平坦，则说明纹理较细密。

灰度差分统计法一般采用以下参数描述纹理图像的特征：

① 对比度：

$$CON = \sum_i i^2 p_\Delta(i) \tag{6-30}$$

② 角度方向二阶矩：

$$ASM = \sum_i \left[p_\Delta(i) \right]^2 \tag{6-31}$$

③ 熵：

$$ENT = -\sum_i p_\Delta(i) \lg p_\Delta(i) \tag{6-32}$$

④ 平均值：

$$MEAN = \frac{\sum_i i p_\Delta(i)}{m} \tag{6-33}$$

（4）自相关函数法

物体纹理常以粗糙性描述，如毛织品相较于丝织品更显粗糙。粗糙程度与局部结构空间重复周期相关：周期大则纹理细腻，反之粗糙。虽粗糙性感受难以量化纹理，但可指示其变化趋势，即纹理测度值小意味着纹理细密，值大则纹理粗糙。

设图像以 $f(m,n)$ 表示，则自相关函数可定义为

$$C(\varepsilon,\eta,j,k) = \frac{\sum_{m=j-w}^{j+w} \sum_{n=k-w}^{k+w} f(m,n) f(m-\varepsilon, n-\eta)}{\sum_{m=j-w}^{j+w} \sum_{n=k-w}^{k+w} \left[f(m,n) \right]^2} \tag{6-34}$$

式（6-34）是对 $(2w+1) \times (2w+1)$ 窗口内的每一个像素点 (j,k) 与偏离值为 $\varepsilon, \eta = 0, \pm 1, \pm 2, \cdots, \pm T$ 的像素之间的相关值进行计算。一般纹理区对给定偏离 (ε, η) 时的相关性要比细纹理区高，因而纹理粗糙性与自相关函数的扩展成正比。自相关函数扩展的一种测度就是二阶矩，定义为

$$T(j,k) = \sum_{\varepsilon=-T}^{j} \sum_{\eta=-T}^{k} \varepsilon^2 \eta^2 C(\varepsilon,\eta,j,k) \tag{6-35}$$

纹理越粗糙，则 $T(j,k)$ 越大，因此可以方便地用 $T(j,k)$ 作为度量纹理粗糙程度的参数之一。

6.4.2 频谱分析法

频谱分析法，亦称信号处理或滤波法，通过将纹理图像由空间域转换至频域，并分析峰

值特性（如面积、距原点距离平方、相位及峰间相角差），以提取空间域难以获取的纹理特征，如周期性和功率谱信息。该方法的典型实例包括傅里叶频谱法、Gabor 频谱法及贝塞尔-傅里叶频谱法等。

（1）傅里叶频谱法

对于图像而言，二维傅里叶变换

$$F(u,v) = \int_{-\infty}^{\infty} \int_{-\infty}^{\infty} f(x,y) e^{-j2\pi(ux+vy)} \mathrm{d}x \mathrm{d}y \tag{6-36}$$

能包括其全部纹理信息。二维傅里叶变换的功率谱为

$$E = |F(u,v)| = FF^* \tag{6-37}$$

傅里叶频谱中突起的峰值对应纹理模式的主方向，峰值在频域平面的位置对应模式的基本周期，若采用滤波将周期性成分滤除，剩下的非周期性部分可用统计方法描述。

（2）Gabor 频谱法

Gabor 变换属于加窗傅里叶变换，基于纹理各异的中心频率与带宽，设计带通滤波器以筛选不同频率纹理，获取所需 Gabor 频谱。此函数能于频域多维度提取特征，且与人眼生物机制相似，故常用于纹理识别，成效显著。

二维 Gabor 函数可以表示为

$$
\begin{aligned}
&f(x,y,\sigma_x,\sigma_y,\omega_f,\theta_f) \\
&= \frac{1}{2\pi\sigma_x\sigma_y} \exp\left\{-\left[\frac{(x\cos\theta_f + y\sin\theta_f)^2}{2\sigma_x^2} + \frac{(-x\sin\theta_f + y\cos\theta_f)^2}{2\sigma_y^2}\right]\right\} \\
&\times \exp\left\{j2\pi(\omega_f x\cos\theta_f + \omega_f y\sin\theta_f)\right\}
\end{aligned}
\tag{6-38}
$$

式中，σ_x 和 σ_y 分别代表水平和垂直方位的空间尺度因子；ω_f 和 θ_f 分别表示中心频率及方位。分解该滤波器可以得到两个实滤波器：余弦 Gabor 滤波器和正弦 Gabor 滤波器。

余弦 Gabor 滤波器表示为

$$
\begin{aligned}
&f(x,y,\sigma_x,\sigma_y,\omega_f,\theta_f) \\
&= \frac{1}{2\pi\sigma_x\sigma_y} \exp\left\{-\left[\frac{(x\cos\theta_f + y\sin\theta_f)^2}{2\sigma_x^2} + \frac{(-x\sin\theta_f + y\cos\theta_f)^2}{2\sigma_y^2}\right]\right\} \\
&\times \cos\left[2\pi(\omega_f x\cos\theta_f + \omega_f y\sin\theta_f)\right]
\end{aligned}
\tag{6-39}
$$

正弦 Gabor 滤波器表示为

$$
\begin{aligned}
&f(x,y,\sigma_x,\sigma_y,\omega_f,\theta_f) \\
&= \frac{1}{2\pi\sigma_x\sigma_y} \exp\left\{-\left[\frac{(x\cos\theta_f + y\sin\theta_f)^2}{2\sigma_x^2} + \frac{(-x\sin\theta_f + y\cos\theta_f)^2}{2\sigma_y^2}\right]\right\} \\
&\times \sin\left[2\pi(\omega_f x\cos\theta_f + \omega_f y\sin\theta_f)\right]
\end{aligned}
\tag{6-40}
$$

基于 Gabor 滤波器的纹理特征提取示例如图 6-7 所示。

(a) $\theta=0$，频率=0.1　　　　　　　　　　　　(b) $\theta=45$，频率=0.1

⌃ 图 6-7　基于 Gabor 滤波器的纹理特征提取

用 Python 和 OpenCV 实现的代码如下：

```python
def apply_gabor_filter(image, ksize, sigma, theta, lambd, gamma, psi=0):
    """
    应用 Gabor 滤波器到图像上
    参数:
    image: 输入图像 (灰度图)
    ksize: Gabor 滤波器的大小 (奇数)
    sigma: Gabor 函数的标准差
    theta: Gabor 滤波器的方向 (0 到 pi 之间)
    lambd: Gabor 滤波器的波长 (中心频率)
    gamma: 空间纵横比
    psi: 相位偏移 (默认为 0)
    返回:
    filtered_image: 滤波后的图像
    """
    # 创建 Gabor 滤波器
    kernel = cv2.getGaborKernel(ksize, sigma, theta, lambd, gamma, psi, ktype=cv2.CV_32F)
    # 应用 Gabor 滤波器
    filtered_image = cv2.filter2D(image, cv2.CV_8UC3, kernel)
    return filtered_image, kernel


# 读取图像并转换为灰度图
image1 = cv2.imread('brock.jpg')
image2 = cv2.imread('grass.jpg')
image3 = cv2.imread('wall.jpg')
```

```python
gray_image1 = cv2.cvtColor(image1, cv2.COLOR_BGR2GRAY)
gray_image2 = cv2.cvtColor(image2, cv2.COLOR_BGR2GRAY)
gray_image3 = cv2.cvtColor(image3, cv2.COLOR_BGR2GRAY)

# 设置 Gabor 滤波器的参数
ksize = (31, 31)  # 滤波器大小
sigma = 5.0  # 标准差
theta = 0# 方向 (0 到 pi 之间)
lambd = 10  # 波长 (中心频率)
gamma = 0.5  # 空间纵横比
# 应用 Gabor 滤波器
filtered_image1, kernel1 = apply_gabor_filter(gray_image1, ksize, sigma, theta, lambd, gamma)
filtered_image2, kernel2 = apply_gabor_filter(gray_image2, ksize, sigma, theta, lambd, gamma)
filtered_image3, kernel3 = apply_gabor_filter(gray_image3, ksize, sigma, theta, lambd, gamma)
```

（3）贝塞尔-傅里叶频谱法

贝赛尔-傅里叶频谱表示为

$$G(R,\theta) = \sum_{m=0}^{\infty} \sum_{n=0}^{\infty} \left[A\cos(m\theta) + B\sin(m\theta) \right] J_m \left(Z_{00} \frac{R}{R_v} \right) \tag{6-41}$$

式中，$G(R,\theta)$ 为灰度函数；A 和 B 是贝塞尔-傅里叶系数；J_m 是第一种第 m 阶贝塞尔函数；Z_{00} 是贝塞尔函数的零根；R_v 是视场半径。

常利用贝赛尔-傅里叶频谱的纹理特征包括：

① 贝塞尔-傅里叶系数。根据贝塞尔-傅里叶频谱展开式中的系数特征，通过数学变换得到所需要的特征。贝塞尔-傅里叶系数可以通过式（6-41）来求解。

② 灰度直方图的矩。将灰度直方图的上顶点连线作为研究的主要对象。常用的方法是通过对连线的拟合，进行傅里叶变换，这样就把灰度直方图的矩描述转化为了对普通曲线的矩描述，从而实现了采用不同的曲线矩作为特征描述。

③ 旋转对称系数。旋转对称系数可表示为

$$G_R = \frac{\sum\limits_{m=0}^{\infty} \sum\limits_{n=0}^{\infty} \left(HR^2\cos\dfrac{2\pi m}{R} \right) J_m^2(Z_{00})}{\sum\limits_{m=0}^{\infty} \sum\limits_{n=0}^{\infty} \left(HR^2 \right) J_m^2(Z_{00})} \tag{6-42}$$

式中，$R=1,2,\cdots$；$H=A+B$。

④ 粗糙度。粗糙度是一个像素 (x,y) 的 4 邻域像素间的灰度差，反映图像纹理规律性。规律性强则粗糙度低，反之则高。描述粗糙度的方法多样，实践中常依据图像纹理特征，如灰度共生矩阵对比度体现纹理周期性，分形维数则直接关联纹理分布规律与粗糙度。

⑤ 对比度。当一些变量的值分布在这些值的均值附近时，称这种分布有较大的峰态。对比度可借助峰态定义为

$$F = \frac{\mu^4}{\sigma^4} \tag{6-43}$$

式中，μ^4 是灰度分布模式关于均值的四阶矩；σ^2 是方差。

6.4.3 纹理的结构分析

纹理结构分析，异于统计法，视纹理为由结构基元依重复规则构成的模式。此过程涉及基元提取及其分布规则描述，其中空间组织随机，或呈现成对，或多基元相互关联。基元可为单像素或灰度相近像素集，进而构成小子纹理，最终依空间规则组合成完整纹理图像。

纹理$f(x,y)$定义为

$$t(x,y) = h(x,y) \otimes r(x,y) \tag{6-44}$$

三个纹理基元合成为一个子纹理的过程示例如图 6-8 所示，对产生的子纹理应用规则的空间组织规则形成了如图 6-8（b）所示的纹理图像。根据纹理图像的基元组成可以明确：如果给出纹理基元$h(x,y)$的排列规则$r(x,y)$，就能够将这些基元按照规定的方式组织成所需的纹理模式$t(x,y)$。

(a) 纹理基元

(b) 纹理图像

⌃ 图 6-8　纹理的基元与图像

用 Python 和 OpenCV 实现的代码如下：

```python
import numpy as np
import matplotlib.pyplot as plt

# 生成水平条纹纹理基元（线条更少）
horizontal_stripes = np.zeros((100, 100))
for i in range(100):
    if i % 20 < 10:
        horizontal_stripes[i] = 255

# 生成垂直条纹纹理基元（线条更少）
vertical_stripes = np.zeros((100, 100))
for i in range(100):
    if i % 20 < 10:
        vertical_stripes[:, i] = 255

# 生成棋盘格纹理基元（线条更少）
checkerboard = np.zeros((100, 100))
for i in range(100):
```

```python
        for j in range(100):
            if (i // 20 + j // 20) % 2 == 0:
                checkerboard[i, j] = 255

# 合并纹理基元为子纹理
sub_texture = np.zeros((100, 100))
sub_texture = (horizontal_stripes + vertical_stripes + checkerboard) // 3

# 应用规则空间组织规则（这里简单重复子纹理形成纹理图像）
texture_image = np.tile(sub_texture, (3, 3))

# 展示各个过程图
plt.figure(figsize=(12, 8))

plt.subplot(2, 2, 1)
plt.imshow(horizontal_stripes, cmap='gray')
plt.title('Horizontal Stripes')
plt.axis('off')

plt.subplot(2, 2, 2)
plt.imshow(vertical_stripes, cmap='gray')
plt.title('Vertical Stripes')
plt.axis('off')

plt.subplot(2, 2, 3)
plt.imshow(checkerboard, cmap='gray')
plt.title('Checkerboard')
plt.axis('off')

plt.subplot(2, 2, 4)
plt.imshow(sub_texture, cmap='gray')
plt.title('Sub Texture')
plt.axis('off')

plt.figure(figsize=(6, 6))
plt.imshow(texture_image, cmap='gray')
plt.title('Texture Image')
plt.axis('off')

plt.show()
```

6.5 形状特征的描述与提取

形状于人类视觉认知中至关重要，是图像识别与表达的关键特征，涉及封闭边界及其围合区域的描述。与颜色、纹理等基础特征不同，形状特征需以图像中物体或区域的明确划分为前提。鉴于自动图像分割技术尚存局限，形状特征在图像检索中仅适用于物体可直接获取的特定场景。此外，鉴于人对形状变换的容忍度，理想的形状特征应具有平移、旋转、缩放不变性。形状特征主要分为两类：轮廓特征，依物体外边界而定；区域特征，则关乎整体形状区域。

6.5.1 边界描述

为了描述目标物的二维形状，通常采用的方法是利用目标物的边界来表示物体，即所谓的边界描述。当一个目标区域边界上的点已被确定时，就可以利用这些边界点来区别不同区域的形状。

（1）链码描述符

区域边界曲线可用一组被称为链码的代码来表示，即 Freeman 方向链码。这种链码组合既利于有关形状特征的计算，也利于节省存储空间。链码实质上是一串指向符的序列，有 4 向链码、8 向链码等。如图 6-9 所示的 8 向链码，对任一像素点 P，考虑它的 8 个邻近像素，指向符共有 8 个方向，分别用 0、1、2、3、4、5、6、7 表示。其中偶数码为水平或垂直方向的链码，码长为 1；奇数码为对角线方向的链码，码长为 $\sqrt{2}$，如图 6-9 所示。

链码表示就是从某一起点开始沿曲线观察每一段的走向并用相应的指向符来表示，结果形成一个数列。因此，可以用链码来描述任意曲线或者闭合的边界。

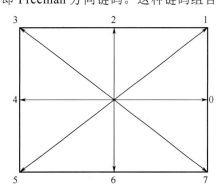

∧ 图 6-9　8 向链码原理图

如图 6-10（a）中，选取像素 A 作为起点，形成的链码为 01122233100000765556706。

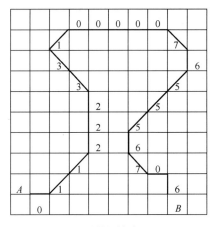

(a) 原链码方向

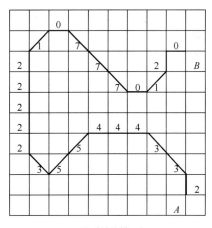

(b) 逆时针旋转90°

∧ 图 6-10　链码指向符及线条的链码表示

（2）傅里叶描述子

对于边界上的第 k 个像素点，用复数 $s(k) = x(k) + \mathrm{j}\,y(k)$ 表示其坐标 (x_k, y_k)，实部为行坐

标，有 $x(k) = x_k$，虚部为列坐标，有 $y(k) = y_k$，$k = 0,1,2,\cdots,K-1$，K 为边界曲线上的像素总数。对序列 $s(k)$ 做离散傅里叶变换，有

$$a(u) = \sum_{k=0}^{K-1} s(k) \mathrm{e}^{-\mathrm{j}2\pi uk/K} \qquad (6\text{-}45)$$

式中，$u = 0,1,2,\cdots,K-1$。$a(u)$ 称为傅里叶描述子。

对傅里叶描述子进行离散傅里叶反变换，可以恢复出空间域坐标 (x_k, y_k)，即

$$x_k + \mathrm{j}y_k = x(k) + \mathrm{j}y(k) = s(k) = \frac{1}{K}\sum_{u=0}^{K-1} a(u) \mathrm{e}^{\mathrm{j}2\pi uk/K} \qquad (6\text{-}46)$$

式中，$k = 0,1,2,\cdots,K-1$。通常，进行反变换时只用傅里叶描述子的前 P 个系数进行重构，其余系数当作零，这样得到 $s(k)$ 的近似为

$$\hat{s}(k) = \frac{1}{P}\sum_{u=0}^{P-1} a(u) \mathrm{e}^{\mathrm{j}2\pi uk/K} \qquad (6\text{-}47)$$

图 6-11 展示了对字母图像进行傅里叶描述的实例。图 6-11（a）为原始图像，图 6-11（b）～（i）是采用不同数量的傅里叶系数对图像进行描述的实验结果。观察可知，仅用 16 个描述子，字母外轮廓也较准确，当降至 8 个描述子时，对字母外轮廓形状的描述发生了变化，出现了较大的误差。

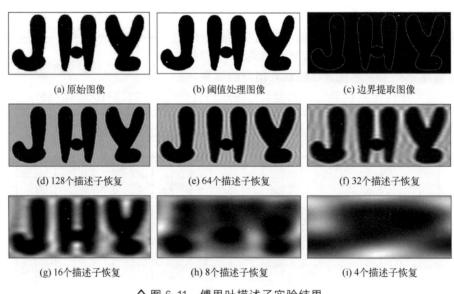

（a）原始图像　　　　　　（b）阈值处理图像　　　　　　（c）边界提取图像

（d）128个描述子恢复　　　（e）64个描述子恢复　　　　（f）32个描述子恢复

（g）16个描述子恢复　　　　（h）8个描述子恢复　　　　（i）4个描述子恢复

〥 图 6-11　傅里叶描述子实验结果

用 Python 和 OpenCV 实现的代码如下：

```python
# 读取图像
image = cv2.imread('fuliye.png', cv2.IMREAD_GRAYSCALE)
# 阈值处理
thresh = cv2.threshold(image, thresh:127, maxval:255, cv2.THRESH_BINARY)[1]
# 边缘分割
edges = cv2.Canny(thresh, 100, 200)
```

```
# 对阈值处理后的图像进行傅里叶变换
f = np.fft.fft2(thresh)
fshift = np.fft.fftshift(f)
magnitude_spectrum = 20 * np.log(np.abs(fshift))


# 显示原始图像、阈值处理后的图像、边缘分割后的图像和傅里叶变换后的频谱
plt.figure(figsize=(12, 8))
plt.subplot(221), plt.imshow(image, cmap='gray')
plt.title('Original Image'), plt.xticks([]), plt.yticks([])
plt.subplot(222), plt.imshow(thresh, cmap='gray')
plt.title('Thresholded Image'), plt.xticks([]), plt.yticks([])
plt.subplot(223), plt.imshow(edges, cmap='gray')
plt.title('Edge Segmentation'), plt.xticks([]), plt.yticks([])
plt.subplot(224), plt.imshow(magnitude_spectrum, cmap='gray')
plt.title('Magnitude Spectrum of Thresholded Image'), plt.xticks([]), plt.yticks([])
plt.show()
# 定义不同的系数数量
coeff_counts = [128, 64, 32, 16, 8, 4]


# 对每个系数数量进行傅里叶描述
for coeff_count in coeff_counts:
    # 保留前 coeff_count 个系数
    rows, cols = fshift.shape
    crow, ccol = rows // 2, cols // 2
    mask = np.zeros(shape(rows, cols), np.uint8)
    mask[crow - coeff_count // 2:crow + coeff_count // 2, ccol - coeff_count // 2:ccol + coef
f_count // 2] = 1
    fshift_masked = fshift * mask


    # 逆傅里叶变换
    f_ishift = np.fft.ifftshift(fshift_masked)
    img_back = np.fft.ifft2(f_ishift)
    img_back = np.abs(img_back)
    # 显示结果
    plt.figure(figsize=(6, 6))
    plt.imshow(img_back, cmap='gray')
    plt.title(f'Reconstructed Image with {coeff_count} coefficients'), plt.xticks([]), plt
.yticks([])
    plt.show()
```

6.5.2　区域描述

图像分割技术被应用于灰度或彩色图像，旨在区分感兴趣的目标像素（赋值为 1）与背景像素（赋值为 0），从而生成二值图像。理想状态下，二值图像应精确反映"目标"与"背景"。然而，实践中常遇"假目标"或多重目标提取问题，故需对二值图像进一步处理以深入分析目标。此类二值图像蕴含目标的位置、形状、结构等关键信息，是图像分析及目标识别的重要基础。

（1）几何特征

① 欧拉数。图像的欧拉数是图像的拓扑特性之一，它表明了图像的连通性，可用于目标的识别。欧拉数是物体的个数和孔数之差。在一幅图像中，孔数为 H，物体连接部分数为 C，则欧拉数为

$$E = C - H \qquad (6\text{-}48)$$

如图 6-12 中所示的区域，因为 "A" 有 1 个连接部分和 1 个孔，"B" 有 1 个连接部分和 2 个孔，故其欧拉数分别等于 0 和 -1。

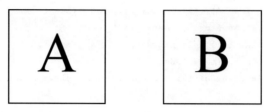

⌃ 图 6-12　欧拉数分别为 0 和 -1 的图形

用线段表示的区域，可根据欧拉数来描述。如图 6-13 中的多边形网，把这多边形网内部区域分成面和孔。如果设顶点数为 W，边数为 Q，面数为 F，则其欧拉数为

$$E = C - H = W - Q + F \qquad (6\text{-}49)$$

图 6-13 中的多边形网有 7 个顶点、11 条边、2 个面、1 个连接区、3 个孔，因此，由上式可得到 $E = 7 - 11 + 2 = 1 - 3 = -2$。

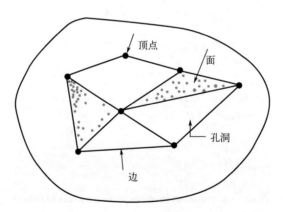

⌃ 图 6-13　含有一个多边形网络的区域

一幅图像或一个区域中的连接成分数 C 和孔数 H 不会受图像的伸长、压缩、旋转、平移的影响，但如果区域撕裂或折叠时，C 和 H 就会发生变化。

② 凹凸性。凹凸性是区域的基本属性，其判别依据为：若区域内任意两像素连线穿越区域外，则该区域为凹形；反之，若连线不穿越区域外，则为凸形，如图 6-14（a）、（b）所示。为分析图像子集的形状特征，引入"凸闭包"概念，即包含图形的最小凸图形。凸形的凸闭包即其自身。形状特征分析重视从凸闭包中剔除原始图形后所得图形的位置和形状。凹形面积可通过凸闭包减去凹形获得，如图 6-14（c）减去图 6-14（a）得图 6-14（d）。

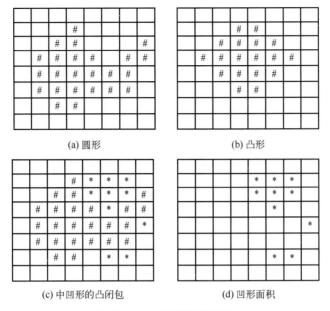

(a) 圆形　　　　　　　　　(b) 凸形

(c) 中凹形的凸闭包　　　　　(d) 凹形面积

☒ 图 6-14　区域的凹凸性

③ 距离。在图像处理中，一般需要计算两个像素点之间的距离。然而在实际图像处理过程中，距离往往是作为一个特征量出现，因此对其精度的要求并不是很高。所以对于给定图像中三点 A、B、C，当函数 $D(A,B)$ 满足式（6-50）的条件时，把 $D(A,B)$ 叫作 A 和 B 的距离，也称为距离函数。

$$\begin{cases} D(A,B) \geqslant 0 \\ D(A,B) = D(B,A) \\ D(A,C) \leqslant D(A,B) + D(B,C) \end{cases} \qquad （6\text{-}50）$$

式中，第 1 个式子表示距离具有非负性，并且当 A 和 B 重合时，等号成立；第 2 个式子表示距离具有对称性；第 3 个式子表示距离的三角不等式。

④ 区域面积。定义二值图像中目标物的面积 A 就是目标物所占像素点的数目，即区域的边界内包含的像素点数。面积的计算公式如下：

$$A = \sum_{x=0}^{m-1}\sum_{y=0}^{n-1} f(x,y) \qquad （6\text{-}51）$$

对二值图像而言，若用 1 表示目标，用 0 表示背景，其面积就是统计 $f(x,y)=1$ 的个数。

⑤ 区域周长。

a. 若将图像中的像素视为单位面积小方块时，则图像中的区域和背景均由小方块组成。区域的周长即区域和背景缝隙的长度之和，此时边界用隙码表示，计算出隙码的长度就是物体的周长。如图 6-15 所示图形，边界用隙码表示时，周长为 24。

b.若将像素视为一个个点，则周长用链码表示，求周长

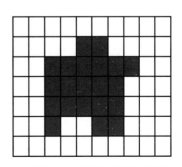

☒ 图 6-15　物体周长的计算

也就是计算链码的长度。当链码值为奇数时，其长度为$\sqrt{2}$；当链码值为偶数时，其长度为1。即周长p可表示为

$$p = N_e + \sqrt{2}N_o \qquad (6\text{-}52)$$

式中，N_e和N_o分别是边界链码（8方向）中走偶步与走奇步的数目。

c. 周长用边界所占面积表示时，周长即物体边界点数之和，其中每个点位占面积为1的一个小方块。以图6-15为例，边界以面积表示时，物体的周长为15。

⑥ 位置与方向。一般情况下，图像中的物体通常并不是一个点，因此，采用物体或区域的面积的中心点作为物体的位置。由于二值图像质量分布是均匀的，故质心和形心重合。若图像中的物体对应的像素位置坐标为(x_i, y_i)（$i=0,1,2,\cdots,n-1$；$j=0,1,2,\cdots,m-1$），则质心坐标为

$$\begin{cases} \bar{x} = \dfrac{1}{mn}\sum_{i=0}^{n-1}\sum_{j=0}^{m-1}x_i \\ \bar{y} = \dfrac{1}{mn}\sum_{i=0}^{n-1}\sum_{j=0}^{m-1}y_j \end{cases} \qquad (6\text{-}53)$$

图像分析不仅需要知道一幅图像中物体的具体位置，而且还要知道物体在图像中的方向。如果物体是细长的，则可以将较长方向的轴定义物体的方向，如图6-16所示。通常，将最小二阶矩轴定义为较长物体的方向。

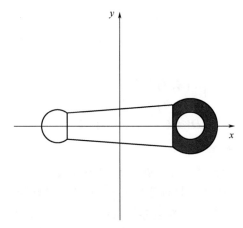

⋀ 图6-16 物体方向的最小惯量轴定义

（2）不变矩

矩在物理学和工程上具有重要的理论意义和应用价值，图像像素的某些矩对于平移、旋转、尺度等几何变换具有许多不变特性，因此矩的表示方法在物体分类与识别中具有重要意义。

① 矩的定义。对于二元有界函数$f(x,y)$，它的$(j+k)$阶矩M_{jk}定义为

$$M_{jk} = \int_{-\infty}^{\infty}\int_{-\infty}^{\infty}x^j y^k f(x,y)\mathrm{d}x\mathrm{d}y, \quad j,k = 0,1,2,\cdots \qquad (6\text{-}54)$$

为了描述形状，假设$f(x,y)$在目标物体取值为1，背景为0，即函数只反映了物体的形状而忽略其内部的灰度细节。

参数 $j+k$ 称为矩的阶。特别的，零阶矩是物体的面积，即

$$M_{00} = \int_{-\infty}^{\infty} \int_{-\infty}^{\infty} f(x,y) \mathrm{d}x\mathrm{d}y \tag{6-55}$$

对二维离散函数 $f(x,y)$，零阶矩可表示为

$$M_{00} = \sum_{x=1}^{N} \sum_{y=1}^{M} f(x,y) \tag{6-56}$$

② 质心坐标与中心矩。当 $j=1$，$k=0$ 时，M_{10} 对二值图像而言即物体上所有点的横坐标 x 的总和，M_{01} 是物体上所有点的纵坐标 y 的总和。物体的各阶矩除以 M_{00} 后，与物体的大小无关。而一阶矩除以 M_{00}，就是二值图像内一个物体的质心的坐标，即

$$\overline{x} = \frac{M_{10}}{M_{00}}, \overline{y} = \frac{M_{01}}{M_{00}} \tag{6-57}$$

为了获得矩的不变特征，通常采用中心矩以及归一化的中心矩。中心矩的定义为

$$\mu_{jk} = \sum_{x=1}^{N} \sum_{y=1}^{M} (x-\overline{x})^j (y-\overline{y})^k f(x,y) \tag{6-58}$$

式中，$\overline{x}$、$\overline{y}$ 是物体的质心。如果 $\mu_{20} > \mu_{02}$，则区域可能是沿 x 轴方向伸长的区域；如 $\mu_{30} = 0$，则区域关于 x 轴对称；如果 $\mu_{30} \geqslant 0$，则区域关于 y 轴对称。这种特征可用于测量简单的形状。

③ 不变矩。相对于主轴计算采用面积归一化的中心矩，在物体放大、平移、旋转时保持不变，而三阶或更高阶的矩经过这样的归一化后不能保持不变性。

对于 $j+k=2,3,\cdots,$ 的高阶矩，定义归一化的中心矩为

$$\mu_{jk} = \frac{M'_{jk}}{(M'_{00})^r} \tag{6-59}$$

$$r = \frac{j+k}{2} + 1 \tag{6-60}$$

利用归一化的中心矩，可以获得不变矩的多种组合，这些组合对于平移、旋转、尺度等变换都具有不变性。图 6-17 为不变矩的这一特性的实例证明，分别为原始图像、尺寸缩小一半图像、图像旋转 45° 的图像、图像镜面调整的图像。

(a) 原始图像　　(b) 尺寸缩小一半　　(c) 旋转45°　　(d) 水平镜像

⋀ 图 6-17 Lena 图像的不同变型

6.6 习题

1. 灰度图像的熵反映的是灰度图像的什么特征？
2. 简述计算灰度共生矩阵的主要步骤，编写程序实现灰度共生矩阵算法。
3. 比较颜色矩、颜色直方图、颜色集和颜色相关矢量的异同点，并举例说明其应用场合。
4. 颜色特征、纹理特征和形状特点的主要特点分别是什么？
5. 简述以链码方式取得轮廓数据的方法，并说明该方法的优缺点。
6. 简述如何检测一个区域或物体的长轴和短轴。

第7章

图像分割

本章讨论图像分割基本概念及分割方法。首先，对图像分割的基本概念进行阐述，并依据不同的分割策略对其进行科学分类；在此基础上，转向边缘检测这一重要环节，详细剖析边缘检测的基本原理及其在图像分割中的关键作用，介绍经典边缘检测算法并对它们的性能特点进行客观对比；随后，介绍边界追踪方法，在此基础上，深入探讨一种传统的图像分割方法——阈值分割法；此外，本章对区域分割方法进行系统阐述，重点介绍区域生长法和区域分裂合并法这两种经典算法；最后，对边缘检测、阈值分割和区域分割这三种主流分割方法进行综合比较。

7.1 图像分割概论

7.1.1 图像分割概念

图像分割的本质为像素分类，依据像素间相似性和非连续性，结果以区域边界坐标表示，分割程度依问题需求而定，实际应用中于目标对象分离时即止。一般的图像处理过程如图 7-1 所示。从图中可以看出，图像分割是从图像预处理到图像识别和分析理解的关键步骤，在图像处理中占据重要的位置，图像分割的好坏直接影响到图像的分析和识别结果。

集合论为基础的图像分割定义如下：设 R 代表整个图像集合，对 R 的分割可看作将 R 分成若干个满足以下 5 个条件的非空子集（子区域）$R_1, R_2, R_3, \cdots, R_n$。

① $U_{i=1} R_i = R$，即分割成的所有子区域的并集构成原区域 R。

② 对于所有的 i 和 $j(i \neq j)$，有 $R_i \bigcap R_j = \varnothing$，即分割成的各子区域互不重叠，或者一个像素不能同时属于两个不同的区域。

③ 对 $i = 1, 2, \cdots, n$，有 $P(R_i) = \text{TRUE}$，即分割得到的属于同一区域的像素应具有某些相同的特性。

④ 对于 $i \neq j$，有 $P(R_i \bigcup R_j) = \text{FALSE}$，即分割得到的属于不同区域的像素应具有不同的特性。

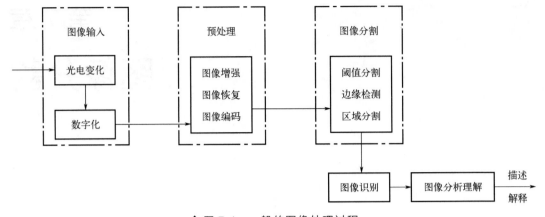

图 7-1　一般的图像处理过程

⑤　对于 $i = 1, 2, \cdots, n$, R_i 是连通的区域，即同一子区域的像素应当是连通的。

7.1.2　图像分割分类

图像分割方法众多，依据特征如灰度、颜色、纹理及几何形状，将图像划分为互不重叠且内部特征一致的区域。灰度图像分割主要基于像素的"相似性"与"不连续性"：相似性指区域内像素特性相近，不连续性则体现在区域间边界像素灰度的跳变或纹理结构的突变。因此，灰度图像分割可划分为两类方法（见图 7-2）：基于区域边界灰度不连续性，通过检测并连接局部不连续性以形成边界，从而划分图像区域，如边缘检测与跟踪分割；基于区域内部灰度相似性，将灰度级或组织结构相似的像素聚合，形成不同图像区域，如阈值化、区域生长及分裂合并等方法。实际应用中，分割程度依据具体问题需求而定，通常于目标对象分离时终止。

随着计算机处理能力的提升，涌现了彩色分量、纹理分割等多种新方法，并扩展了数学工具与分析手段，包括时频域信号处理及小波变换。此外，图像分割不仅依据图像特性，还常融合统计模式识别、数学形态学、神经网络及信息论等其他学科方法。

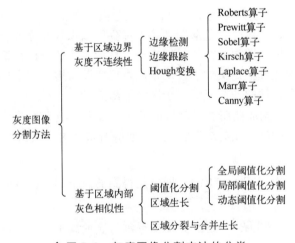

图 7-2　灰度图像分割方法的分类

7.1.3 图像分割系统的构成

图像分割系统通常由图像获取、预处理、图像分割、表示与描述、知识库、识别与解释 6 个部分组成的，如图 7-3 所示。获取的图像在分割前往往要经过预处理，经分割后得到目标对象，并以一定的形式加以描述和表达，再运用知识库的内容最终实现图像内容的理解与解释。

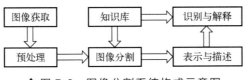

∧ 图 7-3 图像分割系统构成示意图

7.2 边缘检测

7.2.1 边缘检测概念

图像分割的关键途径之一是边缘检测，其旨在识别灰度级突变或结构不连续的边缘，即区域间的界限。边缘主要分为阶跃状与屋顶状，前者体现于两侧像素灰度显著差异，后者则位于灰度由增转减的拐点。边缘检测作为图像分割的早期研究方法，利用了区域间像素灰度不连续的特性。该方法通过检测剧烈灰度变化的边缘点，并依据特定策略将其连接，以划分图像区域。边缘检测是所有基于边缘的分割法的首要步骤。基于边缘处灰度急剧变化的特点，可通过计算图像灰度的一阶及二阶导数来实现边缘的有效识别。

常用的边缘检测算子有 Roberts 算子、Prewitt 算子、Sobel 算子、Kirsch 算子、Laplace 算子、Marr 算子和 Canny 算子等。实际应用时各种微分算子常用模板来实现，即微分运算是利用模板和图像卷积实现的。这些算子对噪声敏感，只适合于噪声较小且不太复杂的图像。

7.2.2 梯度算子

对阶跃状边缘，在边缘点处一阶导数有极值，因此可计算每个像素处的梯度来检测边缘点。对于图像 $f(x,y)$，在（x,y）处的梯度定义为

$$grad\, f(x,y)=\begin{bmatrix} f'_x \\ f'_y \end{bmatrix}=\begin{bmatrix} \dfrac{\partial f(x,y)}{\partial x} \\ \dfrac{\partial f(x,y)}{\partial y} \end{bmatrix} \tag{7-1}$$

梯度是一个矢量，其大小和方向分别为

$$grad\, f(x,y)=\sqrt{f'^2_x+f'^2_y}=\sqrt{\left(\dfrac{\partial f(x,y)}{\partial x}\right)^2+\left(\dfrac{\partial f(x,y)}{\partial y}\right)^2} \tag{7-2}$$

$$\theta = \arctan\left(f_y'\middle/f_x'\right) = \arctan\left(\frac{\partial f(x,y)}{\partial y}\middle/\frac{\partial f(x,y)}{\partial x}\right) \tag{7-3}$$

对于离散图像处理而言，常用到梯度的大小，因此把梯度的大小习惯称为"梯度"，并且一阶偏导数采用一阶差分近似表示，即

$$f_x' = f(x,y+1) - f(x,y) \tag{7-4}$$

$$f_y' = f(x+1,y) - f(x,y) \tag{7-5}$$

为简化梯度的计算，经常使用下面的近似表达式：

$$grad\, f(x,y) = \max\left(\left|f_x'\right|,\left|f_y'\right|\right) \tag{7-6}$$

或 $$grad\, f(x,y) = \left|f_x'\right| + \left|f_y'\right| \tag{7-7}$$

对于一幅图像中突出的边缘区，其梯度值较大；对于平滑区，梯度值较小；对于灰度级为常数的区域，梯度为零。图 7-4 是一幅二值图像和采用式（7-7）计算的梯度图像。

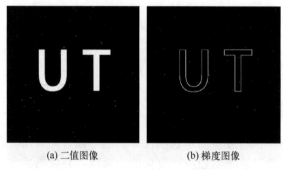

(a) 二值图像　　　　　　　　　(b) 梯度图像

⌃ 图 7-4　二值图像及梯度图像

用 C++ 和 OpenCV 实现的代码如下：

```cpp
// 创建用于存放结果的图像
cv::Mat grad_x, grad_y;
cv::Mat abs_grad_x, abs_grad_y;
// 使用 Sobel 算子计算 x 和 y 方向的梯度
cv::Sobel(src, grad_x, CV_16S, 1, 0, 3);
cv::Sobel(src, grad_y, CV_16S, 0, 1, 3);
// 将梯度值转换为无符号的 8 位类型
convertScaleAbs(grad_x, abs_grad_x);
convertScaleAbs(grad_y, abs_grad_y);
// 将 x 和 y 方向的梯度相加得到整体梯度
cv::Mat grad_combined;
cv::addWeighted(abs_grad_x, 1, abs_grad_y, 1, 0, grad_combined);
```

为检测边缘点，选取适当的阈值 T，对梯度图像进行二值化，则有

$$g(x,y) = \begin{cases} 1, & grad\, f(x,y) \geq T \\ 0, & \text{其他} \end{cases} \tag{7-8}$$

这样形成一幅边缘二值图像 $g(x,y)$。梯度算子仅计算相邻像素的灰度差，对噪声敏感，无法抑制噪声的影响。

7.2.3　Roberts 算子

罗伯特（Robert）边缘检测算子是第一个边缘检测算子，于 1963 年提出，是一种利用局部差分方法寻找边缘的算子，在边缘检测中得到广泛应用。Roberts 算子所采用的是对角方向相邻两像素值之差，算子形式为

$$\begin{cases} \Delta_x f(x,y) = f(x,y) - f(x-1,y-1) \\ \Delta_y f(x,y) = f(x-1,y) - f(x,y-1) \end{cases} \tag{7-9}$$

图 7-5 中展示了两个 2×2 模板，分别对应于所述算子。在实际操作时，图像各像素点均通过这两个模板进行卷积处理，且在边缘检测过程中，为避免产生负值，通常取卷积结果的绝对值。

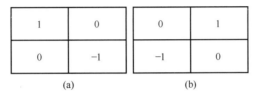

(a)　　　　　　　(b)

∧ 图 7-5　Robert 算子模板

图 7-6 展示了采用 Roberts 算子对 Lena 图像进行边缘检测的实例，（a）为原始图像，（b）为采用 Roberts 算子对（a）进行边缘检测的结果。

(a) 原始图像　　　　　　　(b) Roberts 算子检测结果

∧ 图 7-6　Lena 图像及 Roberts 算子检测结果图像

用 C++和 OpenCV 实现的代码如下：

```
// 应用 Roberts 边缘检测
Mat edges = robertsEdgeDetection(img);
// 显示结果
imshow("Original", img);
imshow("Roberts 边缘提取", edges);
```

Roberts 算子在检测垂直边缘时表现优于斜向边缘，但对噪声敏感，难以有效抑制噪声影响，其定位精度受噪声制约。然而，对于低噪声且边缘陡峭的图像，Roberts 算子能取得良好效果。

7.2.4 Prewitt 算子

普瑞维特（Prewitt）边缘检测算子是一种利用局部差分平均方法寻找边缘的算子，它体现了三对像素点像素值之差的平均概念，算子形式为

$$
\begin{cases}
\Delta_x f(x,y) = \big[f(x+1,y+1) + f(x,y+1) + f(x-1,y+1) \big] \\
\qquad\quad - \big[f(x+1,y-1) + f(x,y-1) + f(x-1,y-1) \big] \\
\Delta_y f(x,y) = \big[f(x-1,y-1) + f(x-1,y) + f(x-1,y+1) \big] \\
\qquad\quad - \big[f(x+1,y-1) + f(x+1,y) + f(x+1,y+1) \big]
\end{cases}
\tag{7-10}
$$

Prewitt 通过扩大模板尺寸，从 2×2 增至 3×3 来计算差分算子，进而实现边缘检测，其结果呈现为边缘图像，具体模板见图 7-7。

−1	−1	−1
0	0	0
1	1	1

(a)

1	0	−1
1	0	−1
1	0	−1

(b)

∧ 图 7-7　Prewitt 算子模板

图 7-8 展示了采用 Prewitt 算子对 Lena 图像进行边缘检测的实例。

∧ 图 7-8　Prewitt 算子对 Lena 图像进行边缘检测结果

用 C++和 OpenCV 实现的代码如下：

```cpp
// Prewitt 算子
Mat prewittX, prewittY, prewittCombined;
filter2D(img, prewittX, CV_64F, getPrewittKernelX());
filter2D(img, prewittY, CV_64F, getPrewittKernelY());
convertScaleAbs(prewittX + prewittY, prewittCombined);

imshow("Prewitt 边缘提取", prewittCombined);
```

Prewitt 算子是一种基于一阶微分运算的边缘检测方法，它通过图像与两个方向模板（分别用于检测水平和垂直边缘）的邻域卷积实现。该算子能有效抑制噪声，减少伪边缘，对于灰度渐变及噪声较多的图像展现出较好的处理效果。

7.2.5 Sobel 算子

索贝尔（Sobel）算子所采用的算法是先进行加权平均，然后进行微分运算。算子形式为：

$$
\begin{cases}
\Delta_x f(x,y) = \left[f(x-1,y+1) + 2f(x,y+1) + f(x+1,y+1) \right] \\
\qquad\qquad - \left[f(x-1,y-1) + 2f(x,y-1) + f(x+1,y-1) \right] \\
\Delta_y f(x,y) = \left[f(x-1,y-1) + 2f(x-1,y) + f(x-1,y+1) \right] \\
\qquad\qquad - \left[f(x+1,y-1) + 2f(x+1,y) + f(x+1,y+1) \right]
\end{cases}
\tag{7-11}
$$

Sobel 算子垂直与水平模板（见图 7-9）分别用于检测图像中水平及垂直方向的边缘。实践中，各像素点输出取其两模板卷积的最大值，所得结果为边缘图像。

-1	-2	-1
0	0	0
1	2	1

-1	0	1
-2	0	2
-1	0	1

(a)　　　　　　　　　　(b)

∧ 图 7-9　Sobel 算子模板

图 7-10 展示了采用 Sobel 算子对 Lena 图像实施边缘检测的实例。结果显示，Sobel 算子展现出一定的噪声抑制性能，在处理渐变及噪声丰富图像时表现良好，具备较高的定位精度，且在检测阶跃边缘时能确保边缘宽度至少达到两个像素。

∧ 图 7-10　Sobel 算子对 Lena 图像进行边缘检测结果

用 C++和 OpenCV 实现的代码如下：

```cpp
// Sobel 算子
cv::Mat sobelX, sobelY;
cv::Sobel(img, sobelX, CV_64F, 1, 0, 3);
cv::Sobel(img, sobelY, CV_64F, 0, 1, 3);
cv::Mat sobelCombined;
```

```
cv::convertScaleAbs(sobelX + sobelY, sobelCombined);
cv::imshow("Sobel 边缘提取", sobelCombined);
```

7.2.6 Kirsch 算子

方向算子通过一组模板对图像像素进行卷积，选取最大值确定边缘强度及其方向，相较于梯度算子，其优势在于能检测多方向边缘，但计算复杂度增高。Kirsch 算子作为其中一种，由 R.Kirsch 提出，利用 8 个特定方向模板进行卷积，并取最大值作为边缘输出，实现了边缘的最佳匹配检测，且在细节保留与抗噪性上表现良好。

常用的有 8 方向 Kirsch(3×3)算子模板，如图 7-11 所示，方向间的夹角为 45°。

−5	3	3
−5	0	3
−5	3	3

3	3	3
−5	0	3
−5	−5	3

3	3	3
3	0	3
−5	−5	−5

3	3	3
3	0	−5
3	−5	−5

3	3	−5
3	0	−5
3	3	−5

3	−5	−5
3	0	−5
3	3	3

−5	−5	−5
3	0	3
3	3	3

−5	−5	3
−5	0	3
3	3	3

︽ 图 7-11　8 方向 Kirsch(3×3)算子的模板

图 7-12 展示了采用 Kirsch 算子对 Lena 图像进行边缘检测的实例。用图 7-11 以上的方向模板对图像求卷积，得到边缘图像，如图 7-12（c）～（j）所示，然后选取其中最大的值作为边缘输出，如图 7-12（b）所示。

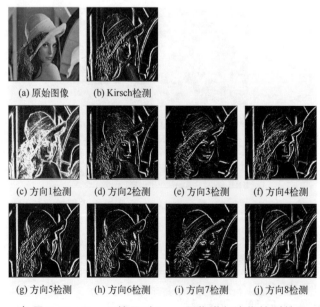

(a) 原始图像　(b) Kirsch检测

(c) 方向1检测　(d) 方向2检测　(e) 方向3检测　(f) 方向4检测

(g) 方向5检测　(h) 方向6检测　(i) 方向7检测　(j) 方向8检测

︽ 图 7-12　Kirsch 算子对 Lena 图像进行边缘检测结果

用 C++和 OpenCV 实现的代码如下：

```cpp
// Kirsch 算子的 8 个方向模板
const int kirschMasks[8][3][3] = {
    {{-3, -3, 5}, {-3, 0, 5}, {-3, -3, 5}},
    {{-3, 5, 5}, {-3, 0, 5}, {-3, -3, -3}},
    {{5, 5, 5}, {-3, 0, -3}, {-3, -3, -3}},
    {{5, 5, -3}, {5, 0, -3}, {-3, -3, -3}},
    {{5, -3, -3}, {5, 0, -3}, {5, -3, -3}},
    {{-3, -3, -3}, {5, 0, -3}, {5, 5, -3}},
    {{-3, -3, -3}, {-3, 0, -3}, {5, 5, 5}},
    {{-3, -3, -3}, {-3, 0, 5}, {-3, 5, 5}}
};

Mat kirschFilter(const Mat& src, int maskIndex) {
    Mat dst = Mat::zeros(src.size(), CV_8U);
    for (int i = 1; i < src.rows - 1; i++) {
        for (int j = 1; j < src.cols - 1; j++) {
            int sum = 0;
            for (int k = -1; k <= 1; k++) {
                for (int l = -1; l <= 1; l++) {
                    sum += src.at<uchar>(i + k, j + l) * kirschMasks[maskIndex][k + 1][l + 1];
                }
            }
            dst.at<uchar>(i, j) = saturate_cast<uchar>(sum);
        }
    }
    return dst;
}
int main() {
    Mat src = imread("lena.bmp", IMREAD_GRAYSCALE);
    if (src.empty()) {
        cout << "Could not open or find the image" << endl;
        return -1;
    }

    namedWindow("Original Image", WINDOW_NORMAL);
    imshow("Original Image", src);

    for (int i = 0; i < 8; i++) {
        Mat filteredImage = kirschFilter(src, i);
        namedWindow("Kirsch Filtered Image " + to_string(i), WINDOW_NORMAL);
        imshow("Kirsch Filtered Image " + to_string(i), filteredImage);
```

7.2.7 Laplace 算子

拉普拉斯（Laplace）算子是常用的边缘检测算子，它是各向同性的二阶导数：

$$\nabla^2 f(x, y) = \frac{\partial^2 f}{\partial x^2} + \frac{\partial^2 f}{\partial y^2} \tag{7-12}$$

经边缘检测后的图像 $g(x,y)$ 为

$$g(x,y) = f(x,y) - k\nabla^2 f(x,y) \tag{7-13}$$

式中，系数 k 与扩散效应有关，太大会使图像中的轮廓边缘产生过冲，太小则边缘不明显。

对数字图像来讲，拉普拉斯算子 $\nabla^2 f(x,y)$ 表示为

$$\begin{aligned}
\nabla^2 f(x,y) &= \frac{\partial^2 f}{\partial x^2} + \frac{\partial^2 f}{\partial y^2} \\
&= f(x+1,y) + f(x-1,y) + f(x,y+1) + f(x,y-1) - 4f(x,y) \\
&= -5\left\{ f(x,y) - \frac{1}{5}\left[f(x+1,y) + f(x-1,y) + f(x,y+1) + f(x,y-1) + f(x,y) \right] \right\}
\end{aligned} \tag{7-14}$$

图 7-13 展示了采用 Laplace 算子对 Lena 图像进行边缘检测的实例，该算子能准确定位阶跃边缘，但对孤立像素反应更强烈。因其二阶微分特性，对噪声敏感，可能导致边缘丢失或不连续。因此，在处理含噪声图像时，需先实施低通滤波。

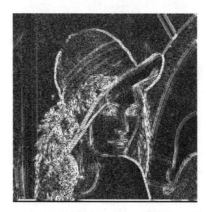

△ 图 7-13　Laplace 算子对 Lena 图像进行边缘检测结果

用 C++ 和 OpenCV 实现的代码如下：

```cpp
// 应用 Laplace 算子
cv::Mat dst, abs_dst;
cv::Laplacian(src, dst, CV_16S, 3, 1, 0, BORDER_DEFAULT);
cv::convertScaleAbs(dst, abs_dst); // 转换回 8 位
// 显示结果
cv::imshow("Laplace Edge Detection", abs_dst);
```

7.2.8　Marr 算子

马尔（Marr-Hildreth）算子是将高斯算子和拉普拉斯算子结合在一起而形成的一种新的边缘检测算子，先用高斯算子对图像进行平滑处理，然后采用拉普拉斯算子根据二阶微分过零点来检测图像边缘，因此 Marr 算子也称为 LOG 算子。

定义二维高斯滤波函数为

$$G(x,y) = \frac{1}{2\pi\sigma^2} \exp\left[-\frac{1}{2\sigma^2}(x^2 + y^2) \right] \tag{7-15}$$

式中，参数 σ 是高斯函数的方差，与平滑程度成正比。

$\nabla^2 G(x,y)$ 定义为 Marr 算子，即

$$\nabla^2 G(x,y) = \frac{\partial^2 G}{\partial x^2} + \frac{\partial^2 G}{\partial y^2} = \frac{1}{\pi \sigma^4}\left(\frac{x^2+y^2}{2\sigma^2}-1\right)\exp\left[-\frac{1}{2\sigma^2}\left(x^2+y^2\right)\right] \quad (7\text{-}16)$$

应用 Marr 算子滤波后，零交叉点定义为边缘点。常用的 5×5 Marr 算子模板如图 7-14 所示，可表示为 5×5 矩阵。

Marr 算子以原点为中心旋转对称，其滤波器具备三大显著特性：一是高斯函数部分能平滑图像，有效滤除尺度远小于 σ 的噪声；二是高斯函数在空域与频域均展现平滑效果；三是采用拉普拉斯算子 ∇^2 以缩减计算复杂度。

图 7-15 展示了采用 5×5 的 Marr 算子对 Lena 图像实施边缘检测的实例。

−2	−4	−4	−4	−2
−4	0	8	0	−4
−4	8	24	8	−4
−4	0	8	0	−4
−2	−4	−4	−4	−2

︿ 图 7-14　5×5 的 Marr 算子模板

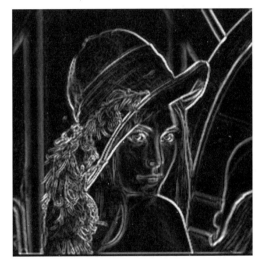

︿ 图 7-15　Marr 算子对 Lena 图像进行边缘检测结果

用 C++和 OpenCV 实现的代码如下：

```cpp
// 创建输出图像
cv::Mat dst;
// 参数依次为：源图像、输出图像、x 方向导数阶数、y 方向导数阶数、孔径大小
int scale = 1;
int delta = 0;
int ddepth = CV_16S; // 输出图像的深度
cv::Mat grad_x, grad_y;
cv::Sobel(src, grad_x, ddepth, 1, 0, 3, scale, delta, cv::BORDER_DEFAULT);
cv::Sobel(src, grad_y, ddepth, 0, 1, 3, scale, delta, cv::BORDER_DEFAULT);
// 计算梯度幅度
cv::convertScaleAbs(grad_x, grad_x);
cv::convertScaleAbs(grad_y, grad_y);
cv::addWeighted(grad_x, 0.5, grad_y, 0.5, 0, dst);
// 显示结果
cv::imshow("采用 Marr 算子对 Lena 进行边缘检测", dst);
```

7.2.9 Canny算子

与 Marr 算子相似，Canny 算子遵循先平滑后求导的方法。运用二维高斯函数的一阶方向导数作为噪声滤波器，通过卷积对图像进行滤波；随后，在滤波图像中寻找梯度局部最大值以确定边缘；最终，采用非极大值抑制与双阈值技术优化边缘。

图 7-16 展示了 Canny 算子与其他边缘检测算子的对比效果。其中，图 7-16（a）为原灰度图，图 7-16（b）、（c）分别为 Sobel 与 Marr 算子的处理结果，图 7-16（d）则为 Canny 算子的检测效果。运用 Canny 边缘检测算子处理有效抑制了噪声导致的伪边缘，还能精准识别弱边缘，且所得边缘细化、单一，便于后续操作。

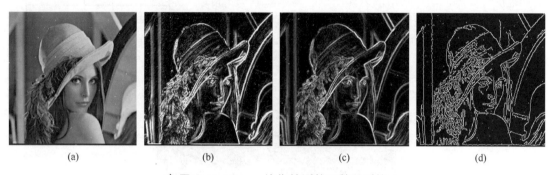

(a)　　　　　(b)　　　　　(c)　　　　　(d)

︽ 图 7-16　Canny 边缘检测算子结果对比

用 C++和 OpenCV 实现的代码如下：

```cpp
// 使用 Canny 算法进行边缘检测
cv::Mat edges;
double lowThreshold = 50;    // 低阈值
double highThreshold = 150;  // 高阈值
int kernelSize = 3;          // Sobel 算子内核大小

// 使用 Canny 函数
cv::Canny(src, edges, lowThreshold, highThreshold, kernelSize);

// 显示边缘检测结果
cv::namedWindow("Canny 边缘检测", cv::WINDOW_AUTOSIZE);
cv::imshow("Canny 边缘检测", edges);
```

7.3　边界跟踪

边缘检测算法能识别位于边缘的像素点，亦称为边缘点检测，但受噪声与光照不均影响，所得边缘点可能不连续。为获取有意义的边界信息，需通过边界跟踪（或边缘跟踪）将边缘点连接成线。此过程可在原始图像或经边缘检测预处理的梯度图上执行。

7.3.1 空域边界跟踪

针对仅含单一闭合边界的二值图像，一种基于四连通方向的边界搜索法具体为：首先，以图像左上边缘的首个像素点 S 作为起始搜索点，并记录初始搜索方向 D。随后，遵循上、右、下、左的次序探寻下一边缘点 N，其中，当前点记作 C，搜索顺序如图 7-17 所示。每当发现亮点 N，即视为边缘点，并将其更新为当前点 C，同时调整搜索方向。此过程循环进行，直至返回起始点 S 且方向复原为 D，标志着边界搜索完成，此时程序终止。

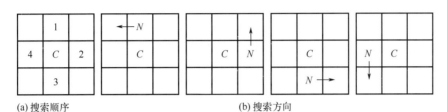

(a) 搜索顺序   (b) 搜索方向

⋀ 图 7-17　边界跟踪搜索顺序和搜索方向

假设给定的图像为一幅非二值图像，可通过设定阈值转换为二值图像，再施以边界跟踪算法。一种专用于多灰度图像的边界跟踪算法具体为：在图像梯度图中，首先定位最大值点作为初始搜索点，并从其八邻域内选取梯度最大的像素为第二边缘点。依据图 7-18，利用边界与搜索准则，针对当前边缘点 C 与前一边缘点 P 的相对位置，从三种特定阴影邻域中择取梯度最大者作为新边缘点，并依次更新 C 点为 P，边缘点为 C 点。搜索过程于新边缘点梯度值低于预设阈值时终止。

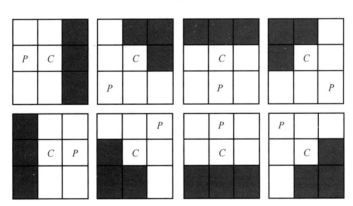

⋀ 图 7-18　边界点跟踪顺序

7.3.2 霍夫（Hough）变换

霍夫（Hough）变换是一种高效的图像几何形状分析方法，对随机噪声具有鲁棒性，故广泛应用于机器人、计算机视觉及模式识别领域，涵盖直线与圆形检测、图像分割及二维、三维运动参数估计等。该方法基于图像全局特性，能将边缘像素连接成封闭边界。在已知区域形状的前提下，霍夫变换能便捷地构建边界曲线，连接不连续的边缘像素。其核心在于利用点与线的对偶性，将图像空间中的曲线转换为参数空间的点，从而将曲线检测转化为参数空间峰值搜索，实现了从整体特性检测到局部特性（如直线、椭圆、圆、弧线）检测的转变。

（1）直角坐标系中的 Hough 变换

Hough 变换依据点-线对偶原理，实现图像空间与参数空间的映射：图像空间中同一直线上的点，在参数空间中映射为相交直线；反之，参数空间中交于一点的直线，对应图像空间中共线的点。

设在图像空间 XY 中，已知二值化图像中有一条直线，要求出这条直线所在的位置。由于所有过点（x,y）的直线一定都满足斜截式方程：

$$y = px + q \tag{7-17}$$

式中，p 为斜率，q 为截距，则式（7-17）可写成

$$q = -px + y \tag{7-18}$$

式（7-18）即直角坐标中对点（x,y）的霍夫变换。如果将 x 和 y 视为参数，那么它也代表表参数空间 PQ 中过点（p,q）的一条直线。

Hough 变换可视为一种聚类分析技术，通过图像空间各点对参数空间进行投票，以多数票决定特征参数。针对直线垂直时斜率 p 无穷大的问题，采用极坐标可有效解决计算量激增的难题。

（2）极坐标系中的 Hough 变换

与直角坐标类似，在极坐标中通过 Hough 变换也可将图像空间中的直线对应到参数空间中的点。设 ρ 为直线到原点的垂直距离，θ 为原点到直线的垂线与 X 轴的夹角，则极坐标中的点法式直线方程为

$$\rho = x\cos\theta + y\sin\theta \tag{7-19}$$

与直角坐标系中的 Hough 变换不同的是，式（7-19）将图像空间 XY 上的点映射为 $\rho\theta$ 平面上的正弦曲线。

在参数空间建立累加二维数组 A 的方法与直角坐标系中的方法类似，但参数为 ρ 和 θ。θ 的取值范围为 $\left[-90°, +90°\right]$，若图像大小为 $M \times N$，则 ρ 取值范围为 $\left[-\sqrt{M^2 + N^2} / 2, \sqrt{M^2 + N^2} / 2\right]$。

在霍夫变换之前，需对图像进行预处理，通常包括灰度图像的二值化及边缘细化以获取图像骨架，随后应用霍夫变换提取直线特征。图 7-19 展示了建筑图像霍夫变换的实例。此外，霍夫变换可扩展至检测任意给定解析式的曲线（如圆），而广义霍夫变换则能检测无解析式的任意形状边界。

 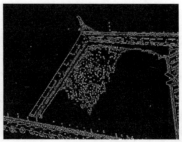 

(a) 原始图像　　　　　　　　(b) 二值化图像　　　　　　(c) 二值化图像的霍夫变换

↖ 图 7-19　霍夫变换结果

用 C++和 OpenCV 实现的代码如下：

```cpp
std::vector<cv::Vec4i> lines;
cv::HoughLinesP(edges, lines, 1, CV_PI / 180, 50, 100, 10);

// 在原图上绘制检测到的直线
cv::Mat color_dst;
cv::cvtColor(src, color_dst, cv::COLOR_GRAY2BGR);
for (size_t i = 0; i < lines.size(); i++) {
    cv::Vec4i l = lines[i];
    cv::line(color_dst, cv::Point(l[0], l[1]), cv::Point(l[2], l[3]), cv::Scalar(0, 0, 255),
1, cv::LINE_AA);
}
// 显示结果
cv::imshow("Detected Lines", color_dst);
```

7.4 阈值分割

7.4.1 阈值分割概念

阈值法作为图像分割的传统且基本方法，以其实现简单、计算量小及性能稳定的特点，在追求运算速度和效率的应用中广泛采用，尤其是在硬件实现方面。该方法依据图像中目标与背景的灰度差异，通过设定阈值进行分割。当图像仅含目标和背景时，采用单阈值分割，将像素灰度与阈值比较后分类；若图像含多个目标，则采用多阈值分割，并需标记各区域。本质上，阈值分割属于区域分割技术，通过选取合适的阈值确定像素归属。其难点在于确定分割区域数量及准确选取阈值，以保证分割精度及图像描述的准确性。阈值确定方法多样，可划分为全局、局部及动态三类。全局阈值仅依赖于像素灰度；局部阈值则考虑像素及其邻域特性，如平均灰度；动态阈值除涉及局部特性外，还与像素位置相关。

灰度图像 $f(x,y)$ 以一定的准则在 $f(x,y)$ 中找出一个合适的灰度值为阈值 t，则按上述方法分割后的图像 $g(x,y)$ 可由式（7-20）表示：

$$g(x,y) = \begin{cases} 1, & f(x,y) \geqslant t \\ 0, & f(x,y) < t \end{cases} \tag{7-20}$$

或者

$$g(x,y) = \begin{cases} 1, & f(x,y) \leqslant t \\ 0, & f(x,y) > t \end{cases} \tag{7-21}$$

可以将阈值设置为一个灰度范围 $[t_1, t_2]$，凡是灰度在此范围内的像素都变为 1，否则都变为 0，即

$$g(x,y) = \begin{cases} 1, & t_1 \leqslant f(x,y) \leqslant t_2 \\ 0, & \text{其他} \end{cases} \tag{7-22}$$

在某种特殊情况下，通过设置阈值 t，凡是灰度级高于 t 的像素保持原灰度级，其他像素

灰度级都变为0，通常称此为半阈值法，分割后的图像可表示为

$$g(x,y) = \begin{cases} f(x,y), & f(x,y) \geqslant t \\ 0, & \text{其他} \end{cases} \tag{7-23}$$

阈值分割图像的基本原理，可用式（7-24）做一般表达式：

$$g(x,y) = \begin{cases} Z_E, & f(x,y) \in Z \\ Z_B, & \text{其他} \end{cases} \tag{7-24}$$

式中，Z 为阈值，是图像 $f(x,y)$ 灰度级范围内的任一个灰度级集合，Z_E 和 Z_B 为任意选定的目标和背景灰度级。

阈值化分割法的关键和难点在于选定最优阈值以确保最佳图像分割效果。以血液细胞图像为例，如图 7-20 所示，其中（a）为原始图像，目标为细胞；（b）为其灰度直方图，呈现双峰特性，目标细胞与背景分别形成暗、亮两波峰。理论上，选取双峰间低谷的灰度值作为阈值，可有效区分目标与背景。

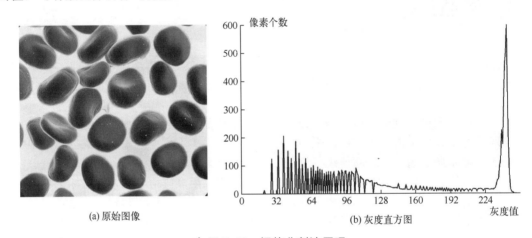

(a) 原始图像　　　　　　　　　　　　(b) 灰度直方图

∧ 图 7-20　阈值分割法原理

用 C++和 OpenCV 实现的代码如下：

```cpp
// 创建一个大小为 256 的直方图，因为灰度图像通常有 256 个级别
int histSize[] = {256 };
float hranges[] = {0,256};// 范围从 0 到 256
const float* ranges[] = {hranges };

// 计算直方图
Mat hist;
calcHist(&image,1,0, Mat(), hist, 1,histSize, ranges, true, false);

// 设置直方图的显示尺寸
int hist_w = 512.hist_h=400;
int bin_w = cvRound((double)hist_w / histSize[0]);

// 创建用于显示直方图的图像，背景为白色
Mat histImage(hist_h,hist_w,CV_8UC3,Scalar(255,255,255));

//归一化直方图以便更好显示
```

```
normalize(hist, hist, 0, histImage.rows, NORM_MINMAX, -1, Mat());

// 绘制直方图
for(int i=1;i< histSize[0];i++){
    line(histImage, Point(bin_w*(i-1), hist_h-cvRound(hist.at<float>(i-1))),
        Point(bin_w*(i), hist_h-cvRound(hist.at<float>(i))),
        Scalar(0,0,0),2,8,0);
}
```

依据图 7-20（b）所示原始图像灰度直方图，于 50～136 区间内选取多个阈值 T（即 T=91，136，120，50）进行实验，其分割结果分别展示于图 7-21（a）～（d）。结果表明，不同阈值选择导致图像分割效果呈现显著差异。

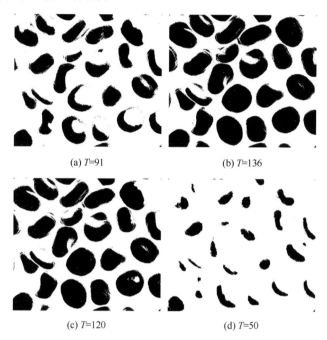

(a) T=91   (b) T=136

(c) T=120   (d) T=50

❯❯ 图 7-21　不同阈值对阈值化结果的影响

用 C++和 OpenCV 实现的代码如下：

```
// 设定阈值和最大值
double thresh = 50.0;
double maxValue = 255.0;
// 应用阈值分割
cv::threshold(src, dst, thresh, maxValue, cv::THRESH_BINARY);
// 显示阈值分割后的图像
imshow("Thresholded Image", dst);
```

7.4.2　全局阈值分割

全局阈值化分割法在阈值化过程中对图像的所有像素都使用同一个阈值，对整幅图像采用固定的阈值进行分割，计算量小，处理速度快。

（1）P 参数法

P 参数法，由 Doyle 于 1962 年提出，为早期阈值化分割算法之一。其核心在于选定阈值

T，使图像中目标区域占比 p，背景占比 $1-p$。该方法实现简便，具备一定的抗噪声性能，但仅适用于目标占全图比例已知的情形。

（2）Otsu 算法

Otsu 算法，亦称最大类间方差法或最小类内方差法，由日本学者 Otsu 首创。此算法依据图像灰度直方图，以最大化目标与背景间方差或最小化类内方差为阈值选择原则，计算简便，适用于实时处理需求。

设 $f(x,y)$ 为 $M×N$ 大小图像在 (x,y) 点的灰度值，n_k 为图像中灰度值为 k 的像素个数，取值为 $[0,K]$，记 $p(k)$ 为灰度级 k 出现的概率，即

$$p(k) = \frac{n_k}{M \times N} \tag{7-25}$$

假设以灰度级 t 作为分割图像的阈值，像素灰度值大于阈值 t 的像素点归为一类（如目标区域），而像素灰度值小于或等于阈值 t 的像素点归为另一类（如背景区域）。$w_B(t)$ 为背景部分所占比例，$w_0(t)$ 为目标部分所占比例，$\mu_B(t)$ 为背景的平均灰度值，μ 为图像的平均灰度值，分别表示为

$$w_B(t) = \sum_{k=0}^{t} p(k) \tag{7-26}$$

$$w_0(t) = \sum_{k=t+1}^{K} p(k) \tag{7-27}$$

$$\mu_B(t) = \sum_{k=0}^{t} \frac{kp(k)}{w_B(t)} \tag{7-28}$$

$$\mu = w_B(t)\mu_B(t) + w_0(t)\mu_0(t) \tag{7-29}$$

最佳阈值 T 的公式为

$$T = \arg\max_{0 \leqslant t \leqslant M} \left\{ w_B(t)\left[\mu_B(t) - \mu\right]^2 + w_0(t)\left[\mu_0(t) - \mu\right]^2 \right\} \tag{7-30}$$

Otsu 算法在图像灰度直方图呈现显著双峰或多峰时效果良好，但对前景与背景灰度接近或目标较小导致的单峰情况，其阈值选取易产生偏差。同时，该算法抗噪声能力有限，对噪声干扰大的图像分割效果不佳。

（3）迭代法

针对直方图双峰显著且谷底深的图像，可采用迭代法求取最优阈值。该方法首先依据目标灰度分布，选定一近似阈值（如图像灰度均值）作为初始值，随后通过图像分割与阈值调整的迭代过程，逐步逼近并确定最佳阈值。迭代式阈值选取过程如下：

① 选取一个初始阈值 T。
② 利用阈值 T 把给定图像分割成两部分，记为 R_1 和 R_2。
③ 计算 R_1 和 R_2 的均值 μ_1 和 μ_2。
④ 选择新的阈值 T，且

$$T = \frac{\mu_1 + \mu_2}{2} \tag{7-31}$$

⑤ 重复步骤②～④，直到 R_1 和 R_2 的均值 μ_1 和 μ_2 不再变化为止。

7.4.3 局部阈值分割

局部阈值法适用于处理照度不均或灰度连续变化的图像分割问题。针对单一阈值无法适应图像各像素实际情况的局限性，该方法通过将图像划分为多个小区域（或子图像），并针对每个子图像分析其直方图以选定相应阈值 $T_{i,j}$ 进行分割，最终整合各子图像的分割结果。此过程如图 7-22 所示，有效应对了不均匀照明及灰度分布背景的挑战。

局部阈值化分割法的关键问题在于图像的子区域划分及各子图像阈值的估算。其中，直方图变换与散射图是两种常用的局部阈值分割方法。

（1）直方图变换

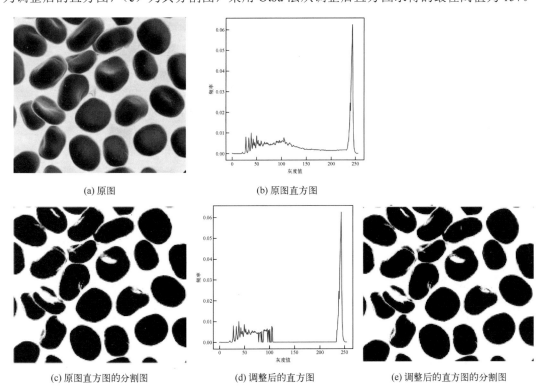

∧ 图 7-22 局部阈值化分割法的示意图

通过利用像素的局部性质，可转换原直方图为具有更深波谷或变换波谷为波峰的形式，以便更易检测谷点或峰点。鉴于目标与背景内部像素梯度小、边界像素梯度大的特点，可依据像素梯度值或灰度级平均梯度构建加权直方图。例如，可生成仅含低梯度像素的直方图（高梯度像素权值为 0，低梯度为 1），使新直方图波谷加深；或反之，生成仅含高梯度像素的直方图，其峰主要由边界像素构成，对应灰度级可作为分割阈值。图 7-23 展示了这一过程，其中（d）为调整后的直方图，（e）为其分割图，采用 Otsu 法从调整后直方图求得的最佳阈值为 157。

(a) 原图   (b) 原图直方图

(c) 原图直方图的分割图   (d) 调整后的直方图   (e) 调整后的直方图的分割图

∧ 图 7-23 灰度级平均梯度变换直方图及分割结果

用 Python 和 OpenCV 实现的代码如下：

```python
import cv2
import numpy as np
import matplotlib.pyplot as plt

# 加载图像
image = cv2.imread( filename:'0.jpg', cv2.IMREAD_GRAYSCALE)

# 计算图像的总像素数
total_pixels = image.shape[0] * image.shape[1]

# 计算图像的梯度
sobelx = cv2.Sobel(image, cv2.CV_64F, dx:1, dy:0, ksize=3)
sobely = cv2.Sobel(image, cv2.CV_64F, dx:0, dy: 1, ksize=3)
gradient = np.sqrt(sobelx ** 2 + sobely ** 2)
# 计算梯度的平均值
avg_gradient = np.mean(gradient)

# 计算直方图
hist = np.zeros(256)
for i in range(256):
    n_k = np.sum(image == i)
    hist[i] =n_k /total_pixels


# 调整直方图，使波谷更深，波峰更高
adjusted_hist = hist.copy()
for i in range(256):
    # 检查是否有该灰度级别的像素
    if np.sum(image == i) > 0:
        if gradient[image == i].mean() > avg_gradient:
            adjusted_hist[i] = 0 #梯度大的像素赋予权值 0
        else:
            adjusted_hist[i] = hist[i] # 梯度小的像素赋予权值 1
    else:
        adjusted_hist[i] = 0 # 如果没有该灰度级别的像素，直接赋予权值 0

#使用 Otsu 算法找到最佳阈值
_, thresholded_image = cv2.threshold(image, thresh: 0, maxval:255, cv2.THRESH_BINARY + cv2.THRESH_OTSU)
# 获取 Otsu 算法计算出的阈值
otsu_threshold = cv2.threshold(image, thresh:0, maxval:255, cv2.THRESH_BINARY + cv2.THRESH_OTSU)[0]

# 输出最佳阈值
print(f'Otsu Threshold: {otsu_threshold}')
# 显示原始图像
plt.figure(figsize=(6, 6))
plt.imshow(image, cmap='gray')
plt.title('Original Image')
plt.axis('off')
plt.show()
```

```
# 显示原始直方图
plt.figure(figsize=(6, 6))
plt.plot(hist)
plt.title('Original Histogram')
plt.xlabel('Gray Level')
plt.ylabel('Frequency')
plt.show()
# 显示调整后的直方图
plt.figure(figsize=(6, 6))
plt.plot(adjusted_hist)
plt.title('Adjusted Histogram')
plt.xlabel('Gray Level')
plt.ylabel('Frequency')
plt.show()
# 根据 Otsu 阈值进行分割
_, binary_image = cv2.threshold(image, otsu_threshold, maxval:255,cv2.THRESH_BINARY)
# 显示分割结果
plt,figure(figsize=(6, 6))
plt.imshow(binary_image, cmap='gray')
plt.title(f'Segmented Image (otsu Threshold = {otsu_threshold})')
plt.axis('off')
plt.show()
# 显示原图的直方图分割图
_, original_binary_image = cv2.threshold(image, otsu_threshold, maxval:255, cv2.THRESH_BINARY)
plt.figure(figsize=(6, 6))
plt.imshow(original_binary_image, cmap='gray')
plt,title('Original Histogram Segmented Image')
plt. axis('off')
plt.show()
```

（2）散射图

　　散射图可视为二维直方图，横轴代表灰度值，纵轴代表局部性质（如梯度），图中各点数值反映同时具有特定灰度与梯度值的像素数量。图 7-24（b）展示了图 7-24（a）的灰度与梯度散射图部分，仅选取并 3 倍放大了实际散射图左下角 128×32 区域，其余为黑色。图中亮点表示具有相应坐标灰度与梯度值的像素数量多。观察发现，两个接近横轴且分离的亮色聚类分别代表目标与背景内部像素；而位于两者间，稍远离横轴的暗点则对应目标与背景边界像素。噪声在图中表现为远离横轴的点。通过分离散射图中的聚类，并依据各聚类的灰度与梯度值，可实现图像分割。

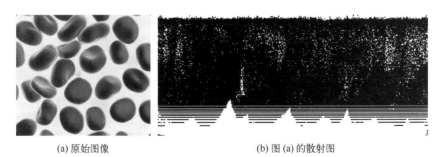

(a)原始图像　　　　　　　　(b) 图 (a)的散射图

　　　　　　　　∧ 图 7-24　图像的灰度和梯度散射图

用 Python 和 OpenCV 实现的代码如下：

```
int main() {
    // 读取灰度图像
    cv::Mat grayImage = cv::imread("图像.PNG", cv::IMREAD_GRAYSCALE);
    if (grayImage.empty()) {
        std::cerr << "Error: Could not open or find the image!" << std::endl;
        return -1;
    }

    // 获取图像尺寸
    int width = grayImage.cols;
    int height = grayImage.rows;

    // 创建一个足够大的空白图像来绘制散点图
    // 注意：这里我们假设像素值在 0-255 范围内，因此需要一个高度为 256 的图像来容纳所有可能的像素值
    int scatterPlotHeight = 256;
    int scatterPlotWidth = std::max(width, height); // 你可以根据需要调整宽度
    cv::Mat scatterPlot(scatterPlotHeight, scatterPlotWidth, CV_8UC3, cv::Scalar(255, 255,
255)); // 白色背景

    // 遍历图像的每个像素，并在散点图中绘制对应的点
    // 注意：这里的映射方法非常简单，可能不会产生很有意义的散点图
    // 你可以尝试其他映射方法来获得更好的可视化效果
    for (int y = 0; y < height; ++y) {
        for (int x = 0; x < width; ++x) {
            uchar pixelValue = grayImage.at<uchar>(y, x);
            int plotX = static_cast<int>(std::fmod(static_cast<double>(x) * scatterPlotWidth
/ width, scatterPlotWidth));
            int plotY = scatterPlotHeight - 1 - pixelValue; // 翻转 y 轴以便正确显示

            // 绘制点（这里使用小的矩形来表示点，因为直接绘制点可能太小而无法看清）
            cv::rectangle(scatterPlot, cv::Point(plotX, plotY), cv::Point(plotX + 1, plotY
+ 1), cv::Scalar(0, 0, 0), -1);
        }
    }
    // 显示散点图（注意：这个散点图可能非常密集且难以看清细节）
    cv::imshow("Scatter Plot of Image Pixels", scatterPlot);
```

在散射图中，聚类的形态反映了图像像素间的相关程度。具体而言，当目标与背景内部的像素均呈现强相关性时，各聚类会紧密集中并趋近于横轴；反之，则聚类会偏离横轴。

7.4.4 动态阈值分割

由于光照不均、对比度变化及阴影存在，单一全局阈值分割图像时效果可能欠佳。为解决此问题，可采用动态或自适应阈值法，即让阈值随图像位置缓慢变化。具体做法是：将图像分解为若干子图像（可重叠或相邻），并对各子图像分别应用不同阈值进行分割。子图像足够小时，受光照等因素影响较小，背景灰度更均匀，对比度更一致，此时可应用全局阈值法确定子图像阈值。如图 7-25 所示，原图中目标与背景对比度不一，左上角目标对比度低，全局 Otsu 阈值化未能检出该目标；而将图像均匀分解为 16 幅子图像后［见图 7-25（c）］，分别

应用 Otsu 阈值法分割，成功将左上角目标从背景中分离［见图 7-25（d）］。

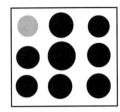 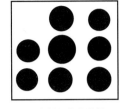 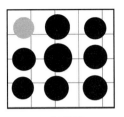 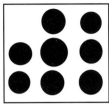

(a) 原始图像　　　　(b) 全局阈值化结果　　　　(c) 分区网格　　　　(d) 动态阈值化结果

⌃ 图 7-25　自适应阈值分割

用 C++ 和 OpenCV 实现的代码如下：

```cpp
using namespace cv;

// 回调函数，用于更新动态阈值化窗口
void on_trackbar(int, void*);

int main() {
    // 加载图像
    Mat src = imread("圆点.jpg", IMREAD_GRAYSCALE);
    if (src.empty()) {
        std::cout << "Could not open or find the image" << std::endl;
        return -1;
    }

    // 创建一个用于存储阈值化结果的 Mat 对象
    Mat thresh;

    // 计算 Otsu 的最佳阈值
    double otsu_thresh_val = threshold(src, thresh, 0, 255, THRESH_BINARY + THRESH_OTSU);

    // 输出计算得到的 Otsu 阈值
    std::cout << "Otsu's thresholding value: " << otsu_thresh_val << std::endl;

    // 显示 Otsu 阈值化后的图像
    imshow("Otsu's Thresholding", thresh);



    // 创建一个用于显示中间网格分区效果的图像
    Mat gridImage = src.clone();
    int rows = gridImage.rows;
    int cols = gridImage.cols;
    int numCells = 4; // 每行和每列的单元格数量
    int cellSize = rows / numCells; // 网格大小

    // 绘制网格线
    for (int y = 0; y < rows; y += cellSize) {
        line(gridImage, Point(0, y), Point(cols, y), Scalar(128), 1);
    }
```

```
        for (int x = 0; x < cols; x += cellSize) {
            line(gridImage, Point(x, 0), Point(x, rows), Scalar(128), 1);
        }

        // 显示带有网格的图像
        imshow("Grid Image", gridImage);

        // 创建一个窗口来动态显示阈值化效果
        namedWindow("Dynamic Thresholding", WINDOW_AUTOSIZE);
        // 创建滑动条
        createTrackbar("Threshold", "Dynamic Thresholding", nullptr, 255, on_trackbar, &src);
        // 显示动态阈值化窗口
        on_trackbar(0, &src);

        // 等待按键后退出
        waitKey(0);

        return 0;
    }

    // 回调函数，用于更新动态阈值化窗口
    void on_trackbar(int pos, void* userdata) {
        Mat* src = (Mat*)userdata;
        Mat thresh;
        threshold(*src, thresh, pos, 255, THRESH_BINARY);
        imshow("Dynamic Thresholding", thresh);


    }
```

7.5 区域分割

阈值分割法因忽视空间关系而限制多阈值选择，基于区域的分割方法则能弥补此缺陷。该方法利用图像空间性质，假设同一区域内像素性质相似，无须先验知识即可实现良好分割。其本质是连接具有相似性质的像素或子区域构成分割区域，利用像素局部空间信息克服分割不连续问题，但可能导致过分割。作为一种迭代方法，其空间和时间复杂度较高。

7.5.1 区域生长法

区域生长，或称区域增长，是一种图像分割技术，其核心在于依据预设的相似性准则，将图像内符合准则的像素或子区域聚合成更大区域。此过程始于选定的种子像素，逐步将周围与其相似（基于特定生长或相似准则）的像素并入，迭代此步骤直至无更多符合条件的像素，最终形成完整区域。

图 7-26 展示了区域生长的一个实例，其中（a）为待分割图像，含一个种子像素（标记

下划线），相似性准则为邻近像素与种子像素灰度值差小于 1；（b）、（c）分别为第一步、第二步接纳的像素；（d）为最终生长结果。

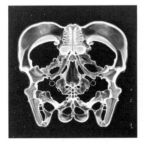

(a) 待分割的图像

5	5	8	6
4	8	9	7
2	2	8	3
3	3	3	3

(b) 第一步接受像素

5	5	8	6
4	8	9	7
2	2	8	3
3	3	3	3

(c) 第二步接受像素

5	5	8	6
4	8	9	7
2	2	8	3
3	3	3	3

(d) 生长结果

5	5	8	6
4	8	9	7
2	2	8	3
3	3	3	3

⚐ 图 7-26　区域生长示例

如图 7-27 所示，（a）为盆腔骨 CT 原图，（b）和（c）分别是采用边缘提取和区域生长方法分割的结果（后者反白显示），可见两种分割方法具有互补作用。

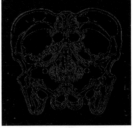
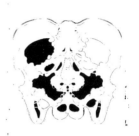

(a) 盆腔骨CT原图　　　(b) 边缘提取分割　　　(c) 生长分割结果

⚐ 图 7-27　盆腔骨 CT 图像的区域生长分割

用 C++和 OpenCV 实现的代码如下：

```cpp
// 定义区域生长算法
void regionGrowing(Mat& img, Mat& result, Point seed, int threshold) {
    result = Mat::zeros(img.size(), CV_8UC1); // 创建空白掩码图像
    vector<Point> seeds; // 存储种子点
    seeds.push_back(seed); // 添加初始种子点
    result.at<uchar>(seed) = 255; // 标记初始种子点为白色

    // 定义 8 连通生长方向
    int growDirections[8][2] = { {-1,-1}, {0,-1}, {1,-1}, {-1,0}, {1,0}, {-1,1}, {0,1}, {1,1} };

    // 开始生长
    while (!seeds.empty()) {
        Point seed_current = seeds.back(); // 取出当前种子点
        seeds.pop_back(); // 从种子列表中移除当前种子点

        // 遍历各生长方向的邻点
        for (int i = 0; i < 8; i++) {
            Point neighborPoint = Point(seed_current.x + growDirections[i][0], seed_current.y + growDirections[i][1]);
```

```
              // 检查邻点是否在图像范围内且未被访问过，且满足生长条件
              if (neighborPoint.x >= 0 && neighborPoint.y >= 0 && neighborPoint.x < img.cols
 && neighborPoint.y < img.rows &&
                  result.at<uchar>(neighborPoint) == 0 &&
                  abs(static_cast<int>(img.at<uchar>(neighborPoint)) - static_cast<int>(img.
at<uchar>(seed_current))) < threshold) {

                  // 标记邻点为白色，并加入种子列表
                  result.at<uchar>(neighborPoint) = 255;
                  seeds.push_back(neighborPoint);
              }
          }
      }
  }


int main() {
    // 读取图像
    Mat img = imread("盆腔骨.jpeg", IMREAD_GRAYSCALE); // 读取为灰度图像
    if (img.empty()) {
        cout << "Could not open or find the image!" << endl;
        return -1;
    }

    Mat result; // 存储分割结果
    Point seed(100, 100); // 设置初始种子点（这里需要手动选择或根据算法自动选择）
    int threshold = 20; // 设置生长阈值

    // 调用区域生长算法
    regionGrowing(img, result, seed, threshold);

    // 显示结果
    imshow("Original Image", img);
    imshow("Segmented Image", result);
```

区域生长的核心在于选择合适的生长或相似性准则，不同的准则将影响生长过程。在实际运用区域生长法时，需解决三大关键问题：

① 种子像素的选择：需选定能准确代表目标区域的种子像素。

② 区域隶属度准则的确定：即确定生长过程中纳入相邻像素的标准，这取决于图像特性和期望的分割结果。

③ 生长停止条件的制定：生长通常在无更多像素满足准则时停止。

7.5.2 区域分裂合并法

区域生长法自单个种子像素起始，逐步吸纳新像素以形成完整区域；而分裂合并法则从整幅图像出发，通过持续分裂达成区域划分。实践中，区域分裂与合并法首先将图像拆解为一系列互不相交且内部一致性高的小区域，再依据既定规则对这些小区域进行细分或整合，以实现图像分割。此过程无须设定"种子"，仅依赖相似测度和同质测度：相邻子区域若满足相似测度则合并，不满足同质测度则拆分。虽免了种子点选择的困扰，但也存在局限性：

分裂不足会降低分割精度，而过度分裂至像素级则会增加合并负担，提升时间复杂度，且可能破坏分割区域的边界。

图 7-28 展示了一个简单的图像分裂合并过程实例，其中阴影区域为目标，白色区域为背景，均具常数灰度值。初始阈值 T 设为 0，因整个图像 R 的灰度值 $V(R_0)>T$，故将其四等分［见图 7-28（a）］。右上角区域因满足一致性测度而停止分裂，其余三区继续四等分［见图 7-28（b）］。随后，依据分裂合并准则，相邻且满足一致性的区域合并，不满足者继续分裂［见图 7-28（c）］。再次执行此过程后，获得最终结果［见图 7-28（d）］。

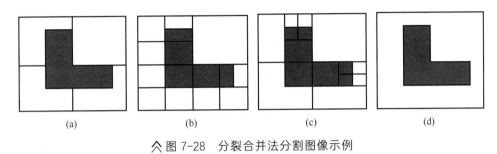

(a)　　　　　(b)　　　　　(c)　　　　　(d)

∧ 图 7-28　分裂合并法分割图像示例

7.6　习题

1．什么是图像分割？目前图像分割的难点主要体现在哪些方面？

2．动态阈值化分割有什么特点？

3．拉普拉斯算子有什么局限性和作用？LOG 算子的模板要满足什么特征？

4．什么是全局阈值化分割法？基于灰度值的全域阈值化分割有哪几种常见算法？它们的算法原理分别是什么？

5．相对于全局阈值化分割法，局部阈值化分割有什么优点？其基本原理是什么？

6．请写出 Roberts 算子、Prewitt 算子和 Sobel 算子的模板，它们各自有什么特点？

7．什么是区域的分裂与合并？简述其基本步骤。

图像匹配

本章主要介绍图像匹配的基本概念及其多样化的实现方法。首先详细阐述模板匹配的核心概念、实施方法及流程；然后介绍灰度匹配的定义、步骤以及一系列高效的匹配方法，包括平方误差度量、互相关法、序贯相关性度量以及最大互信息法等；最后深入剖析基于特征的匹配概念和步骤，并详细介绍几种主流的匹配方法，如角点检测算法、基于 Hough 变换的匹配算法以及 SIFT 匹配算法等。

8.1 图像匹配概述

8.1.1 图像匹配概念

图像匹配是指将不同时间、不同成像条件下对同一物体或场景获取的两幅或多幅图像在空间上对准，或根据已知模式到另一幅图像中寻找相应的模式。具体地说，对于一组图像数据集中的两幅图像，通过寻找一种空间变换把一幅图像映射到另一幅图像，使两图中对应于空间同一位置的点一一对应起来，从而达到信息融合的目的，如图 8-1 所示。早期的图像匹配技术主要用于几何校正后的多波段遥感图像的匹配，借助于对互相关函数求极值来实现。图像匹配理论与实践的主要研究内容包括匹配的精确度、可靠性与速度、算法的复杂度与适应性。

用 Python 和 OpenCV 实现的代码如下：

```python
# 初始化 ORB 检测器
orb = cv2.ORB_create()
# 找到关键点和描述符
kp1, des1 = orb.detectAndCompute(image1, None)
kp2, des2 = orb.detectAndCompute(image2, None)
# 创建匹配器
bf = cv2.BFMatcher(cv2.NORM_HAMMING, crossCheck=True)
# 匹配描述符
```

```
matches = bf.match(des1, des2)
# 按照距离排序
matches = sorted(matches, key=lambda x: x.distance)
# 筛选匹配点
good_matches = matches[:30]   # 取前30个最佳匹配点
# 获取关键点坐标
src_pts = np.float32([kp1[m.queryIdx].pt for m in good_matches]).reshape(-1, 1, 2)
dst_pts = np.float32([kp2[m.trainIdx].pt for m in good_matches]).reshape(-1, 1, 2)


# 计算单应性矩阵
M, mask = cv2.findHomography(src_pts, dst_pts, cv2.RANSAC, 5.0)
# 使用单应性矩阵变换待配准图像
height, width, channels = image1.shape
aligned_image2 = cv2.warpPerspective(image2, M, dsite(width, height))
# 图像融合（简单的加权平均）
merged_image = cv2.addWeighted(image1, alpha:0.5, aligned_image2, beta:0.5, gamma:0)
# 可视化
cv2.imshow(winname:'Image1', image1)
cv2.imshow(winname:'Image2', image2)
cv2.imshow(winname:'Merged Image', merged_image)
# 等待按键后关闭所有窗口
cv2.waitKey(0)
cv2.destroyAllWindows()
```

  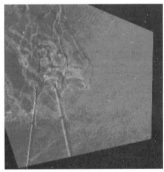

(a) 基准图像   (b) 配准图像   (c) 配准结果

へ 图 8-1　图像配准示意

将图像用二维矩阵表示，两幅图像在点（x, y）处的灰度值分别表示为 $I_1(x, y)$、$I_2(x, y)$，那么 I_1、I_2 的匹配关系表示为

$$I_2(x, y) = g\left\{I_1\left[f(x, y)\right]\right\} \tag{8-1}$$

式中，I_1 为参考图像，I_2 为待匹配图像，f 表示二维几何变换函数，g 则代表一维灰度变换函数。由上式可看出，图像匹配包含两层含义：一是几何空间上的匹配，即对函数 f 的求解；二是对应像素之间灰度上的匹配，即对函数 g 的求解。通常不需要进行灰度变换，所以关键在于寻找空间几何变换关系 $f(x, y)$。于是式（8-1）可简化为

$$I_2(x, y) = I_1\left[f(x, y)\right] \tag{8-2}$$

8.1.2 模板匹配

在图像匹配领域，模板匹配是最常用的手段，其本质为统计识别方法。模板视为可模仿的完美标本，匹配质量取决于模板与样本各单元间的契合度。构造模板需基于目标形状的先验知识，缺乏时则选用正方形模板。匹配流程涉及模板在图像上的平移，通过计算匹配相关值定位最佳匹配点，即值最大处。如图 8-2 所示，模板初始位置与图像左上角对齐，依据相似性测度与图像同区域比较，随后逐像素平移并重复操作，直至遍历所有位置，差异最小处即目标所在。为降低计算量，可利用先验知识减少匹配位置或借助相邻位置模板覆盖的重合区域减效。

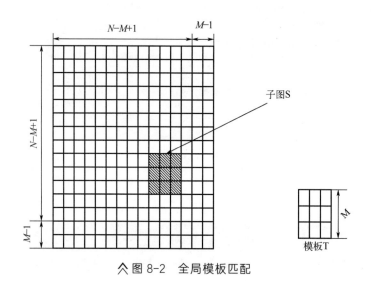

∧ 图 8-2 全局模板匹配

模板匹配方法主要分为两类：一是基于灰度的匹配，属区域匹配范畴，通过逐像素相关性分析在大图像中搜寻目标；二是基于特征的匹配，属局部特征匹配，仅针对目标图像的特定特征（如直方图、幅度、频率及几何特征等）进行匹配，为当前主流且性能优越的方法。

应用模板匹配时需注意两点局限性：仅适用于平行移动，对旋转或尺度变化的目标无效；当目标部分可见时，匹配难以实现。

模板匹配方法因计算简便、模板易选及实现便捷等优势，广泛应用于图像识别与目标跟踪领域，涵盖机器识别、卫星遥感、飞行器导航、武器制导、目标追踪、资源分析、气象预报、医疗诊断、文字识别及景物变化检测等多方面。

8.1.3 模板匹配流程

图像模板匹配是一个系统性的多步骤流程，大致涵盖图像输入、预处理、有用信息提取、匹配及输出结果等环节。尽管不同匹配算法的具体步骤因方法差异而显著不同，其总体框架保持一致。众多匹配算法均围绕以下三大核心要素构建：

① 特征空间：此空间由参与匹配的图像特征组成，优选特征能提升匹配效能，缩减搜索维度，并降低噪声等不确定因素对匹配精度的干扰。匹配时可采用全局、局部特征或二者结合。

② 相似性度量：该度量通过特定代价或距离函数评估待匹配特征间的相似程度。经典度量方式包括相关函数、Hausdorff 距离及互信息等。

③ 搜索策略：此策略旨在通过恰当的搜索方法在搜索空间内寻求参数最优解，以最大化图像间的相似性。常用的搜索策略涵盖穷尽搜索、分层搜索、模拟退火、Powell 方向加速法、动态规划、遗传算法及神经网络等。

8.2 基于灰度的匹配

8.2.1 基于灰度的匹配概念及步骤

图像的像素灰度信息承载着图像的全部内容。基于像素灰度值的匹配构成了图像匹配的基本理念，它直接利用图像的灰度信息来建立两幅图像间的相似性度量，并通过搜索算法寻找使该度量达到最优的变换模型参数。常用的相似性度量方法包括灰度平方差之和、互相关、序贯相似度检测及相位相关等。

基于灰度的匹配处理主要解决三个问题：一是空间变换模型的选择，它决定了图像间映射的方式，包括刚体变换、仿射变换及非线性变换等；二是相似性测度准则的确定，它是评判变换参数恰当与否的关键，基于灰度的相似性测度方法多样，如互相关法、互信息法等；三是空间变换矩阵的寻优，即通过数学优化算法找到使相似度函数达到最优的变换参数，常用的优化方法包括梯度下降法、牛顿法及遗传算法等。

在明确变换模型、测度准则及优化方式的基础上，可依照具体步骤进行图像匹配操作，如图 8-3 所示，包括对待匹配图像的预处理和几何变换，以及根据图像灰度特性设定目标函数作为相似性度量标准，进而将匹配问题转化为目标函数的极值求取问题。

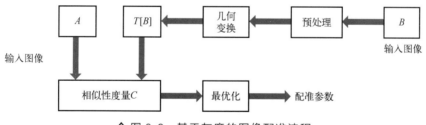

∧ 图 8-3　基于灰度的图像配准流程

基于灰度的匹配，以其实现简单且无须复杂预处理的优势，专注于图像整体内容的比对。然而，该方法因涉及匹配点周围区域灰度的全面计算，导致计算量大，运算速度较慢，且对图像的非线性变换矫正能力有限。

8.2.2 匹配方法

（1）平方误差度量

模板匹配常用的一种测度为模板与源图像对应区域的误差平方和（SSD），衡量原图中的块和模板之间的差别。

设 $f(x,y)$ 为 $M \times N$ 的源图像，$t(j,k)$ 为 $J \times K$（$J \leqslant M$，$K \leqslant N$）的模板图像，则误差平方和测度 $D(x,y)$ 定义为

$$D(x,y) = \sum_{j=0}^{J-1}\sum_{k=0}^{K-1}\left[f(x+j,y+k)-t(j,k)\right]^2 \tag{8-3}$$

$$DS(x,y) = \sum_{j=0}^{J-1}\sum_{k=0}^{K-1}\left[f(x+j,y+k)\right]^2 \tag{8-4}$$

$$DST(x,y) = 2\sum_{j=0}^{J-1}\sum_{k=0}^{K-1}\left[t(j,k)f(x+j,y+k)\right] \tag{8-5}$$

$$DT(x,y) = \sum_{j=0}^{J-1}\sum_{k=0}^{K-1}\left[t(j,k)\right]^2 \tag{8-6}$$

式中，$DS(x,y)$ 代表源图像中与模板相对应区域的能量，此能量与像素位置 (x,y) 相关联，然而，随着 (x,y) 的变化，该能量值的变化较为平缓。$DST(x,y)$ 表示模板与源图像对应区域之间的互相关性，这一相关性随 (x,y) 的变化而变动，并且在模板 $t(j,k)$ 与源图像中相应区域完全匹配时达到最大值。$DT(x,y)$ 定义为模板自身的能量，它与图像中的像素位置无关，仅需计算一次即可确定。通过计算误差平方和测度，可以有效地减少计算工作量。当图像中的所有像素均完成比对后，误差最小的位置即被视为匹配结果。

（2）互相关法

互相关法乃是图像配准领域中一种基础且广泛应用的灰度统计方法，常被用于执行模板匹配与模式识别任务。作为匹配度量，通过计算模板图像与搜索窗口间的互相关值，来评估两者的匹配程度。当互相关值达到最大时，所对应的搜索窗口位置即明确了模板图像在待配准图像中的精确定位。

在互相关法中，互相关值的大小是衡量匹配效果的重要依据。式（8-3）～式（8-6）中，若设 $DS(x,y)$ 为常数，则可直接利用 $DST(x,y)$ 进行图像匹配。当 $DST(x,y)$ 取最大值时，可判定模板与图像是匹配的。然而，将 $DS(x,y)$ 假定为常数可能会引入误差，严重时甚至导致无法准确匹配。为减小这种误差，可采用归一化互相关（NCC）作为误差平方和的测度。

设图像 $f(x,y)$ 的大小为 $M \times N$，目标模板 $w(x,y)$ 的大小为 $J \times K$，常用相关性度量 $R(x,y)$ 来表示它们之间的相关性：

$$R(m,n) = \sum_x\sum_y f(x,y)w(x-m,y-n) \tag{8-7}$$

式中，$m = 0,1,2\cdots,M-1; n = 0,1,2,\cdots,N-1$。

进一步归一化相关度：

$$R(m,n) = \frac{\displaystyle\sum_{j=1}^{J}\sum_{k=1}^{K} f_1(j,k)w(j-m,k-n)}{\sqrt{\displaystyle\sum_{j=1}^{J}\sum_{k=1}^{K} f_1^2(j,k)} \times \sqrt{\displaystyle\sum_{j=1}^{J}\sum_{k=1}^{K} w^2(j-m,k-n)}} \tag{8-8}$$

式中，模板所框出的范围是 j 从 $1 \sim J$，k 从 $1 \sim K$，而 (m,n) 为 $f(x,y)$ 中的任一点，

$f_1(x,y)$ 是 $f(x,y)$ 中以点 (m,n) 为中心的大小为 $J \times K$ 的区域，当 m 和 n 改变时，搜索到 $R(m,n)$ 的最大值即模板匹配的位置。

图 8-4 展示了模板匹配的示意图，假设源图像 $f(x,y)$ 和模板图像 $t(k,l)$ 原点均设于左上角。利用式（8-8）可计算任意位置的相关性度量 $R(x,y)$，$t(j,k)$ 遍历源图像得出 $R(x,y)$ 所有值，$R(x,y)$ 最大值指出与 $t(j,k)$ 匹配的最佳位置。从该位置提取与模板等大的区域，即得匹配图像。

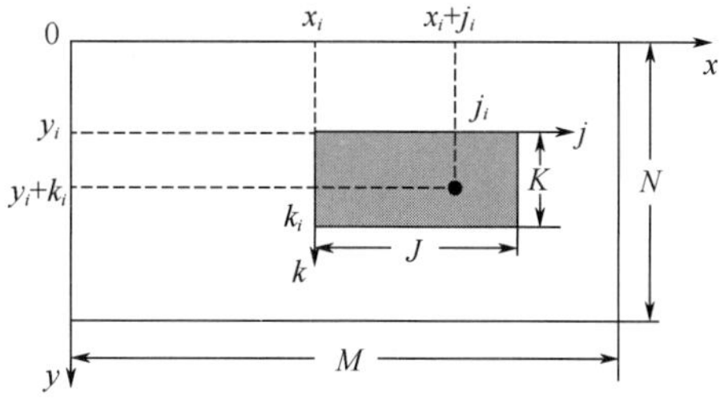

图 8-4 在点 (x_i, y_i) 处的全局样本相关性度量模板匹配

NCC 算法鲁棒性强，抗干扰性好，但计算量大，硬件要求高。常通过优化策略和硬件流水处理降低计算量，提升实时性。SSD 算法计算量较小，易实现，适用于刚性运动目标，但平均灰度变化大时效果不佳。

（3）序贯相关性度量

直接采用相关法会导致庞大的计算量，因需在多个参考位置进行详尽计算，且多数计算在非匹配点上显得徒劳，引入了序贯相似性检测算法（SSDA）作为改进。SSDA 算法通过设定一固定门限，在计算图像残差和时，一旦某点的残差和超过此门限，即判定该点非匹配并终止计算，转而考察其他点。该算法依据误差积累分析，对多数非匹配点仅需计算模板的少数像素，而仅匹配点附近需完整计算，从而显著降低了平均运算次数及整体匹配过程的计算量。该算法的具体实现步骤如下：

设模板 T 叠放在搜索图 S 上平移，模板覆盖下的那块搜索图称为子图 S^{ij}，(i,j) 为这块子图左上角像点在 S 图中的坐标，叫作参考点。搜索图的大小为 $N \times N$，模板的大小为 $M \times M$。

① 定义绝对误差值。

$$\varepsilon(i,j,m_k,n_k) = \left| S^{i,j}(m_k,n_k) - \bar{S}(i,j) - T(m_k,n_k) + \bar{T} \right| \tag{8-9}$$

式中：

$$\bar{S}(i,j) = \frac{1}{M^2} \sum_{x=1}^{M} \sum_{y=1}^{M} S^{i,j}(x,y) \tag{8-10}$$

$$\bar{T} = \frac{1}{M^2} \sum_{x=1}^{M} \sum_{y=1}^{M} T(x,y) \tag{8-11}$$

② 取不变阈值 T_h。

在子图中随机选取像点，计算它同 T 中对应点的误差值，然后把该误差值同其他点对的误差值累加起来，当累加 r 次后误差超过 T_h 时，则停止累加，并记下次数 r，定义 SSDA 的检测曲面为

$$I(i,j) = \left\{ r \Big|_{1 \leq r \leq m^2}^{\min} \left[\sum_{k=1}^{r} \varepsilon(i,j,x_k,y_k) \geq T_h \right] \right\} \tag{8-12}$$

把 $I(i,j)$ 值大的 (i,j) 点作为匹配点，该点上需要很多次累加才使总误差 $\sum \varepsilon$ 超过 T_h。

SSDA 算法的显著特点是在保证匹配精度的前提下有效减少计算量，从而提高计算速度。

（4）最大互信息法

互信息（MI）是信息论中的一个测度，用于描述两个随机变量之间的统计相关性，或一个变量中包含的另一个变量中信息的多少，表示两个随机变量之间的依赖程度，一般用熵来表示。熵表达的是一个系数的复杂性和不确定性。变量 A 的熵定义为

$$H(A) = \sum_{-a} P_A(a) \lg P_A(a) \tag{8-13}$$

变量 A 和 B 之间的熵定义为

$$H(A,B) = \sum_{a,b} P_{AB}(a,b) \lg P_{AB}(a,b) \tag{8-14}$$

对于待配准的模板图像 A 和目标图像 B，它们是关于图像灰度的两个随机变量集。设它们的边缘概率分布分别为 $P_A(a)$ 和 $P_B(b)$，联合概率分布为 $P_{AB}(a,b)$，则它们的互信息 $MI(A,B)$ 表示为

$$\begin{aligned} MI(A,B) &= H(A) + H(B) - H(A,B) \\ &= \sum_{a,b} P_{AB}(a,b) \lg \frac{P_{AB}(a,b)}{P_A(a)P_B(b)} \end{aligned} \tag{8-15}$$

当两幅图像的空间位置达到一致时，其中一幅图像表达另一幅图像的信息，即其互信息应为最大。

8.3 基于特征的匹配

8.3.1 基于特征的匹配概念及步骤

基于特征的模板匹配方法利用图像局部特征信息进行匹配，通过特征点的匹配确定空间变换关系，可以直接提取特征点进行匹配，也可以以特征点为中心构造描述子特征进行匹配，其匹配步骤如下：

① 图像预处理：为减轻采集过程中噪声、光照及设备影响，需对图像进行预处理，如对比度增强与去噪，以优化特征提取质量。

② 关键点提取：识别具有鉴别性的特征点（兴趣点、稳定点），如角点、极值点及线条，旨在提取弱特征并剔除无意义像素。

③ 构建描述子：利用关键点邻域特征，构建描述子，以区分关键点间的异同，赋予其可鉴别特性。

④ 特征匹配：在不同图像中提取关键点及描述子，并基于距离度量（如欧几里得距离、Hamming 距离）寻找匹配点对。

⑤ 特征匹配结果的提纯：对初步匹配向量进行提纯，剔除误匹配对，常用方法包括移动最小二乘逼近与随机抽样一致算法。

⑥ 变换矩阵：利用提纯后的匹配向量，计算并优化图像间的单应性矩阵，得到空间变换矩阵。

8.3.2　匹配方法

（1）角点检测算法

角点，作为图像的关键特征，体现为边缘曲率极值或亮度剧变点，具备旋转与光照不变性。角点检测法通过缩减信息量而保留图像特征，加速了处理速度，尤其适用于实时应用的场合。其算法主要分为两类：一是基于轮廓，通过提取图像轮廓定位曲率或弯曲最大点；二是基于灰度，直接利用灰度信息通过角点估计算法检测，因独立于其他图像特征且运算迅速，而得到广泛应用。

① Moravec 角点检测。Moravec 角点检测算法原理如图 8-5 所示。假设图像 $I(x,y)$ 上有一个角点 P，Moravec 算法设计一个大小为 $n\times n$ 的窗口 w，如 3×3，5×5，7×7 等。移动这个窗口并检测其中像素的变化情况 E。变化量 E 有三种情况：如图 8-5（a）所示，当窗口处在图像中的平坦区域时，E 变化不大；如图 8-5（b）所示，当窗口处在边界区域时，平行于这条边滑动时，E 变化不大，而垂直于这条边滑动时，E 变化很大；如图 8-5（c）所示，当窗口处在角点区域时，任何方向的移动都能使 E 值发生剧烈变化。

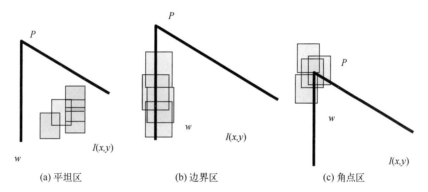

(a) 平坦区　　　　　　　(b) 边界区　　　　　　　(c) 角点区

⌃ 图 8-5　Moravec 算子的角点检测原理

Moravec 算子中变化量 $E(u,v)$ 的计算公式为

$$E(u,v) = \sum_{x,y} w(x,y)\big(I(x+u,y+v)-I(x,y)\big)^2 \tag{8-16}$$

式中，$w(x,y)$ 为窗口函数。相对于 (x,y)，检测窗口水平向右移动 u 为正，垂直向下移动 v 为正。如图 8-6 所示，灰色的 3×3 为 $I(x,y)$ 窗口，中心点为 (x,y)，透明的 3×3 为 $I(x+u,y+v)$ 滑动窗口，(u,v) 可取 4 个（或更多）移动方向 (1,0)、(1,1)、(0,1)、(−1,1)。设定 $w(x,y)$ 在灰色窗口内其值为 1，其他地方其值为 0。Moravec 算子计算每个像素多个 E 值中的最小值，设定合适的阈值，如果 E_{min} 大于阈值，则判断该点为角点。

Moravec 角点检测适用于光照变化平缓且角点稀少的场景。在无显著视角变化及大幅旋转时，该方法对噪声具有一定的抗性，但相对较弱。剧烈光照变化可能影响检测准确性，而尺度变化则导致检测结果偏差大，特征可重复性不足。尽管 Moravec 方法简便，计算迅速，但在复杂场景下的准确性与稳定性需改进。图 8-7 展示了 Moravec 角点检测的实例。

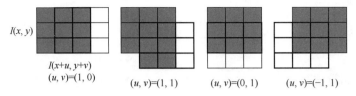

☆ 图 8-6　Moravec 算子的移动方向

(a) 原始图像　　　　　　　　(b) Moravec角点检测结果

☆ 图 8-7　Moravec 角点检测实验示例

用 Python 和 OpenCV 实现的代码如下：

```python
def calcV(window1, window2):
    diff = np.int32(window1) - np.int32(window2)
    return np.sum(diff * diff)
def getWindow(img, i, j, win_size):
    half_size = win_size // 2
    return img[i - half_size:i + half_size + 1, j - half_size:j + half_size + 1]
def nonMaximumSupression(mat, nonMaxValue=0):
    max_value = np.max(mat)
    mask = np.where(mat >= max_value, max_value, nonMaxValue)
    return mask
```

```python
def getKeypoints(keymap, nonMaxValue, nFeature=-1):
    keypoints = np.argwhere(keymap!= nonMaxValue)
    if nFeature > 0 and keypoints.shape[0] > nFeature:
        scores = keymap[keypoints[:, 0], keypoints[:, 1]]
        sorted_idx = np.argsort(scores)[::-1]
        keypoints = keypoints[sorted_idx][:nFeature]
    return keypoints
def drawKeypoints(img, kps):
    for kp in kps:
```

```
            cv2.circle(img, (kp[1], kp[0]), 3, (0, 0, 255), 1)
    return img
```

```
    def getMoravecKps(img_path, win_size=3, win_offset=1, nonMax_size=5, nonMaxValue=0, nFeature
=-1, thCRF=-1):
        img_rgb = cv2.imread(img_path)
        img = cv2.cvtColor(img_rgb, cv2.COLOR_BGR2GRAY)
        img_h, img_w = img.shape
        keymap = np.zeros([img_h, img_w], np.int32)
        for i in range(win_offset, img_h - win_offset):
            for j in range(win_offset, img_w - win_offset):
                win = getWindow(img, i, j, win_size)
                scores = [calcV(win, getWindow(img, i + dx*win_offset, j + dy * win_offset, wi
n_size))for dx, dy in [(-1, -1), (-1, 0), (1, 1), (0, -1), (0, 1), (1, -1), (1, 0), (1, 1)]]
                keymap[i, j] = min(scores)
```

```
    if thCRF == -1:
        thCRF = np.mean(keymap)
    keymap[keymap < thCRF] = 0
    for i in range(nonMax_size // 2, img_h - nonMax_size // 2):
        for j in range(nonMax_size // 2, img_w - nonMax_size // 2):
            win = getWindow(keymap, i, j, nonMax_size)
            nonMax_win = nonMaximumSupression(win, nonMaxValue)
            stx, enx = i - nonMax_size // 2, i + nonMax_size // 2 + 1
            sty, eny = j - nonMax_size // 2, j + nonMax_size // 2 + 1
            keymap[stx:enx, sty:eny] = nonMax_win
    kps = getKeypoints(keymap, nonMaxValue, nFeature)
    img_kps = drawKeypoints(img_rgb, kps)
    return kps, img_kps
```

② Harris 角点检测。Harris 角点检测算法是对 Moravec 检测算子的优化，具体表现为：采用微分算子实现窗口全方向移动，替换矩形窗口为平滑高斯窗口，并通过公式调整降低了边缘响应的过度敏感性。

由式（8-16）变形得到 Harris 算子的计算公式如下：

$$E(u,v) = \sum_{x,y} w(x,y)\big(I(x+u,y+v) - I(x,y)\big)^2 \tag{8-17}$$

经泰勒展开，近似表示为

$$E(u,v) \approx \sum_{x,y} w(x,y)\big(uI_x + vI_y\big)^2 \tag{8-18}$$

式中，$\big(uI_x + vI_y\big)^2$ 可写成矩阵形式：

$$\big(uI_x + vI_y\big)^2 = \begin{bmatrix} u & v \end{bmatrix} \begin{bmatrix} I_x^2 & I_xI_y \\ I_xI_y & I_y^2 \end{bmatrix} \begin{bmatrix} u \\ v \end{bmatrix} \tag{8-19}$$

式中，$\begin{bmatrix} I_x^2 & I_xI_y \\ I_xI_y & I_y^2 \end{bmatrix}$ 可以由求图像的偏导数获得，进一步简化为

$$E(u,v) \approx$$

$$\begin{bmatrix} u & v \end{bmatrix} \begin{bmatrix} \sum\limits_{x,y} w(x,y)I_x^2 & \sum\limits_{x,y} w(x,y)I_xI_y \\ \sum\limits_{x,y} w(x,y)I_xI_y & \sum\limits_{x,y} w(x,y)I_y^2 \end{bmatrix} \begin{bmatrix} u \\ v \end{bmatrix} = \begin{bmatrix} u & v \end{bmatrix} \begin{bmatrix} A & C \\ C & B \end{bmatrix} \begin{bmatrix} u \\ v \end{bmatrix} = \begin{bmatrix} u & v \end{bmatrix} \boldsymbol{M} \begin{bmatrix} u \\ v \end{bmatrix} \quad (8\text{-}20)$$

式中，$\begin{bmatrix} A & C \\ C & B \end{bmatrix} = \boldsymbol{M}$，$w(x,y)$ 为高斯平滑函数。

滑动窗口的响应为

$$E(u,v) = Au^2 + 2Cuv + Bv^2 \quad (8\text{-}21)$$

为了降低计算量，Harris 算法定义了角点响应函数：

$$R = \det(\boldsymbol{M}) - k \times \mathrm{trace}(\boldsymbol{M}) \quad (8\text{-}22)$$

式中，det 和 trace 分别表示矩阵 $\boldsymbol{M}$ 的行列式和迹，避免矩阵特征值的计算。系数 k 的取值范围通常为 0.04~0.20。当角点响应函数 R 超过设定的阈值，并在相应的区域内取得局部极值时，将该像素点标记为候选角点。

Harris 角点适用于光照条件复杂、角点数目较多的情况。当不存在尺度变化时，Harris 角点对图像的旋转、视角变化以及噪声有很好的顽健性，图像尺度的变化会使 Harris 角点提取的特征不具备可重复性。此外，Harris 角点提取算法对序列图像有很好的检测效果。图 8-8 展示了 Harris 角点检测的实例。

(a) 原始图像

(b) Harris角点检测结果

⟨ 图 8-8　Harris 角点检测实验示例

用 Python 和 OpenCV 实现的代码如下：

```
gray = np.float32(gray)
dst = cv2.cornerHarris(gray,2,3,0.04)
dst = cv2.dilate(dst,None)
ret, dst = cv2.threshold(dst,0.01*dst.max(),255,0)
dst = np.uint8(dst)
# find centroids
```

```
ret, labels, stats, centroids = cv2.connectedComponentsWithStats(dst)
# define the criteria to stop and refine the corners
criteria = (cv2.TERM_CRITERIA_EPS + cv2.TERM_CRITERIA_MAX_ITER, 100, 0.001)
corners = cv2.cornerSubPix(gray,np.float32(centroids),(5,5),(-1,-1),criteria)
# Now draw them
res = np.hstack((centroids,corners))
res = np.int8(res)
img[res[:,1],res[:,0]]=[0,0,255]
img[res[:,3],res[:,2]] = [0,255,0]
cv2.imshow('dst',img)
if cv2.waitKey(0) & 0xff == 27:
  cv2.destroyAllWindows()
```

（2）基于 Hough 变换的匹配算法

基于 Hough 变换的匹配算法不使用传统的相似性度量方式，而是使用 Hough 变换的"投票"机制来确定在误差范围内一个解空间中的邻域，其匹配过程如下。

① 灰度转换。在匹配问题中，一般处理的是灰度图像，如果是彩色图像，则需先把彩色图像转化为灰度图像，然后进行匹配处理。在转换过程中，某个像素（x,y）的灰度值 $I(x,y)$ 等于该像素处红绿蓝各个彩色值的加权之和，公式表示如下：

$$I(x,y) = 0.30R(x,y) + 0.59G(x,y) + 0.11B(x,y) \tag{8-23}$$

② 去噪滤波。匹配处理的后续工作主要针对图像像素灰度值，常采用空间域滤波法以减少噪声干扰。其中，均值滤波和中值滤波应用广泛。中值滤波在特定条件下能有效衰减随机噪声，尤其是孤立噪声点，同时避免图像模糊，保护原始图像质量。

③ 特征点提取。特征点的提取方法很多，如前述的 Moravec、Harris 角点检测方法等。

④ 特征点匹配。对于具有一般形式的空间变换的两幅图像，应使用基于特征点邻域灰度信息的匹配算法，如使用归一化互相关法匹配特征点或者 SIFT 特征点匹配算法等。

⑤ 用 Hough 变换优化变换参数。一般的线性仿射变换模型通常能解决多数图像匹配问题，该模型包含 6 个未知参数（4 个旋转和缩放参数，2 个平移参数），对应 6 维 Hough 空间。在实际匹配搜索中，针对每对匹配点，遍历 Hough 空间 4 个选定维度的量化值，依据匹配点坐标和已知 4 参数求解剩余 2 参数，随后确定所求 Hough 参数所在小格子，并更新对应累加器。遍历所有匹配点后，选取累加器计数值最高的小格子，其参数即空间变换的最优解。

（3）SIFT 匹配算法

尺度不变特征变换（SIFT），由 David Lowe 于 2004 年提出，是一种基于尺度空间的特征描述方法，通过寻找极值点提取位置、尺度和旋转不变量。该算法将图像匹配转化为特征点向量相似性度量，相较于传统算法，具有显著优势：SIFT 特征对图像旋转、缩放和亮度变化保持不变，对视角变化、仿射变换及噪声保持稳定；提取特征数量多且明显，匹配准确，计算高效；SIFT 算子可扩展性强，易与其他特征向量结合，被公认为效果最佳的匹配算法。

利用 SIFT 实现图像配准的流程如图 8-9 所示。首先，于尺度空间内自原图像与待配准图像中提取稳定特征点，并生成对应的特征向量及 SIFT 描述子；随后，对所得特征向量执行匹配检测与校正，以获得配准结果。

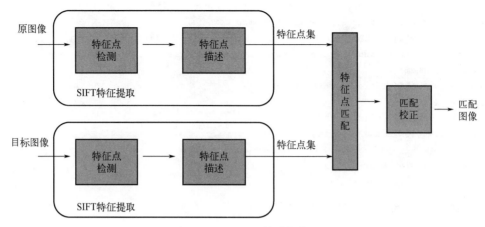

　　SIFT 算法的关键是特征提取和特征描述，这一过程可细分为 4 个步骤。

　　① 初步定位特征点。特征点检测在多尺度空间进行，以确保尺度不变性。通过检测尺度空间极值点，确定在尺度及二维图像空间均为极值的特征点位置与尺度。具体步骤包括：利用高斯函数构建尺度空间，进而构建差分高斯（DOG）尺度空间，并在 DOG 空间中检测极值点以初步定位特征点。

　　根据尺度空间理论，采用不同尺度的高斯核对原图像进行滤波，可以生成多尺度空间。定义二维高斯核 $G(x,y,\sigma)$ 与原图像 $I(x,y)$ 的卷积结果为二维图像尺度空间 $L(x,y,\sigma)$，简称高斯金字塔或高斯尺度空间，公式表达如下：

$$L(x,y,\sigma)=G(x,y,\sigma)*I(x,y) \tag{8-24}$$

　　式中，$*$ 表示卷积运算，$I(x,y)$ 为原始输入图像，$G(x,y,\sigma)$ 为二维高斯函数，其具体形式如下：

$$G(x,y,\sigma)=\frac{1}{2\pi\sigma^2}\mathrm{e}^{\frac{-\left(x^2+y^2\right)}{2\sigma^2}} \tag{8-25}$$

　　式中，σ 表示尺度因子。

　　② 精确定位特征点。初步极值点需经进一步检验，以剔除低对比度点及不稳定边缘点，从而提升匹配的稳定性和抗噪性。为确保尺度空间中极值点检测的稳定有效，SIFT 算法选择在差分高斯尺度空间 $D(x,y,\sigma)$ 中检测极值点，而非直接在高斯金字塔尺度空间 $L(x,y,\sigma)$ 中进行。差分高斯尺度空间由相邻高斯尺度空间相减得到，公式如下：

$$D(x,y,\sigma)=[G(x,y,k\sigma)-G(x,y,\sigma)]*I(x,y)=L(x,y,k\sigma)-L(x,y,\sigma) \tag{8-26}$$

　　式中，k 为常数，满足 $k=2s$，表示两个相邻尺度之间的间隔。函数 $G(x,y,k\sigma)$ 为高斯函数，函数 $L(x,y,k\sigma)$ 为对应图像的尺度空间。

　　鉴于 DOG 算子产生强边缘响应，需对极值点进行精炼以生成稳定 SIFT 特征。精炼包含两部分：一是低对比度点抑制，即剔除响应值低于阈值的点；二是边缘响应点去除，即筛除大曲率边缘点。精炼前，需先以三维二次函数精确定位特征点，再依据 DOG 响应值及曲率筛选出真正的极值点。图 8-10 展示了 3456×4608 图像 SIFT 特征点的精选流程，从原始图像（a）到初步检测到 15406 个特征点［见图（b）］，经低对比度点阈值去除后保留 7496 个特征点［见图（c）］，再到主曲率比筛选后得到最终 3536 个 SIFT 特征点［见图（d）］。

(a) 原始图像   (b) 初始特征点

(c) 低对比度剔除后   (d) 主曲率比筛选后

⋀ 图 8-10   SIFT 特征点的选取

用 Python 和 OpenCV 实现的代码如下：

```python
# 根据对比度去除低对比度特征点
contrast_threshold = 0.03  # 对比度阈值
keypoints_contrast = [kp for kp in keypoints if kp.response > contrast_threshold]


# 计算梯度
dx = cv2.Sobel(gray, cv2.CV_64F, dx: 1, dy: 0, ksize=3)
dy = cv2.Sobel(gray, cv2.CV_64F, dx: 0, dy: 1, ksize=3)


# 计算 Heseian 矩阵
dxx = cv2.Sobel(dx, cv2.CV_64F, dx: 1, dy: 0, ksize=3)
dyy = cv2.Sobel(dy, cv2.CV_64F, dx: 0, dy: 1, ksize=3)
dxy = cv2.Sobel(dx, cv2.CV_64F, dx: 0, dy: 1, ksize=3)


# 根据主曲率比去除边缘响应特征点
edge_ratio = 100  # 主曲率阈值
```

```
keypoints_final = [kp for kp in keypoints_contrast if compute_curvature_ratio(kp, dxx, dyy,
dxy) < (edge_ratio + 1) ** 2 / edge_ratio]

# 绘制特征点
image_with_keypoints = draw_keypoints(image, keypoints)
image_with_keypoints_contrast = draw_keypoints(image, keypoints_contrast)
image_with_keypoints_final = draw_keypoints(image, keypoints_final)
```

③ 确定特征点方向。利用特征点邻域像素的梯度方向分布，为每个特征点赋予方向参数，并确定其主方向，以确保算子具备旋转不变性。经精确定位后保留的特征点，即关键点，其主方向通过邻域像素梯度分布特性计算得出。采用邻域像素梯度直方图，并考虑像素的加权，能更精确地估计关键点的主方向。

选取距离关键点尺度最近的高斯图像 L，计算 L 上每一个点的梯度模值大小 $m(x,y)$ 和梯度方向 $\theta(x,y)$。

$$m(x,y) = \sqrt{\left(L(x+1,y)-L(x-1,y)\right)^2 + \left(L(x,y+1)-L(x,y-1)\right)^2} \tag{8-27}$$

$$\theta(x,y) = \arctan \frac{L(x,y+1)-L(x,y-1)}{L(x+1,y)-L(x-1,y)} \tag{8-28}$$

在以关键点为中心的邻域窗口内采样，用直方图统计邻域像素的梯度方向。该直方图的横轴表示梯度方向，其范围从 $0° \sim 360°$，共分为 36 段（bin），每 $10°$ 为一段，纵轴表示加权梯度模值 m_1。选取高斯函数 $G\left(x,y,\frac{3\sigma}{2}\right)$ 为加权函数 w_1，则 m_1 表示为

$$m_1 = w_1 m(x,y) = G\left(x,y,\frac{3\sigma}{2}\right) m(x,y) \tag{8-29}$$

式中，σ 为该极值点的尺度值。

在直方图中找到最大值所指示的方向并将其确定为特征点的主方向。若存在能量不低于主峰值 80% 的次高峰，则其方向被视为辅方向。因此，一个关键点可具有多方向性（含一主方向及一或多个辅方向），且每个关键点由位置、尺度及方向三要素构成，此举有助于增强特征匹配的稳定性。

④ 生成关键点描述子。为确保 SIFT 关键点对各种变化的稳定性，需构建高独特性的特征描述子，该描述子为以 SIFT 特征点为核心的局部图像特征的多维向量。为实现 SIFT 特征向量的旋转不变性，首先调整坐标轴至关键点主方向；随后，根据关键点尺度选定高斯图像，并按式（8-27）和式（8-28）计算 16×16 窗口（除关键点所在行列）内像素的梯度模值与方向。此窗口被划分为 4×4 的 16 个子区域，每个子区域通过计算梯度方向直方图（8 维，每 $45°$ 一段）形成特征向量，最终特征点由 16×8=128 维向量表示。其中，采用高斯函数 $G\left(x,y,\frac{\sigma}{2}\right)$ 为加权函数 w_2，权重随像素与特征点距离的减小而增加，加权梯度模 m_2 表示为

$$m_2 = w_2 m(x,y) = G\left(x,y,\frac{\sigma}{2}\right) m(x,y) \tag{8-30}$$

式中，σ 为该极值点的尺度值。

某一子块 $r(l,m)$ 第 k 方向的梯度方向直方图的统计公式如下：

$$h_{r(l,m)}(k) = \sum_{x,y \ar(l,m)} m(x,y) \left(1 - \frac{|\theta(x,y) - c_k|}{\Delta_k} \right), \theta(x,y) \in bin(k) \tag{8-31}$$

式中，l=1，2，3，4，m=1，2，3，4，c_k 为方向柱的中心，Δ_k 为方向柱 $bin(k)$ 的宽度，(x,y) 为子块 $r(l,m)$ 像素点的坐标。

一个特征点由 4×4=16 个种子点组成，特征描述子由所有子块的梯度方向直方图构成。

$$u = \left(h_{r(1,1)}, \cdots, h_{r(l,m)}, \cdots, h_{r(4,4)} \right) \tag{8-32}$$

式中，SIFT 特征描述子由包含 8 个分量的直方图 $h_{r(l,m)}$ 构成，最终形成 128 维向量。此 SIFT 特征向量已消除尺度变化及旋转等几何变形影响，若再对其进行归一化处理，则可进一步削弱光照变化所带来的影响。

8.4 习题

1．简述常用的模板匹配方法以及各方法间的差异。

2．基于灰度的匹配主要步骤和处理问题是什么？

3．比较平方误差度量、互相关法、序贯相关性度量和最大互信息法的关系，并简要说明各自的特点。

4．简述基于特征的匹配方法。

5．简述 SIFT 算法的特点及主要步骤。

第 9 章

图像识别

自 1973 年 Richard O、Duda 和 Peter E.Hart 发表经典著作"Pattern Classification and Scene Analysis"以来，图像的识别与分类一直是数字图像处理中的核心研究领域。识别任务旨在根据图像中不同对象的特征建立分类标准，这些标准可以是类的原型图像、数值参数，或关键特征的语法描述等多种形式。本章将介绍几种常见的图像识别方法，并探究传统统计模式识别与深度学习在数字处理中的应用。

9.1 图像识别概述

自然界中存在各种各样的物体，即便在一个复杂的场景中，人类也能够较轻松地识别出这些物体。图像识别是想让计算机也能够像人一样，识别出场景中感兴趣的目标。一个完整的图像识别过程，涉及图像获取、预处理、特征提取、分类决策等模块。如图 9-1 所示，传统的图像识别方法由以下模块构成。

∧ 图 9-1 传统图像识别

（1）图像获取

图像获取是指通过光学摄像机、红外摄像机或激光、超声波、雷达等传感器获取与现实世界对应的二维或高维图像，并将其转换为数字形式以方便处理。

（2）预处理

预处理旨在去除噪声、增强有用信息、剔除干扰信号，并恢复原因输入设备或其他因素导致的图像退化。预处理技术包括图像平滑、增强、复原和变换等，为后续特征提取提供准备。

（3）特征提取

从原始图像数据中提取最能反映分类本质的特征。原始数据位于测量空间，通过变换映射到特征空间，降低数据维度。特征空间中的模式通常表示为向量，即特征空间中的点。

（4）分类决策

分类决策是在特征空间中利用分类器判定待识别对象的类别。分类方法包括基于模板、统计理论、神经网络和聚类等。确定分类方法后，需要通过已标注类别的训练样本进行训练，以优化分类器参数，使其在分类时错误率最小或损失最小。训练完成后，分类器即可对新输入的对象进行分类。

传统图像识别方法将特征提取与分类器设计分开实施。例如，输入一系列猫的训练图像时，首先提取图像特征，如纹理、形状、颜色及 SIFT、HOG 等特征，然后将这些特征输入学习算法训练分类器。这种特征与分类器结合的方法在一些应用中取得成功，如指纹识别算法通过比对关键点来判断匹配度，以及基于 Haar 特征的人脸检测算法实现了实时检测。此外，基于 HOG 特征和支持向量机（SVM）结合的 DPM（Deformable Parts Model）算法也表现出色。这些例子表明，传统方法需要手工设计特征，并且需要合适的分类器才能达到最优识别效果。

若不手动设计特征或挑选分类器，是否有其他方案？基于深度学习的识别系统提供了答案。只需输入大量训练图像及其正负样本类型，系统自动完成特征提取与分类器学习。待识别图像输入后，系统直接输出识别结果。深度学习图像识别过程如图 9-2 所示。

︿ 图 9-2　基于深度学习的图像识别过程

9.2　传统图像识别方法

9.2.1　模式识别方法

在人工智能领域的计算机视觉分支中，存在多种图像处理方法，本节仅聚焦于统计模式识别，因为它不仅是应用最广泛的方法之一，而且有助于全面掌握各类模式识别过程。

统计模式识别假设图像中包含一个或多个物体，每个物体归属于事先定义的类型或模式类，分为三个主要阶段：首先是图像分割或物体分离阶段，此阶段的目标是从背景中检测并分离出各个物体；其次是特征抽取阶段，在此阶段对分离出的物体进行度量，形成特征向量，这些向量代表了后续分类决策所需的关键信息；最后是分类阶段，该阶段只以特征向量为依据输出决策结果，即确定每个物体所属的类别。每一物体被指定归属于预先定义的类别之一，分类错误的概率被称为误判率。

（1）模式识别的例子

统计模式识别的基本概念可以用一个例子来很好地说明。假定对 4 种水果——樱桃、苹果、柠檬和葡萄进行分类整理，可以通过两个特征参数——水果的直径和红色程度，来定义一个二维特征空间，并在其中确定决策边界。将空间划分为多个区域，每个区域对应一个类别（樱桃、苹果、柠檬和葡萄），由此建立分类规则，依据某个水果在特征空间中的位置将其分配至相应类别，从而实现对不同水果的分类。

图 9-3 展示了基于直径和红色程度的二维特征空间及 4 种水果的聚类情况。通过统计计算获得每类水果的概率密度函数（PDF），并依据这些 PDF 分布确定决策边界，以最小化误分类的可能性。

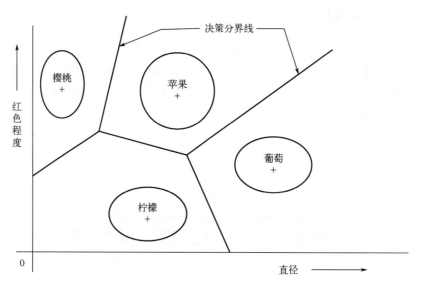

△图 9-3 模式识别例子

（2）模式识别系统的设计

一个模式识别系统的设计通常由以下 5 个步骤的方式实现。

① 物体检测器设计。选择能够将图像中各个物体分离开的景物分割算法。这种分离物体的过程称为图像分割，本书第 7 章进行了详细介绍。

② 特征选择。在物体识别系统中，首先需确定能够有效区分物体类型的属性，如尺寸和形状，并选择相应的度量方法。这些特征被称为测量对象的特殊属性，其参数值构成每个对象的特征向量。特征选择是识别的关键，尽管缺乏明确的指导原则，通常以直觉列出可能的特征，然后通过特征排序方法评估不同特征的相对效率，最终筛选出最优特征以用于识别。

a. 良好特征的特点。

可区别性：不同类别对象的特征值应显著不同。例如，在建立二维特征空间时，苹果与葡萄在直径和红色程度上的表现会有明显差异。

可靠性：同类对象的特征值应保持一致。例如，颜色对于不同成熟度的苹果而言并不是一个理想特征，因为青苹果与熟苹果的颜色差异较大。

独立性：所选特征之间应无显著相关性。例如，水果的直径和重量高度相关，因重量大致与直径的三次方成正比，主要反映水果的大小。尽管可以组合相关特征以减少噪声，但通常不应单独作为特征使用。

数量少：特征数量增加会导致系统复杂度上升，样本数量需随特征数呈指数增长。过多的特征，特别是带噪声或高度相关的特征，会降低分类器的性能，尤其是在训练样本有限时。因此，实际应用中，特征提取通常包括测试一组合理的特征，并最终减少至最佳集合。理想特征完全符合上述条件的情况极为罕见。

b. 特征选择思路。在模式识别中，特征选择是从众多候选特征中挑选出一部分用于分类的关键步骤。并非所有特征都满足理想特征的条件，因此，移除噪声较大或高度相关的特征有时可以提升分类器的性能。特征选择可视为一个逐步剔除无用特征并与相关特征组合的过程，直到特征数量减少到易于管理的程度，同时保持分类器的性能满足需求。例如，从 M 个特征中选出性能最优的 N 个特征。

穷举式特征选择方法涉及对所有可能的 N 个特征组合进行训练，并用测试样本评估其错分率，最终选择性能最佳的特征组合。然而这种方法计算量巨大，仅适用于简单的模式识别问题。因而在实际应用中，受限于计算资源，需要采用更高效的方法实现特征选择目标。

下面以两个特征压缩成一个特征的情况作为说明。假设训练样本集中有 M 个不同类别的样本。令 N_j 表示第 j 类的样本数，第 j 类中第 i 个样本的两个特征分别记为 x_{ij} 和 y_{ij}。首先可以计算每类的每一个特征均值。

$$\hat{\mu}_{xj} = \frac{1}{N_j} \sum_{i=1}^{N_j} x_{ij} \tag{9-1}$$

$$\hat{\mu}_{yj} = \frac{1}{N_j} \sum_{i=1}^{N_j} y_{ij} \tag{9-2}$$

$\hat{\mu}_{xj}$ 和 $\hat{\mu}_{yj}$ 表示两个近似基于训练样本的估计值，而不是真实的类均值。

特征方差：在理想情况下同一类别中所有对象的特征值应该很相近。第 j 类的 x、y 特征的方差估值分别为

$$\hat{\sigma}_{x,j}^2 = \frac{1}{N_j} \sum_{i=1}^{N_j} (x_{ij} - \hat{\mu}_{xj})^2 \tag{9-3}$$

$$\hat{\sigma}_{yj}^2 = \frac{1}{N_i} \sum_{i=1}^{N_j} (y_{ij} - \hat{\mu}_{yj})^2 \tag{9-4}$$

特征相关系数：第 j 类特征 x 与特征 y 的相关系数估计为

$$\hat{\sigma}_{xyj} = \frac{\frac{1}{N_j} \sum_{i=1}^{N_j} (x_{ij} - \hat{\mu}_{xj})(y_{ij} - \hat{\mu}_{yj})}{\hat{\sigma}_{xj} \hat{\sigma}_{yj}} \tag{9-5}$$

取值范围为−1 到+1 的相关系数，0 表示无相关性，接近+1 表示强正相关，−1 表示强负相关。若相关系数的绝对值接近 1，则这两个特征可组合或舍弃其中之一。

类间距离：一个特征区分两类能力的一个指标是类间距离，即类均值间的方差归一化间距。对 x 特征，第 j 类与第 k 类之间的类间距为

$$\hat{D}_{xjk} = \frac{|\hat{\mu}_{xj} - \hat{\mu}_{xk}|}{\sqrt{\hat{\sigma}_{xj}^2 + \hat{\sigma}_{xk}^2}} \qquad (9\text{-}6)$$

类间距离大的特征是好特征。

降维：有许多方法可以将两个特征 x 与 y 合成为一个特征 z，一个简单的方法是用线性函数：

$$z = ax + by \qquad (9\text{-}7)$$

由于分类器的性能与特征幅值的缩放倍数无关，可以对幅值加以限制，如

$$a^2 + b^2 = 1 \qquad (9\text{-}8)$$

合并到式（9-7）成为

$$z = x\cos\theta + y\sin\theta \qquad (9\text{-}9)$$

式中，θ 是一个新的变量，它决定 x 和 y 在组合中的比例。

如果训练样本集中每一对象都对应于二维特征空间（即 xy 平面）中的一个点，则式（9-9）描述了所有到 z 轴（与 x 轴成 θ 角）上的投影，如图 9-4 所示。显然应选取使得类间距最大的或者满足评价特征质量的其他条件的 θ。

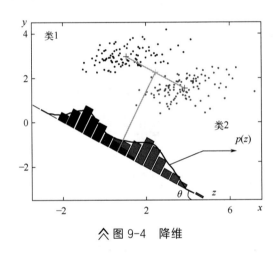

⋀ 图 9-4　降维

③ 分类器设计。分类器设计涉及构建分类算法的数学基础和选择分类器的结构类型。分类器通过计算对象特征与各类别典型特征的相似度来确定对象的归属类别。大多数分类规则转化为阈值规则，将测量空间划分为互不重叠的区域，每个区域对应一个或多个类别；当特征值落入某一区域时，对象被归类于该类别。某些区域可能对应于"不确定"类别。

④ 分类器训练。确定分类器中的可调参数（如决策界限）以适应待分类物体。分类器训练基于已知对象集来设定分类阈值，训练集由各已验证类别中的部分实例构成。通过对这些实例进行度量，并利用决策边界划分度量空间，实现训练样本集中最高的分类精度。训练过程中，可以采用简化规则，如最小化总分类错误，或使用损失函数平衡不同错误类型的重要性，目标是最小化整体风险。代表性训练样本集应涵盖所有可能的对象类型，包括稀有情况，以确保分类器在新对象上的性能与训练集相当。

⑤ 性能评估。估计各种可能的错分类率的期望值可通过测试集评估，前提是测试集规模足够大且无误，能够代表整体对象分布。另一种方法是估算各类别中对象特征的概率密度

函数（PDF），进而推算预期错误率，特别适用于已知 PDF 形式但测试样本有限的情况。使用独立测试集评估性能更为可靠，但这增加了对预分类数据的需求。交叉验证方法可作为替代方案，即每次选取一个对象作为测试对象，其余对象用于训练分类器，循环执行直至完成评估。这种方法尤其适合预分类成本较高的情况。

9.2.2 支持向量机（SVM）

支持向量机（Support Vector Machine, SVM）是一种基于最大间隔原则的二分类模型，由 Vapnik 和 Corinna Cortes 等人在 1995 年首先提出的一个概念，通过构造一个超平面来最大化两类样本之间的距离。可以解决非线性的分类和小样本的分类问题，并且它在机器学习领域的其他应用中也表现良好。

（1）主要思想

SVM 分类器的主要思想如图 9-5 所示。

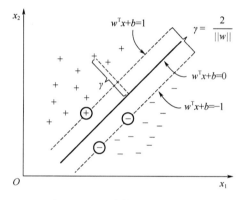

∧ 图 9-5　支持向量与间隔

图 9-5 中，"+"表示正样本，"-"表示负样本，需要找到一条分类线，把这两类样本隔开。分类线的选择多种多样，定义最优分类线 H，可以使得分类间隔最远。分类间隔指的是图中 H_1 和 H_2 之间的距离。H_1 和 H_2 分别是穿过正负样本离 H 最近的平行线。把二维的概念扩展到超平面上，最优分类线也就成了最优超平面。定义超平面的公式为

$$f(x) = w^{\mathrm{T}}x + b \tag{9-10}$$

式中，w 表示权重向量，为法向量（类似于二维平面中的斜率）；b 表示偏置量，决定了超平面和原点之间的距离（类似二维平面中直线和 y 轴的交点）。最优超平面的表示形式多种多样，通常用式（9-11）来表达最优超平面：

$$|w^{\mathrm{T}}x + b| = 0 \tag{9-11}$$

假设 x 是距离超平面最近的一些点，也就是图 9-5 中带有圈的点，这些点满足

$$\begin{cases} (w^{\mathrm{T}}x_i + b) = +1, & y_i = +1 \\ (w^{\mathrm{T}}x_i + b) = -1, & y_i = -1 \end{cases} \tag{9-12}$$

即 $y_i(w^{\mathrm{T}}x_i + b) = 1$，则称这些点为支持向量（Support Vector）。

（2）目标

从几何角度上来看，样本空间中任意一个点 x 到超平面 (w,b) 的距离 d 为

$$d = \frac{|w^{\mathrm{T}}x + b|}{\|w\|} \tag{9-13}$$

定义 γ 为间隔（Margin），其取值为最近距离的 2 倍，即

$$\gamma = \frac{2}{\|w\|} \tag{9-14}$$

为了找到具有"最大间隔"（Maximum Margin）的划分超平面，也就是要找到约束参数 w 和 b，使得 γ 最大，即

$$\max_{w,b} \frac{2}{\|w\|}$$
$$\text{s.t.} y_i(w^{\mathrm{T}}x_i + b) \geqslant 1 \quad i = 1, 2, \cdots, m \tag{9-15}$$

进一步等价于最小化 $\|w\|^2$，即：

$$\min_{w,b} \frac{1}{2}\|w\|^2$$
$$\text{s.t.} y_i(w^{\mathrm{T}}x_i + b) \geqslant 1 \quad i = 1, 2, \cdots, m \tag{9-16}$$

式中 y_i 是第 i 个样本的标签，x_i 是第 i 个样本的特征。这就是 SVM 的基本型。这是一个在如下约束下的优化问题：

$$\min_w f(w)$$
$$\text{s.t.} g_i(w) \leqslant 0 \quad i = 1, 2, \cdots, k$$
$$h_i(w) = 0 \quad i = 1, 2, \cdots, k \tag{9-17}$$

式中，目标函数 $f(w)$ 和约束函数 $g_i(w)$ 都是 R^n 上连续可微的凸函数，约束函数 $h_i(w)$ 是 R^n 上的仿射函数。当目标函数 $f(w)$ 是二次函数，且约束函数 $g_i(w)$ 是仿射函数时，上述问题就称为凸二次规划问题。

（3）对偶形式

通过引入拉格朗日乘子 α_i，可以将原问题转换为对偶问题：

$$\max_{\alpha} W(\alpha) = \sum_{i=1}^{N} \alpha_i - \frac{1}{2}\sum_{i,j=1}^{N} \alpha_i\alpha_j y_i y_j x_i^{\mathrm{T}} x_j$$
$$\text{s.t.} \, 0 \leqslant \alpha_i \leqslant C, \forall i$$
$$\sum_{i=1}^{N} \alpha_i y_i = 0 \tag{9-18}$$

式中，C 是正则化参数。

（4）核技巧

对于非线性可分的情况，可以使用核函数 $K(x_i, x_j) = <\phi(x_i), \phi(x_j)> = \phi(x_i)^{\mathrm{T}}\phi(x_j)$ 将数据映

射到高维空间，从而在高维空间中寻找一个线性可分的超平面。式中，$<\phi(x_i),\phi(x_j)>$ 为 x_i、x_j 映射到特征空间上的内积。把这样的函数称为核函数（Kermel Function）。目前常用的核函数主要有线性核函数、多项式核函数、径向基核函数、拉普拉斯核函数和 Sigmoid 核函数等。具体如下所示：

① 线性核函数：

$$K(x_i,x_j) = <x_i,x_j>$$

（9-19）

② 多项式核函数：

$$K(x_i,x_j) = [<x_i,x_j>+1]^q$$

（9-20）

式中，q 是多项式次数。

③ 径向基函数（Radial Basis Function, RBF）：

$$K(x_i,x_j) = \exp\left(-\frac{|x_i-x_j|^2}{2\sigma^2}\right)$$

（9-21）

式中，σ 为高斯函数的宽度。

④ 拉普拉斯核函数：

$$K(x_i,x_j) = \exp\left(-\frac{|x_i-x_j|}{\sigma}\right)$$

（9-22）

式中，$\sigma<0$。

⑤ Sigmoid 核函数：

$$K(x_i,x_j) = \tanh(\beta(x_i,x_j)+\theta)$$

（9-23）

式中，$\tanh$ 为双曲正切函数，$\beta>0$，$\theta<0$。

（5）应用实例

在图像分类中，SVM 可以用来学习图像特征与类别标签之间的决策边界。通过核技巧（Kernel Trick），SVM 还可以处理非线性可分的问题。完整程序代码见二维码。

9.2.3　BP 神经网络图像识别

统计模式识别依据图像的统计值特征与训练样本间的统计关系进行分类，不考虑纹理、形状、大小等特征。相比之下，人类识别图像时会综合分析各种特征。人工神经网络识别技术则融合了人类识别物体的特点，不仅利用图像的统计特征，还能利用几何空间特征，并借鉴以往识别经验。在图像信息引导下，通过自学习调整自身结构与识别方式，提高分类精度与速度，已成为主要方法之一，随着技术发展，在模式识别中发挥重要作用。其中，采用 BP 学习算法的多层感知器（即 BP 网络）是最成功的人工神经网络模型之一。由于采用监督学习方式训练，BP 网络主要用于监督模式识别问题。

（1）定义

BP 神经网络（Backpropagation Neural Network）是一种多层前馈神经网络，通过反向传播算法来优化网络权重，实现对输入数据的分类。其实质是把一组样本输入、输出问题转化为一个非线性优化问题，并通过梯度算法利用迭代运算求解权值问题的一种学习算法。BP神经网络模型如图 9-6 所示。

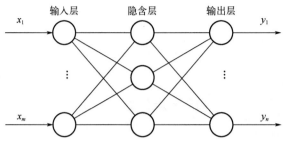

介 图 9-6　BP 神经网络模型

训练过程包括前向传播和反向传播两个阶段：前向传播从输入层到输出层，逐层计算节点的输出值；反向传播从输出层到输入层，逐层调整权重以最小化损失函数。损失函数通常是均方误差（MSE）或交叉熵误差（Cross-Entropy Error）：

$$E = \frac{1}{2}\sum_{n=1}^{N}(y_n - t_n)^2 \tag{9-24}$$

式中，y_n 是网络输出，t_n 是目标输出，N 是样本数量。

（2）前向传播

在前向传播过程中，对于一个给定的层 l，z 表示该层神经元的净输入值，a 表示该层神经元的激活输出值。对于一个具有 L 层的神经网络，前向传播可以表示为

$$z^{(l)} = W^{(l-1)}a^{(l-1)} + b^{(l-1)} \tag{9-25}$$

$$a^{(l)} = f(z^{(l)}) \tag{9-26}$$

式中，$W^{(l-1)}$ 是从第 $l-1$ 层到第 l 层的权重矩阵；$a^{(l-1)}$ 是第 $l-1$ 层的激活输出向量；$b^{(l-1)}$ 是第 l 层的偏置向量；f 是激活函数，如 Sigmoid 或 ReLu。

（3）反向传播

反向传播通过计算梯度来更新权重和偏置。输出层误差项的计算，基于预测输出和目标输出之间的差异以及激活函数的导数。

$$\delta^{(L)} = (y - t)\mathrm{e}f'(z^{L}) \tag{9-27}$$

式中，y 是预测输出，t 是目标输出（真实值）；$\delta^{(L)}$ 为输出层 L 的误差项；e 表示元素级别的乘积；f' 是激活函数的导数。

对于隐藏层 l，误差项 $\delta^{(l)}$ 是基于下一层的误差项和当前层的激活函数的导数，公式为

$$\delta^{(l)} = (W^{(l+1)})^{\mathrm{T}}\delta^{(l+1)}\mathrm{e}f'(z^{(l)}) \tag{9-28}$$

式中，$W^{(l+1)}$ 是从第 $l+1$ 层到下一层的权重矩阵；$\delta^{(l+1)}$ 是下一层的误差项。

权重和偏重的更新公式为

$$W^{(l)} = W^{(l)} - \eta \Delta W^{(l)} \tag{9-29}$$

$$\Delta W^{(l)} = \delta^{(l)} (a^{(l-1)})^{\mathrm{T}} \tag{9-30}$$

$$b^{(l)} = b^{(l)} - \eta \Delta b^{(l)} \tag{9-31}$$

$$\Delta b^{(l)} = \delta^{(l)} \tag{9-32}$$

式中，η 是学习率。

这些更新规则是通过链式法则推导出来的，目的是最小化损失函数，使网络的预测更接近真实值。具体的，损失函数 J 相对于输出层的激活输出 $a^{(L)}$ 的梯度计算公式为

$$\delta^{(L)} = \frac{\partial J}{\partial a^{(L)}} \cdot \frac{\partial a^{(L)}}{\partial z^{(L)}} \tag{9-33}$$

式中，$\dfrac{\partial J}{\partial a^{(L)}}$ 是损失函数相对于输出层激活输出的导数；$\dfrac{\partial a^{(L)}}{\partial z^{(L)}}$ 是激活函数相对于净输入的导数。

（4）示例

在图像分类中，BP 神经网络可以学习到输入图像与类别标签之间的映射关系，用于提取图像特征并进行分类。下面是一个 BP 神经网络前向传播和反向传播过程的示例代码：

```python
import numpy as np
# 定义激活函数及其导数
def sigmoid(x):
    return 1 /(1 + np.exp(-x))
def sigmoid_derivative(x):
    return x*(1-x)
#输入数据
X = np.array([[0, 0, 1],
              [1,1,1],
              [1,0,1],
              [0,1,1]])
# 输出数据
y = np.array([[0], [1], [1] [0]])
# 初始化权重
np.random.seed(1)
weights_hidden = 2 * np.random.random((3,4))-1
weights_output = 2 * np.random.random((4,1))-1
# 学习率
learning_rate = 0.1
# 训练次数
epochs = 10000
for epoch in range(epochs):
# 前向传播
    z_hidden = np.dot(X,weights_hidden) #z_hidden 表示隐藏层的净输入
    a_hidden = sigmoid(z_hidden) #a_hidden 表示隐藏层的激活输出
    z_output = np.dot(a_hidden,weights_output) #z_output 表示输出层的净输入
    a_output = sigmoid(z_output) #a_output 表示输出层的激活输出
```

```
# 计算损失
    loss = np.mean((y-a_output)**2)
    # 反向传播
    delta_output=(y-a_output)*sigmoid_derivative(a_output)
    delta_hidden = delta_output. dot(weights_output.T)* sigmoid_derivative(a_hidden)
    # 更新权重和偏置
    weights_output +=a_hidden.T.dot(delta_output)* learning_rate
    weights_hidden +=X.T.dot(delta_hidden)* learning_rate
    if epoch % 1000==0:
        print(f"Epoch {epoch}:Loss {loss}")
print("Output After Training:")
print(a_output)
```

9.2.4 聚类分析

（1）基本概念

聚类分析（Clustering Analysis）是一种无监督学习方法，其目标是将数据集中的样本按照某种相似性标准分为若干个类（簇）。在图像处理中，聚类分析可以用于图像分割、目标检测等任务。K-means 是最常用的聚类算法之一，它通过最小化簇内误差平方和（SSE），将数据分为 k 个簇。使得簇内的相似性最大化，簇间差异最大化。

K-means 的目标是找到 k 个质心 μ_j，使得所有点到最近质心的距离平方和最小：

$$SSE = \min_{\mu_1, \cdots, \mu_k} \sum_{j=1}^{k} \sum_{x_i \in C_j} \left\| x_i - \mu_j \right\|^2 \tag{9-34}$$

式中，C_j 表示第 j 个簇，μ_j 为第 j 个簇的质心。

（2）算法

① 算法步骤。

a. **初始质心选择**：随机选取 k 个点作为初始质心。

b. **簇分配**：将每个数据点分配给离它最近的质心所属簇，常用的距离度量为欧几里得距离。

c. **质心更新**：对每个簇，重新计算该簇内所有点的均值，并将其作为新的质心。

d. **重复迭代**：重复簇分配和质心更新，直到质心不再变化或变化小于设定的阈值。

② 收敛条件。

质心的变化小于某个阈值或达到最大迭代次数。

（3）在图像识别中的应用

在图像分类中，K-means 可以用来对图像特征进行聚类，进而提取出有意义的特征表示，辅助图像分类或其他高级任务。本节选择鸢尾花（Iris）数据集进行实验（图 9-7）。该数据集包含三个不同种类的鸢尾花（各 50 个样本），每个样本有 4 个特征：萼片长度、萼片宽度、花瓣长度和花瓣宽度。下面程序使用 scikit-learn 库来实现 KMeans 算法，并对结果进行可视化。

山鸢尾 变色鸢尾 维吉尼亚鸢尾

∧ 图 9-7 鸢尾花数据集样例

① 导入必要的库。

```python
import numpy as np
import matplotlib.pyplot as plt
from sklearn import datasets
from sklearn.cluster import KMeans
from sklearn.metrics import silhouette_score, adjusted_rand_score
from sklearn.preprocessing import StandardScaler
```

② 加载数据集。

```python
# 加载鸢尾花数据集
iris = datasets.load_iris()
X = iris.data
y = iris.target
feature_names = iris.feature_names
target_names = iris.target_names
```

③ 数据预处理。

```python
# 数据标准化
scaler = StandardScaler()
X_scaled = scaler.fit_transform(X)
```

④ 应用 K-means 聚类。

```python
# 创建 K-means 聚类器
kmeans = KMeans(n_clusters=3, random_state=42)
# 训练模型
kmeans.fit(X_scaled)
# 预测
Y_pred = kmeans.predict(X_scaled)
```

⑤ 评估聚类结果。

```python
# 评估聚类结果
silhouette_avg = silhouette_score(X_scaled, y_pred)
ari = adjusted_rand_score(y, y_pred)
print(f"Silhouette Coefficient: {silhouette_avg:.4f}")
print(f"Adjusted Rand Index: {ari:.4f}")
```

⑥ 可视化结果。

```python
# 选择两个特征进行可视化，这里假设选择萼片长度和花瓣长度作为可视化特征
features_to_plot = [0, 2]
# 绘制原始数据
plt.figure(figsize=(10, 6))
```

```
    plt.scatter(X[:, features_to_plot[0]], X[:, features_to_plot[1]], c=y, edgecolor='k', cmap
='viridis')
    plt.title('Original Iris Data')
    plt.xlabel(feature_names[features_to_plot[0]])
    plt.ylabel(feature_names[features_to_plot[1]])
    plt.show()
    # 进行 k-Means 聚类
    kmeans = KMeans(n_clusters=3)
    y_pred = kmeans.fit_predict(X)
    # 绘制聚类结果
    plt.figure(figsize=(10, 6))
    plt.scatter(X[:, features_to_plot[0]], X[;, features_to_plot[1]], c=y_pred, edgecolor='k',
 cmap='viridis')
    centers = kmeans.cluster_centers_
    plt.scatter(centers[:, features_to_plot[0]], centers[:, features_to_plot[1]], c='red', mar
ker='x', s=200, linewidths=3, label='Centroids')
    plt.title('K-means Clustering Result')
    plt.xlabel(feature_names[features_to_plot[0]])
    plt.ylabel(feature_names[features_to_plot[1]])
    plt.legend()
    plt.show()
```

运行上述程序后将看到结果：图 9-8、图 9-9 展示了鸢尾花数据集在两个选定特征（萼片长度和花瓣长度）上的分布。

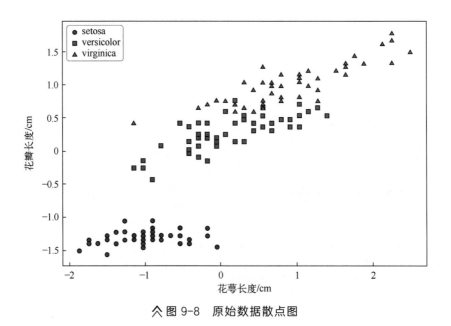

∧ 图 9-8　原始数据散点图

K-means 聚类结果的散点图：展示了 K-means 聚类后的结果，其中不同的颜色代表不同的簇，红色的'x'标记表示簇中心。扫码看彩图。

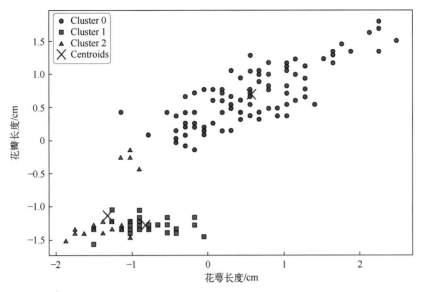

☆ 图 9-9　K-means 聚类结果的散点图

具体实现代码见二维码。

9.2.5　K 近邻算法（KNN）

（1）定义

K 近邻算法是一种基于实例的监督学习算法，广泛应用于图像分类任务。它的基本思想是：相似的对象应该靠近批次，因此可以用距离度量来确定未知样本的类别归属。

给定一个训练集 $T = \{(x_i, y_i)\}_{i=1}^{N}$，其中 x_i 是输入特征向量，y_i 是对应的标签，对于一个新的未知样本 x，KNN 算法通过计算该样本与训练集中所有样本的距离，找到离该样本最近的 k 个训练样本，并根据这些邻居的多数投票来预测 x 的类别。具体实现过程如下。

① 距离计算。计算测试样本 x 与训练样本 y 之间的距离。欧氏距离是最常用的度量方式，定义为

$$d(x, y) = \sqrt{\sum_{i=1}^{n} (x_i - y_i)^2} \tag{9-35}$$

式中，$x = (x_1, x_2, \cdots, x_n)$ 和 $y = (y_1, y_2, \cdots, y_n)$ 是两个 n 维向量。

② 邻居选择。根据计算出的距离，选择离 x 最近的 k 个训练样本（称为"近邻"）。

③ 投票机制。根据这 k 个样本所属的类别进行投票。通常是采用多数表决的方法，选择出现次数最多的类别作为 x 的预测类别。

（2）参数选择

KNN 算法的性能依赖于两个关键因素：

① K 值的选择。k 是指近邻的数量，较小的 k 值会使模型对噪声敏感，较大的 k 值则可能导致决策边界过于平滑，损失局部特征。通常通过交叉验证或经验法则选择最优的 k 值。

② 距离度量。除了欧几里得距离，常用的距离度量还包括曼哈顿距离、切比雪夫距离和马氏距离。不同的度量方式适用于不同的数据类型。例如，马氏距离更适合考虑特征之间的相关性。

（3）应用实例

在图像处理中，KNN 可以用于图像分类任务。例如，对于一个包含多种花卉类别的图像数据集，可以提取图像特征（如颜色直方图、纹理特征等），并将这些特征作为输入向量 **x**。训练集由已知类别的图像组成，对于新的图像，KNN 将根据其特征向量找到最近的邻居并进行分类。

图 9-10 为花卉数据集，包含 5 种花朵类别，共 3670 张图片。其中雏菊 633 张、蒲公英 898 张、玫瑰 641 张、向日葵 699 张、郁金香 799 张。每张图像为 3 通道 JPG 格式。

| 玫瑰 | 向日葵 | 郁金香 |

| 蒲公英 | 雏菊 |

︽ 图 9-10　花卉数据集各类别样本

9.2.6　贝叶斯分类器

（1）定义

贝叶斯分类器（Bayesian Classifier）的基本思想是基于概率和决策代价进行分类。在图像分类中，可以用来推断图像属于某一类的概率。核心理论基础是贝叶斯定理，表达式如下：

$$P(C \mid X) = \frac{P(X \mid C)P(C)}{P(X)}$$ （9-36）

式中，$P(C \mid X)$ 是给定输入特征 X 时类别 C 的后验概率；$P(X \mid C)$ 是给定类别 C 时输入特征 X 的似然度。$P(C)$ 是类别 C 的先验概率；$P(X)$ 是输入特征 X 的边缘概率。在实际应用中，$P(X)$ 可以被视为常数，因此决策规则简化为

$$\hat{C} = \arg\max_C P(X \mid C)P(C)$$ （9-37）

（2）特征分布假设

为了简化计算，通常假设特征 X 在每个类别 C 下服从某种概率分布，如高斯分布（正态分布）。如果特征 X 包括多个维度，则 $X = (x_1, x_2, \cdots, x_n)$，则有

$$P(X \mid C) = \prod_{i=1}^{n} P(x_i \mid C) \qquad (9\text{-}38)$$

假设每个维度 x_i 都独立且服从高斯分布：

$$P(x_i \mid C) = \frac{1}{\sqrt{2\pi}\sigma_C} \exp\left(-\frac{(x_i - \mu_C)^2}{2\sigma_C^2}\right) \qquad (9\text{-}39)$$

式中，μ_C 和 σ_C 分别是类别 C 下特征 x_i 的均值和标准差。

（3）训练过程

在训练阶段，需要估计每个类别的先验概率 $P(C)$ 和似然度 $P(X|C)$：
① 计算先验概率：通过统计训练集中每个类别的样本数量来估计先验概率 $P(C)$。
② 估计似然度：通过计算训练集中每个类别下各特征的均值 μ_C 和标准差 σ_C 来估计似然度 $P(X \mid C)$。

（4）分类过程

在分类阶段，对于新的输入特征 X，我们计算每个类别的后验概率 $P(C|X)$，并选择后验概率最大的类别 $\hat{C} = \arg\max_C P(X \mid C)P(C)$ 作为分类结果。

（5）应用实例

MNIST 数据集是一个手写数字图像识别数据集，如图 9-11 所示，是分辨率为 20×20 的灰度图片，包含"0~9"10 组手写阿拉伯数字。使用贝叶斯分类器在手写 MNIST 和花卉数据集上进行分类实验，完整程序见二维码。

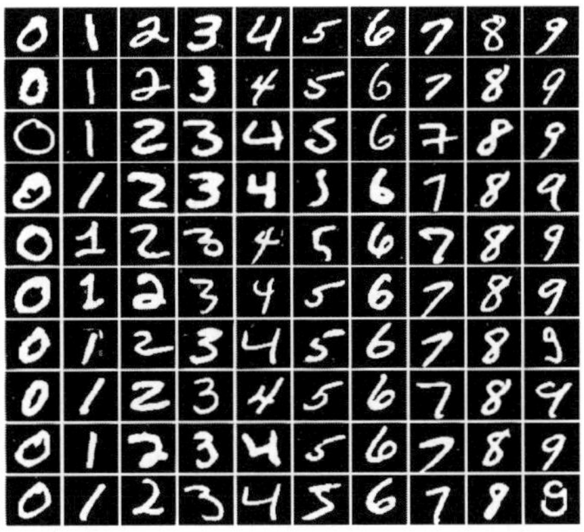

▲ 图 9-11 MNIST 数据集各类别样本

9.2.7 几种传统方法对比分析

（1）结果分析

贝叶斯分类器在 MNIST 数据集的表现比 K-means 好，因为它能够处理高维数据，对噪声数据有一定的鲁棒性；BP 神经网络通过多层非线性映射，能够学习到复杂的特征表示，在 MNIST 数据分类任务中表现优异；支持向量机（SVM）通过最大间隔原理和核技巧，能够处理非线性可分的问题，在 MNIST 数据分类任务中表现出色；K-means 聚类算法虽然主要用于无监督学习，但在某些情况下，通过聚类结果可以辅助进行图像分类或其他高级任务。在 MNIST 数据集上，K-means 的聚类结果通常不如监督学习方法准确，但由于其简单高效的特性，在某些应用场景中仍有其价值；KNN 的分类结果直观易懂，但是可能受到训练数据分布的影响。

以上传统方法在花卉数据集上的分类性能要比在 MNIST 数据集上表现差很多，说明花卉数据特征要比手写数据复杂很多，传统方法对复杂特征分布的数据分类效果不是特别理想，如表 9-1、表 9-2 所示。

表 9-1　传统方法在 MNIST 数据集上实验结果对比

模型	准确率	精确率	召回率	F1 分数
SVM	0.987	0.985	0.987	0.987
KNN	0.989	0.989	0.989	0.989
K-means	0.861	0.872	0.860	0.863
Bayes	0.852	0.866	0.849	0.849
BP	0.982	0.981	0.982	0.982

表 9-2　传统方法在花卉数据集上实验结果对比

模型	准确率	精确率	召回率	F1 分数
SVM	0.582	0.577	0.574	0.574
KNN	0.366	0.566	0.331	0.298
K-means	0.298	0.294	0.300	0.291
Bayes	0.423	0.437	0.416	0.410
BP	0.489	0.487	0.489	0.482

（2）不同之处

① 准确性。KNN 和 SVM 通常可以达到较高的分类准确性，尤其是当数据分布均匀且特征选择得当时；BP 神经网络通过深度学习可以达到非常好的性能，特别是在处理复杂的图像特征时；贝叶斯分类器的准确性取决于特征的独立性和高维数据的特性；K-means 不适用于直接分类任务，需要额外的映射步骤。

② 计算复杂度。KNN 的计算复杂度较高，因为需要计算新样本与所有训练样本之间的距离；BP 神经网络的训练时间较长，特别是对于深层网络；SVM 和贝叶斯分类器的计算复杂度相对较低。

③ 模型解释性。KNN 和贝叶斯分类器的结果较为直观，容易解释；BP 神经网络和 SVM 的内部机制较为复杂，不易直接解释。

④ 鲁棒性。SVM 和 BP 神经网络 对噪声和异常值较为鲁棒；KNN 和贝叶斯分类器对噪

声较为敏感。

⑤ 泛化能力。SVM 和 BP 神经网络 通常具有较强的泛化能力；KNN 和贝叶斯分类器 的泛化能力取决于数据特性和特征选择。

（3）总结

在对花卉数据集进行分类时，不同的方法因其特点和适用范围会表现出不同的性能。选择哪种方法取决于具体的应用场景、数据特性和预期的性能要求。实际应用中，可以通过交叉验证等手段来评估不同方法的性能，并选择最适合特定任务的方法。

9.3　基于深度学习的图像识别方法

2006 年，Geoffrey Hinton 等人通过逐层预训练的方法成功训练了多层神经网络，并在MNIST 手写数字数据集上取得了优于 SVM 的错误率，开启了第三次人工智能复兴，并首次提出了"深度学习"的概念。2011 年，Xavier Glorot 引入了 ReLU 激活函数，现已成为最广泛应用的激活函数之一。2012 年，Alex Krizhevsky 提出了采用 ReLU 激活函数和 Dropout 技术的 8 层神经网络 AlexNet，并在 ImageNet 大规模视觉识别挑战赛 ILSVRC-2012 中获得冠军，Top-5 错误率比第二名低 10.9%，开启了以卷积神经网络（Convolutional Neural Networks, CNNs）为代表的图像识别新时代的显著成就。此后，一系列创新模型如 GoogLeNet、ResNet、SwinTransformer 等相继问世。本节将介绍这几种经典的深度学习模型，并探讨它们是如何应用于花卉数据集的分类任务的。

9.3.1　AlexNet：卷积网络的里程碑

（1）模型结构与特点

AlexNet 由 Alex Krizhevsky 在 2012 年提出，将 LeNet 的设计理念发扬光大，引入了多项新技术，包括 ReLU 激活函数和 Dropout 技术，以增强模型的非线性表达能力和减少过拟合现象，为后续的深度学习模型奠定了基础。AlexNet 包含五个卷积层和三个全连接层，网络架构如图 9-12 所示。

输入层：接收 224×224×3 的彩色图像。

卷积层：五个卷积层，每个层使用不同大小的滤波器（如 11×11，5×5，3×3），并使用 ReLU（Rectified Linear Unit）激活函数。

池化层：每个卷积层后跟一个最大池化层，使用 3×3 的池化窗口，步长为 2。

全连接层：三个全连接层，每个层后跟 ReLU 激活函数。

输出层：使用 Softmax 函数产生类别概率分布。

（2）主要的技术创新

① ReLU 激活函数。如图 9-13 所示，AlexNet 使用 ReLU 函数 $f(x) = \max(0, x)$ 作为激活

函数，相较于 Sigmoid 函数 $f(x)=\frac{1}{1+\mathrm{e}^{-x}}$，更有利于缓解深层网络中的梯度消失问题，加速了训练过程。

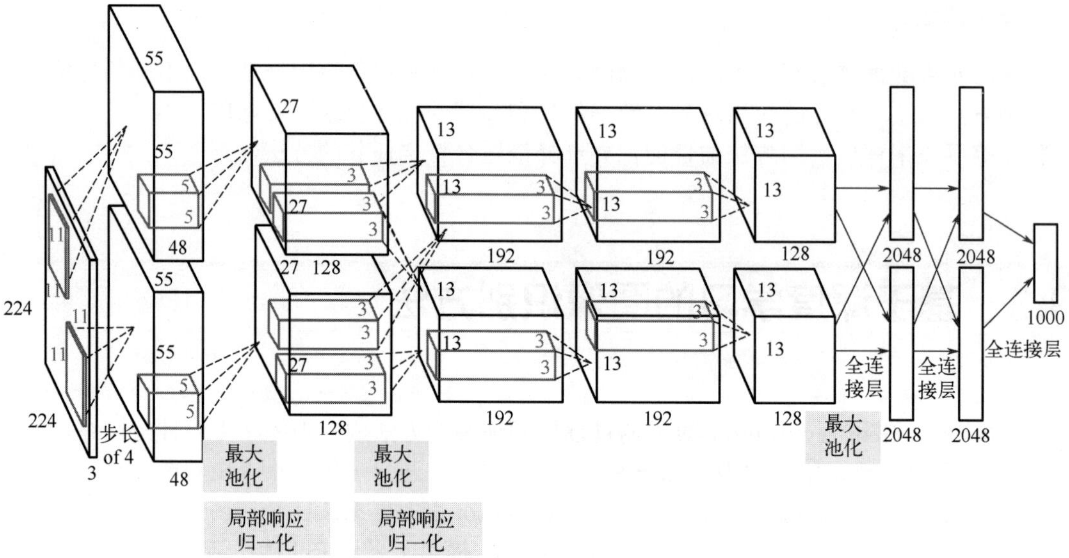

图 9-12 AlexNet 架构

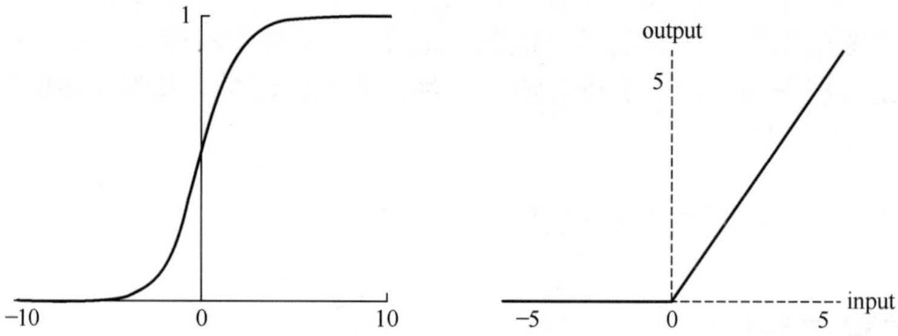

图 9-13 Sigmoid 和 ReLU 激活函数

② Dropout 技术。通过随机忽略一部分神经元来减少模型的过拟合风险。Dropout 在训练期间随机关闭部分神经元，其概率通常设置为 0.5，主要在 AlexNet 的最后几个全连接层中应用。

③ 重叠最大池化（overlapping max-pooling）。平均池化会导致模糊化效果，而重叠最大池化的步长小于池化核尺寸，这样池化层的输出之间会有重叠和覆盖，可以保留更多的特征细节，增强特征的丰富性。

④ 局部响应归一化（LRN）。LRN 层被设计用于模拟大脑中的侧抑制机制，增强模型的泛化能力。通过创建局部神经元间的竞争，使得响应较大的值更加突出，同时抑制其他响应较小的神经元。

⑤ CUDA 加速训练。CUDA 的并行计算能力，可以加速深度卷积网络的训练过程。AlexNet 在两块 GTX 580 GPU 上进行训练，每块 GPU 显存为 3GB，网络因此被分割成两部分，分别在两个 GPU 上运行，每个 GPU 显存中储存一半的神经元参数，通过高效的数据交换机制来最小化通信开销。

⑥ 数据增强。在训练过程中，AlexNet 采用数据增强技术，通过从 256×256 的原始图像中随机截取 224×224 大小的区域并进行水平翻转，来扩展训练数据集，提高模型的泛化能力。预测时，采用中心裁剪和四个角落裁剪，并进行水平翻转，总共生成 10 张图像，最后对这些图像的预测结果取均值，以提高预测精度。此外，还对图像的 RGB 数据进行了主成分分析（PCA）处理，并施加标准差为 0.1 的高斯噪声，以增强模型的鲁棒性。

（3）应用案例

在花卉数据集上验证 AlexNet 的模型性能，具体实现代码见二维码。

9.3.2 GoogleNet：深度与宽度的平衡

（1）模型结构与特点

GoogleNet（Inception-v1）是由 Google 提出的深度卷积神经网络模型，在 2014 年的 ImageNet 挑战赛中赢得了分类任务的第一名。它通过引入 Inception 模块解决了深度网络中参数爆炸的问题。如图 9-14 所示，GoogleNet 网络分为 5 个阶段：初始卷积层，三个 Inception 模块系列，以及最后的输出阶段。一共有 22 层（如果包括池化层，则为 27 层），网络结构非常深，但参数量却控制得很好。下面详细介绍 Inception 模块。

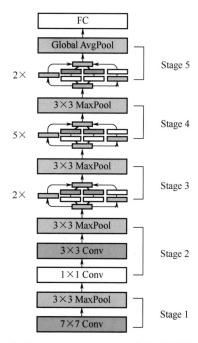

∧ 图 9-14　GoogLeNet 的网络结构

（2）Inception 模块：多尺度特征提取的艺术

GoogleNet 首次引入 Inception 模块的概念，一共由 9 个 Ineception 模块构成，分别标记为 3a、3b、4a、4b、4c、4d、4e、5a、5b，也被称为 Inception-v1。随后 Inception 模块结构

几经改进，发展经历了几个重要阶段。

① GoogLeNet/Inception-v1：多路径的智慧。

2014 年发布，首次引入 Inception 模块。每个 Inception 模块包含多个并行的卷积路径，每个路径使用不同大小的滤波器（如 1×1，3×3，5×5），以及一个 3×3 的最大池化层接续 1×1 卷积，以并行捕获信息，然后将结果在通道维度上连接起来。这样可以在同一层级上捕捉不同尺度的特征。图 9-15 为 Inception 3a 的结构图。

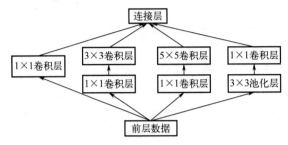

⚞ 图 9-15　Inception 3a 结构图

其中，1×1 卷积：用于降维，减少计算量；3×3 卷积：捕捉中等大小的特征；5×5 卷积：捕捉更大尺度的特征；最大池化：用于捕捉边缘信息，然后通过 1×1 卷积恢复维度。

② Inception-v2：引入批量归一化。

2015 年，提出了批量归一化（Batch Normalization，BN）来加速训练，通过标准化每一层的输入，使得网络更加稳定，同时也减少了内部协变量偏移（internal covariate shift）的问题。此外，Inception-v2 的结构相对于 Inception-v1 也发生了变换，将 Inception 模块中的 3×3 卷积拆分为两个连续的 3×3 卷积，进一步减少了参数量。

a．BN 的原理。BN 的目标是对网络中每一层的激活值进行标准化，使得这些激活值具有零均值和单位方差。具体来说，对于一个 mini-batch $B = \{x_i^l\}_{i=1}^m$ 中的每个样本 x_i^l，BN 计算其均值 μ_B 和方差 σ_B^2：

$$\mu_B = \frac{1}{m}\sum_{i=1}^m x_i^l \tag{9-40}$$

$$\sigma_B^2 = \frac{1}{m}\sum_{i=1}^m (x_i^l - \mu_B)^2 \tag{9-41}$$

标准化：

$$\hat{x}_i^l = \frac{x_i^l - \mu_B}{\sqrt{\sigma_B^2 + \eth}} \tag{9-42}$$

式中，$\eth$ 是一个很小的常数，用来防止除以零的情况。最后，通过缩放和平移参数 γ 和 β 来获得最终的输出：

$$y_i^l = \gamma \hat{x}_i^l + \beta \tag{9-43}$$

b．BN 的作用。

加速收敛：通过归一化每一批次的数据，BN 可以让网络更快地收敛。

减少过拟合：BN 通过添加一个类似于正则化的效果，有助于减少过拟合。

提高鲁棒性：BN 使得网络对初始化更加健壮，并且可以使用更大的学习率。

替代 Dropout：BN 有一定的正则化效果，因此在某些情况下可以替代 Dropout。

③ Inception-v3：因子分解（Factorized Convolutions）与标签平滑（Label Smoothing）。

2015 年，引入了因子分解卷积和标签平滑等改进技术。Inception-v3 中，通过使用因子分解卷积进一步优化了计算效率。例如，将 7×7 卷积替换为两个连续的 1×7 和 7×1 卷积。

标签平滑技术用于缓解过拟合，通过将硬标签（hard labels）替换为软标签（soft labels），使得模型更加稳健。

④ Inception-v4：统一的设计。2016 年，Inception-v4 统一了 Inception 模块的设计，包含了 4 个阶段：stem、Inception-A/B/C、Reduction-A/B 以及尾部的全局平均池化和全连接层。在多个数据集上展示了一致的性能。

⑤ Inception-ResNet-v2：结合了残差连接。

Inception-ResNet-v2 结构进一步改进，通过引入残差单元（Residual Units），实现了残差连接（Residual Connections），使得模型可以训练更深的网络而不易发生梯度消失。

（3）应用案例

在花卉数据集上，通过 Inception 模块的不同路径，可以同时捕获花朵的全局形状、局部纹理以及细小的特征。此外，批量归一化和因子分解卷积等技术有助于加速训练并减少过拟合的风险。完整程序代码见二维码。

9.3.3 ResNet：深度网络的残差学习

（1）模型结构与特点

ResNet（Residual Network）由 Microsoft Research 和何凯明等人在 2015 年提出，通过引入残差学习框架，成功地训练了非常深的网络。ResNet 解决了随着网络加深带来的梯度消失或梯度爆炸问题。ResNet 具有多个版本，包括 Res18、Res34、Res50、Res101 和 Res152，在计算机视觉和图像识别领域具有广泛的影响。

① 核心概念和组成部分。

残差学习：ResNet 的核心思想是残差学习，即网络学习的是输入和输出之间的残差，而不是直接学习映射关系。这有助于解决深层网络训练中的梯度消失问题。

残差块：ResNet 由多个残差块组成，每个残差块包含两条路径：一条是卷积层的堆叠，另一条是恒等连接。如果残差块的输入和输出的维度不一致，使用 1×1 卷积核进行维度匹配，然后与块内的卷积层输出相加。

恒等连接：恒等连接允许输入直接跳过一些层的输出，然后与这些层的输出相加。这有助于解决深层网络训练中的梯度消失问题。

层叠残差块：多个残差块按顺序堆叠，形成更深的网络结构。

全局平均池化：在残差块堆叠之后，使用全局平均池化层将特征图转换为一维特征向量。

全连接层：最后，一个或多个全连接层用于分类任务，输出最终的类别概率。

② ResNet 系列。ResNet-18/ResNet-34，这两种模型使用的是基本的残差块，即没有瓶颈设计（Bottleneck Design），它们分别拥有 18 层和 34 层。

ResNet-50/ResNet-101/ResNet-152，这些模型引入了瓶颈设计，通过 1×1 卷积来减少输入通道数，然后通过 3×3 卷积进行特征提取，最后通过另一个 1×1 卷积恢复通道数。这样的设计减少了参数量，同时保持了模型的深度。这些模型分别拥有 50 层、101 层和 152 层。下面将以 ResNet18 网络为例，详细介绍各个组成部分的连接关系。

③ ResNet18 网络结构。ResNet18 作为一种图像分类网络，由 17 个卷积层和一个全连接层组成。网络结构如图 9-16 所示，由多个残差块堆叠而成，每个残差块通常包含两个 3×3 大小的卷积层，每个卷积层之后是批量归一化（BatchNorm）层和 ReLU 激活函数。在每个残差块的输入输出端，如果维度相同，加入一个快捷路径（shortcut path）进行跳跃连接，实现恒等映射，有助于训练深层网络。若维度不同，则通过一个 1×1 的卷积层来匹配维度，再进行跳跃连接。

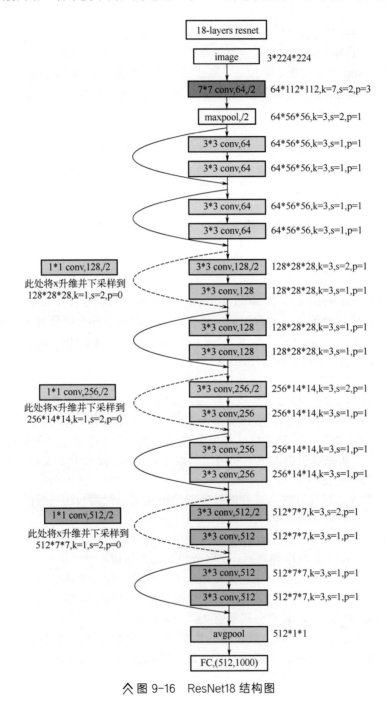

∧ 图 9-16 ResNet18 结构图

（2）残差块

如图 9-17 所示，ResNet 使用跳跃连接（skip connections）来连接残差块内的输入和输出，使得信息和梯度可以更有效地传递。

输出 y 计算公式为：$y = F(x) + x$，其中 $F(x)$ 是标准卷积层的输出，x 是输入。

（3）深度与效果

ResNet 可以构建非常深的网络，如 ResNet-15，同时保持良好的训练效果，这是因为它通过残差学习缓解了深层网络的训练难题。

（4）应用案例

在处理花卉数据集时，ResNet 的深度和残差结构可以有效地捕捉到图像中的复杂特征。通过多层的特征提取和跳跃连接，模型能够在保留细节的同时，提取出高层次的抽象特征。此外，批量归一化有助于加速训练，并提高模型的泛化能力。完整程序代码见二维码。

9.3.4 Swin Transformer：视觉 Transformer 新篇章

Swin Transformer 由微软亚洲研究院提出，基于 Transformer 的网络结构，专为计算机视觉任务设计。通过引入层次化结构和基于窗口的自注意力机制，限制了自注意力的范围，从而降低了计算复杂度，有效地处理了图像数据。以下是 Swin Transformer 网络结构的详细介绍。

（1）模型结构与特点

Swin Transformer 网络由多个阶段组成，每个阶段由多个 Swin Transformer Blocks 构成。这些 Blocks 通过自注意力机制和多层感知机（MLP）进行特征提取。图示 9-18 展示了 Swin Transformer 的总体架构，包括层次化结构和基于窗口的自注意力机制的集成。

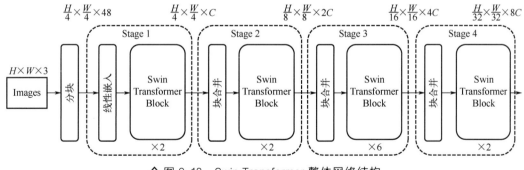

∧ 图 9-18 Swin Transformer 整体网络结构

① 层次化结构。

网络采用层次化结构，逐渐减少特征图的分辨率，同时增加特征的维度。这使得网络能够捕捉从低级到高级的图像特征。

② 基于窗口的自注意力机制。

Swin Transformer 引入了基于窗口的自注意力机制，包括：规则窗口（W-MSA）和移位窗口（SW-MSA）。因此限制了自注意力的计算在局部窗口内，降低了计算复杂度。

W-MSA 在每个局部窗口内，计算窗口内所有 token 的自注意力，公式如下：

$$\text{Attention}(Q, K, V) = \text{softmax}\left(\frac{QK^T}{\sqrt{d_k}}\right)V \tag{9-44}$$

式中，Q、K、V 分别代表查询（Query）、键（Key）和值（Value），d_k 是缩放因子。

SW-MSA（移位窗口自注意力）通过周期性地移动窗口位置，增加了窗口间的信息流动。这有助于模型捕获更大范围的上下文信息。多头自注意力可以进一步增强 Transformer 特征表示，允许模型在不同表示子空间中捕获信息。

（2）Swin Transformer 系列

① Swin Transformer 基础架构。Swin Transformer 包括多个阶段，每个阶段包含一系列的 Transformer 层。每个阶段的输出经过下采样后作为下一个阶段的输入。

② Swin Transformer-Tiny/Small/Base/Large。Swin Transformer 根据模型的深度和宽度有不同的变种，包括 Tiny、Small、Base 和 Large 等版本，这些模型在不同数据集上的性能不同，可以根据具体应用需求选择合适的版本。下面将以 Swin Transformer 基础架构为例，详细介绍 Swin Transformer 网络的实现细节。

（3）实现细节

① Patch Embedding。如图 9-19 所示，输入图像首先被划分为非重叠的 patches，然后通过线性层映射到一个新的维度空间，为后续的 Transformer 层提供输入。

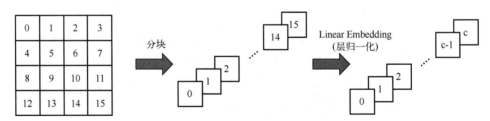

︿ 图 9-19　Patch Embedding 过程

② Swin Transformer Block。每个 Block 包含 4 个主要部分，具体结构如图 9-20 所示。其中，LayerNorm 负责对输入特征进行规范化处理；W-MSA/SW-MSA 负责执行基于窗口的自注意力操作；MLP 可以对注意力输出进行非线性变换；残差连接将输入与输出相加，增强训练稳定性。

③ 层次化特征融合。通过逐阶段减少特征图的尺寸和增加特征维度，Swin Transformer 构建了一个层次化的特征表示，有助于处理不同尺度的视觉任务。

（4）应用案例

在处理花卉数据集时，Swin Transformer 通过窗口机制实现了高效的局部自注意力计算，同时通过窗口移位保证了全局特征的捕捉。这种机制使得 Swin Transformer 能够在保留细节的同时，提取出图像中的高级特征。此外，Swin Transformer 的自注意力机制使得模型能够关注图像中更重要的部分，如花瓣或花蕊，从而提高分类的准确性。完整程序代码见二维码。

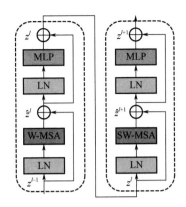

△ 图 9-20　Swin Transformer Block

9.3.5　几种深度学习模型效果对比

本小节详细介绍了几种典型的深度学习模型及其应用，旨在帮助读者理解这些模型的工作原理，并在实际图像处理任务中选择合适的技术方案。在花卉数据集上，AlexNet 通过多层卷积网络捕捉基础特征，如颜色、纹理和边缘；GoogleNet 利用 Inception 模块，通过并行卷积操作在不同尺度上提取信息，从而捕捉到更为丰富的特征；ResNet 的残差连接不仅解决了深层网络中的梯度消失问题，还使得网络可以训练得更深，从而捕获更复杂的特征；Swin Transformer 的自注意力机制结合其层次化结构，能够有效地关注图像中的重要区域，如花瓣或花蕊，同时保持计算效率。从表 9-2 与表 9-3 的实验结果可以看出，基于深度学习的方法在花卉数据集上的分类效果显著优于传统图像识别方法，特别是在处理复杂的高维特征和细节丰富的图像时，深度学习模型展现了更强的自动特征提取能力。

表 9-3　花卉数据集上不同网络模型对比结果

模型	准确率	精确率	召回率	F1
AlexNet	0.845	0.845	0.845	0.844
GoogleNet	0.860	0.859	0.861	0.860
ResNet	0.865	0.864	0.865	0.864
Swin Transformer	0.809	0.805	0.809	0.806

9.4　习题

1. 简述图像分类的基本概念及主要应用场景。
2. 假设你需要对一组鸟类图像进行分类，使用特征提取+分类器的方法，请列出完整的分类流程并描述每个步骤的关键技术。

3．解释 CNN 的基本结构和工作原理，重点描述卷积层和池化层的功能。

4．在图像分类任务中，何时应考虑使用传统分类方法而非深度学习模型？请列举三种具体场景并说明原因。

5．深度学习分类模型通常需要大量的标注数据，试述 Transformer 模型如何在小数据集图像分类中发挥作用。

6．请列举并简要描述三种常见的深度学习图像分类模型，并比较它们的主要差异。

7．设计一个实验，使用 CNN 对 CIFAR-10 数据集进行分类。描述实验步骤和预期的结果。

第 10 章

目标检测

本章围绕目标检测建立了一个系统化的知识体系。首先，介绍了三种经典的传统目标检测方法，帮助读者理解目标检测的基本原理与历史演进，并通过多个场景实验进行了分析。随后深入讲解了基于深度学习的目标检测方法，包括一阶段和二阶段检测模型的典型代表，分别在三个公开数据集上进行实验，展示了各模型的性能与适用性。

10.1　目标检测概述

目标检测，又称目标提取，是一种结合目标分割与识别的技术，基于目标的几何和统计特征，实现精确定位和分类。其准确性和实时性是系统性能的关键，尤其是在复杂场景中处理多个目标时，目标检测与识别的效率尤为重要。随着计算机技术和计算机视觉原理的不断发展，基于图像处理的目标实时跟踪研究成为热点。该技术在智能交通系统、智能监控系统、军事目标检测以及医学导航手术中（如手术器械定位）等领域具有重要的应用价值。

图 10-1 展示了目标检测方法的发展历程，包括基于数字图像处理和机器学习的传统方法和基于深度学习的目标检测方法。

（1）基于数字图像处理和机器学习的传统检测方法

主要包括三个步骤：目标特征提取、识别和定位，主要依赖人工设计的特征，如 HOG（方向梯度直方图）和 Haar 特征。通过这些特征识别目标，再结合策略进行定位。然而，这类方法对复杂场景适应性差，依赖于特征的准确性。

（2）基于深度学习的目标检测方法

近年来，基于深度学习的目标检测方法成为主流，主要步骤包括图像的深度特征提取以及目标识别与定位。卷积神经网络（CNN）是主要模型，通过多任务学习同时解决目标识别与定位问题。网络有两个分支：分类分支通过全连接层和 softmax 判断目标类别，包含"背景"类；定位分支进行回归，输出目标的包围框位置（如中心坐标及长宽），仅在分类分支判定为非"背景"时使用。基于深度学习的目标检测思路如图 10-2 所示。

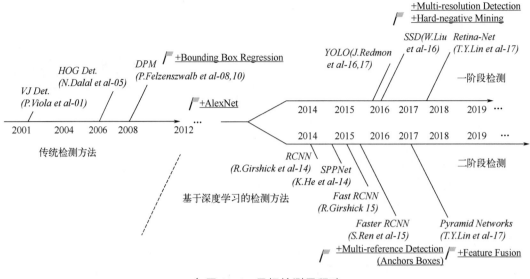

図 10-1 目标检测里程碑

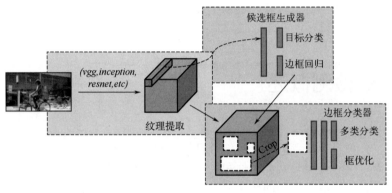

图 10-2 基于深度学习的目标检测思路

10.2 传统目标检测方法

目标检测是数字图像处理中的核心任务，负责定位并识别图像中的特定目标。尽管深度学习方法近年来取得巨大成功，传统目标检测方法虽然主要基于手工特征提取和分类，但在资源受限或高实时性场景中仍具优势。本节将介绍几种传统目标检测方法，包括滑动窗口法、HOG+SVM 和可变形部件模型（DPM）。通过实例，分析这些方法的工作原理、优缺点及其在不同应用场景中的表现。

10.2.1 基于 Haar 特征的级联分类器

基于 Haar 特征的级联分类器（Haar Cascades）是一种用于目标检测的有效方法，尤其是在人脸检测等领域得到广泛应用。它的基本思想是通过简单的矩形 Haar-like 特征来描述目标的局部图像特征，再通过级联分类器逐层筛选图像区域，从而在复杂背景中快速检测目标。

（1）Haar 特征

① Haar 特征的定义和类型。Haar 特征反映了图像局部灰度的变化，最初由 Alfred Haar 于 1909 年提出，并在 Viola-Jones 目标检测框架中得到应用。Haar 特征通过比较不同区域的像素灰度值来提取信息，能够在不同位置和尺度上捕捉图像的局部模式。其原理基于图像的局部亮度对比，通常定义在矩形区域内，如图 10-3 所示，常见特征包括边缘、线条和中心特征等。通过计算白色区域与黑色区域像素灰度值之和的差值，作为一个特征值。这些特征有助于描述图像中的边缘、线条和局部纹理模式。

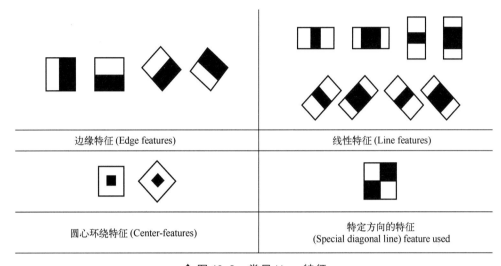

| 边缘特征 (Edge features) | 线性特征 (Line features) |
| 圆心环绕特征 (Center-features) | 特定方向的特征
(Special diagonal line) feature used |

∧图 10-3　常见 Haar 特征

② Haar 特征计算。使用积分图（Integral Image）可以快速计算任意矩形区域内的像素和，从而加速 Haar 特征的计算。积分图 $I(x, y)$ 可以通过原始图像 $P(x, y)$ 生成，计算方法如下：

$$I(x, y) = P(x, y) + I(x-1, y) + I(x, y-1) - I(x-1, y-1) \qquad (10\text{-}1)$$

式中，$P(x, y)$ 和 $I(x, y)$ 分别表示原始图像和积分图在坐标 (x, y) 的值。

对于一个水平边缘特征，假设 R_1 和 R_2 分别代表两个相邻区域，特征值 F 可以通过以下公式计算：

$$F = \sum_{(x,y) \in R_1} P(x, y) - \sum_{(x,y) \in R_2} P(x, y) \qquad (10\text{-}2)$$

利用积分图，可以快速计算为

$$F = I(x_2, y_2) - I(x_1, y_2) - I(x_2, y_1) + I(x_1, y_1) \qquad (10\text{-}3)$$

式中，(x_1, y_1) 和 (x_2, y_2) 分别是两个区域的左上角和右下角坐标。

Haar 特征归一化将特征值标准化到一定的范围内，使得特征值不受图像亮度和对比度的影响，目的是确保特征值在不同图像和不同尺度下的可比性。

a. 归一化方法。常见的 Haar 特征归一化方法包括：

均值归一化：将特征值减去均值，使其围绕零点分布。

方差归一化：将特征值除以其标准差，使其具有单位方差。

L1 或 L2 归一化：将特征值除以其 L1 或 L2 范数，使其具有固定的范数长度。

b. 具体步骤。对于某个 Haar 特征 F，假设特征区域为 R，归一化步骤如下：

计算特征区域的均值 μ：

$$\mu = \frac{1}{|R|} \sum_{(x,y) \in R} P(x, y) \tag{10-4}$$

计算特征区域的方差 σ^2：

$$\sigma^2 = \frac{1}{|R|} \sum_{(x,y) \in R} (P(x, y) - \mu)^2 \tag{10-5}$$

使用均值和方差对特征值进行归一化：

$$F_{\text{norm}} = \frac{F - \mu}{\sigma} \tag{10-6}$$

或者使用 L2 归一化：

$$F_{\text{norm}} = \frac{F}{\sqrt{\sum_{(x,y) \in R} P(x, y)^2}} \tag{10-7}$$

c. 实现程序。下面是一个简化版的 Haar 特征计算及其归一化程序示例。

导入所需库：

```python
import numpy as np
import cv2
```

计算积分图：

```python
def compute_integral_image(image):
    integral_image = np.zeros_like(image, dtype = np.int32)
    height, width = image.shape

    for y in range(height):
        for x in range(width):
            left = integral_image[y,x-1]if x>0 else 0
            up = integral_image[y-1,x] if y>0 else 0
            corner = integral_image[y-1,x-1] if (x>0 and y>0) else 0
            integral_image[y,x] = image[y,x] + left + up - corner

    return integral_image
```

计算 Haar 特征：

```python
def compute_haar_feature(integra_image, x1, y1, x2, y2):
    sum1 = integra_image[y2, x2]- integra_image[y1, x2]- integra_image[y2, x1]+ integra_image[y1, x1]
    sum2 = integra_image[y2 + 1, x2 + 1] - integra_image[y1 + 1, x2 + 1] + integra_image[y2 + 1, x1 + 1] + integra_image[y1 + 1, x1 + 1]
    return sum1 - sum2

def compute_haar_features(image, haar_type='horizontal', scale=1):
  haar_types ={
```

```
        'horizontal': (0, 0, 0, int(image.shape[1] / scale), (int(image.shape[1] / scale), 0, image
.shape[1], 0)),
        'vertical': (0, 0, int(image.shape[0] / scale), 0), (0, int(image.shape[0] / scale), int(im
age.shape[0] / scale), image.shape[1])),
        'center': (0,0, int(image.shape[0] / scale), int(image.shape[1] / scale)), (int(image.shape
[0] / scale), int(image.shape[1]/ scale), image.shape[0], image.shape[1])),
        'diagonal': (0, 0, int(image.shape[0] / scale), int(image.shape[1] / scale)), (int(image,shape
[0] / scale), int(image.shape[1] / scale), image.shape[0]. image.shape[1]))
        }
    integral_image = ... = haar_types[haar_type]
    return compute_haar_feature(integral_image, x1, y1, x2, y2)-compute_haar_feature(integral_
image, x3, y3,x4, y4)
```

Haar 特征归一化:

```
def normalize_haar_feature(feaure_value, region):
    mean = np.mean(region)
    std_dev = np.std(region)
    normalized_value = (feature_value - mean)/std_dev
    return normalized value
```

对一幅灰度图像提取 Haar 特征，然后对其进行归一化处理。

```
#加载图像
image = cv2.imread('path_to_image.jpg',cV2.IMREAD_GRAYSCALE)
# 计算 Haar 特征
haar_feature = compute_haar_features(image, haar_type = 'horizontal')
# 获取特征区域
region = image[0:int(image.shape[0]/2), 0:int(image.shape[1]/2)]
# 归一化 Haar 特征
normalized_haar_feature = normalize_haar_feature(haar_feature, region)
print("Normalized Haar Feature Value:", normalized_haar_feature)
```

（2）级联分类器与 AdaBoost

级联分类器（Cascade Classifier）和 AdaBoost（Adaptive Boosting）都是机器学习领域中用于分类的重要方法。AdaBoost 是一种集成学习方法，而级联分类器则是一种特殊的分类架构，常用于物体检测中，尤其是在实时系统中。

① AdaBoost。AdaBoost 是一种集成学习方法，其核心思想是组合多个弱分类器来形成一个强分类器，通过不断调整数据分布来训练分类器，从而提高检测的准确性。弱分类器是指那些仅比随机猜测稍微好一点的分类器。AdaBoost 通过迭代地训练多个弱分类器，并根据每个分类器的重要性来加权它们的输出，其工作机制如下：

a.初始化权重。对 N 个训练样本，每个样本最初具有相同的权重，可以表示为

$$D_1(i) = \frac{1}{N} \tag{10-8}$$

b.训练弱分类器。在第 t 轮迭代中，使用当前的样本权重 $D_t(i)$ 来训练第 t 个弱分类器 $h_t(x)$。弱分类器的选择标准是其错误率低于 0.5。

c.计算错误率和分类器权重。计算弱分类器 h_t 在当前加权训练集上的错误率：

$$\varepsilon_i = \sum_{i=1}^{N} D_t(i) I(y_i \neq h_t(x_i)) \tag{10-9}$$

式中，$I(\cdot)$ 是指示函数，当条件满足时返回 1，否则返回 0。 根据错误率计算分类器的权重：

$$\alpha_t = \frac{1}{2}\ln\left(\frac{1-\varepsilon_i}{\varepsilon_i}\right) \tag{10-10}$$

d．更新样本权重。更新训练样本的权重，以便在下一轮迭代中更多地关注分类错误的样本：

$$D_{t+1}(i) = \frac{D_t(i)\mathrm{e}^{-\alpha_t y_i h_t(x_i)}}{\sum_{j=1}^{N} D_t(j)\mathrm{e}^{-\alpha_t y_i h_t(x_j)}} \tag{10-11}$$

上式中的分母是归一化因子，确保新的权重和为 1。

e.组合分类器。对于 T 个弱分类器，最终的强分类器 $H(x)$ 是所有弱分类器的加权和：

$$H(x) = \mathrm{sign}\left(\sum_{t=1}^{T} \alpha_t h_t(x)\right) \tag{10-12}$$

② 级联分类器。级联分类器的工作机制可以概括为以下几个步骤：

a.第一级过滤。使用简单的弱分类器（如 Haar-like 特征配合 AdaBoost）来快速排除大量背景区域。这一阶段可以排除大量的负样本。每个弱分类器 $h_t(x)$ 可以表示为

$$h_t(x) = \begin{cases} 1, & f_t(x) < \theta_t \\ -1, & \text{其他} \end{cases} \tag{10-13}$$

式中，$f_t(x)$ 是特征函数，θ_t 是阈值。

b．后续级联。每通过一级分类器后，剩余的候选区域将被送至下一个更复杂的分类器。尽管每级分类器的复杂度增加，但其准确性也随之提高。每一级分类器可以表示为

$$C_t(x) = \begin{cases} 1, & \sum_{j=1}^{M_t} \alpha_{t,j} h_{t,j}(x) \geqslant \beta_t \\ -1, & \text{其他} \end{cases} \tag{10-14}$$

式中，M_t 和 β_t 分别是第 t 级分类器中弱分类器的数量和阈值，$\alpha_{t,j}$ 是第 j 个弱分类器权重。

c．最终决策。经多级分类后，只有通过所有级别分类器的区域才是目标区域。最终检测结果可表示为

$$C(x) = \begin{cases} 1, & C_T(x) = 1 \\ -1, & \text{其他} \end{cases} \tag{10-15}$$

式中，T 是总的级数。

③ 实现程序。下面是一个更为详细的 AdaBoost 和级联分类器实现程序示例。

a．AdaBoost 实现。

```python
class AdaBoostClassifier:
    def __init__(self,n_estimators = 50):
        self.n_estimators = n_estimators
        self.estimators = []
        self.estimator_weights = []
```

```python
    def fit(self, X, y):
        sample_weight = np.ones(len(y))/ len(y)
        for_in range(self.n_estimators):
            estimator = DecisionTreeClassifier(max_depth=1)
            estimator.fit(X,y,sample_weight = sample_weight)
            predictions = estimator.predict(X)
            incorrect = (predictions! = y)
            error = np.sum(sample_weight[incorrect])
            alpha = 0.5 * np.log((1.0 - error)/ error)
            sample_weight[incorrect] *= np.exp(alpha)
            sample_weight/= np.sum(sample_weight)
            self.estimators.append(estimator)
            self.estimator_weights.append(alpha)

    def predict(self,X):
        predictions = np.array([estimator.predict(X) for estimator in self.estimators])
        weighted_predictions = self.estimator_weights * (2 * predictions -1)  # 将类别转换为
+1/-1
        final_predictions = np.sign(np.sum(weighted_predictions, axis=0))
        return final_predictions
```

b. 级联分类器实现。简化版的级联分类器实现，使用 AdaBoost 作为弱分类器的基础。

```python
class CascadeClassifier:
    def__init__(self, stages):
        self.stages = []
        self.thresholds = []
        self.weights = []

    def fit(self, X, y, thresholds = None):
        if thresholds is None:
            thresholds = [10, 20, 30]
        for threshold in thresholds:
            stage_classifier = AdaBoostClassifier(n_estimators = threshold)
            stage_classifier.fit(X,y)
            self.stages.append(stage_classifier)
            self.thresholds.append(threshold)
            self.weights.append(stage_classifier.estimator_weights)

    def predict(self, X):
        for stage, weight in zip(self.stages, self.weights):
            predictions = stage.predict(X)
            X = X[predictions == 1]
        return X
```

c. 训练与测试

```python
# 生成数据集
X, y = make_classification(n_samples=1000, n_features=20, n_informative=2,
                    n_redundant=10,random_state=42)
X_train, X_test, y_train, y_test = train_test_split(X, y, test_size=0.2, random_state=42)

# 训练 AdaBoost 分类器
```

```
ada_dlf = AdaBoostClassifier(n_estimators=50)
ada_dlf.fit(X_train, y_train)
y_pred = ada_dlf.predict(X_test)
print("Accuracy:", accuracy_score(y_test, y_pred))

# 训练级联分类器
cascade_dlf = CascadeClassifier(stages=[10, 20, 30])
cascade_dlf.fit(X_train, y_train)
y_pred = cascade_dlf.predict(X_test)
print("Accuracy after cascade:", accuracy_score(y_test, y_pred))
```

（3）优缺点分析

AdaBoost 通过组合多个弱分类器形成一个强分类器，适用于多种分类任务；而级联分类器则通过多级分类器高效筛选目标区域，特别适合实时响应应用。两者的优点在于速度快，得益于级联结构，能够迅速过滤大量背景区域，仅对少数感兴趣的区域进行进一步分析。此外，利用积分图计算的矩形特征具有高效率，实现也较为简单，Haar 特征级联分类器在多个工具库（如 OpenCV）中已有实现，可直接应用。然而，这些方法存在特征表达能力有限的问题，Haar 特征仅能捕捉简单边缘和线条，难以描述复杂形状和纹理。同时，对目标的旋转、尺度变化和光照条件的鲁棒性较差，容易导致漏检或误检。

（4）应用实例

为提高检测准确性，Viola-Jones 人脸检测算法采用 AdaBoost 训练级联分类器，如图 10-4 所示。算法首先选择 Haar-like 特征，创建积分图，利用 AdaBoost 选择关键特征，逐步构建强分类器。多个强分类器按照一定规则级联，最终形成高效的级联分类器。完整程序代码见二维码。

︽图 10-4　基于 Haar 特征级联分类器的人脸检测

10.2.2　基于 HOG 特征和 SVM 的目标检测

（1）理论基础

HOG（方向梯度直方图）是一种描述图像局部梯度方向分布的特征。通过捕捉图像中的局部形状信息，HOG 能够很好地描述物体的边缘和轮廓。该特征通常与 SVM（支持向量机）分类器结合，用于目标检测任务，尤其是在行人检测中表现优异。

（2）HOG 特征提取

① 梯度计算。计算图像每个像素点的梯度方向和幅度。

$$\nabla I(x,y) = \left(\frac{\partial I}{\partial x}, \frac{\partial I}{\partial y} \right) \tag{10-16}$$

式中，$I(x,y)$ 表示图像在坐标 (x,y) 处的灰度值，$\nabla I(x,y)$ 表示该点的梯度。梯度的幅度和方向分别为

$$A(x,y) = \sqrt{\left(\frac{\partial I}{\partial x} \right)^2 + \left(\frac{\partial I}{\partial y} \right)^2} \tag{10-17}$$

$$D(x,y) = \arctan \left(\frac{\partial I}{\partial y}, \frac{\partial I}{\partial x} \right) \tag{10-18}$$

② 细胞网格划分。将图像划分为若干个 $n \times n$ 的小细胞，每个细胞都包含 $c \times c$ 个像素，用于计算梯度直方图。可以取 $n = 8$，$c = 4$。

③ 梯度直方图构建。在每个细胞中计算梯度方向的直方图。直方图的每个 bin（桶）对应一个特定的方向区间，计算该区间内梯度的总幅度。HOG 特征可以表示为每个单元中梯度方向直方图的组合。

$$\mathbf{H}_{\text{cell}} = \sum_{(x,y) \in \text{cell}} \delta(D(x,y) - b_k) \cdot A(x,y) \tag{10-19}$$

式中，b_k 是第 k 个方向区间的中心值；δ 是指示函数，当条件满足时返回 1，否则返回 0。

④ 块标准化。将相邻的细胞组合成更大的块，并进行归一化处理。

$$\mathbf{H}_{\text{block}} = \frac{\mathbf{H}_{\text{cell}}}{\|\mathbf{H}_{\text{cell}}\|_2} \tag{10-20}$$

式中，$\|\mathbf{H}_{\text{cell}}\|_2$ 是细胞特征向量的 L2 范数。

（3）SVM 分类器

SVM 是一种监督学习方法，通过寻找样本空间中的一个最优超平面，将不同类别的样本进行分离。其优化目标是最大化边界间隔，决策函数为

$$f(x) = \text{sign} \left(\sum_{i=1}^{n} \alpha_i y_i K(x_i, x) + b \right) \tag{10-21}$$

式中，α_i 是支持向量的权重，y_i 是样本的标签，$K(x_i, x)$ 是核函数，b 是偏置。

将标准化后的 HOG 特征输入到 SVM 中进行分类，可以学习到目标与背景之间的区分特征。

（4）应用案例

HOG+SVM 方法在行人检测、车辆检测等领域有着广泛的应用。例如，在行人检测中，

HOG 特征能够有效地捕捉到行人的轮廓信息，使得检测结果更加可靠，如图 10-5 所示。

↑ 图 10-5　行人检测

↑ 图 10-5　行人检测

以下是使用 OpenCV 进行行人检测的示例代码：

```
import cv2

# 初始化 HOG 描述子
hog = cv2.HOGDescriptor()
hog.setSVMDetector(cv2.HOGDescriptor_getDefaultPeopleDetector())

# 读取图像并检测行人
image = cv2.imread('pedestrian.jpg')
rects, weights = hog.detectMultiScale(image, winStride=(8, 8), padding=(8, 8), scale=1.05)

# 绘制检测结果
for (x, y, w, h) in rects:
    cv2.rectangle(image, (x, y), (x + w, y + h), (0, 255, 0), 2)

# 显示检测结果
cv2.imshow("Detected Pedestrians", image)
cv2.waitKey(0)
cv2.destroyAllWindows()
```

如图 10-6 所示，也可以使用 HOG+SVM 对包含运动物体的视频进行检测，可以参考下面的代码实现。

```
import cv2

# 初始化 HOG 描述子
hog = cv2.HOGDescriptor()
hog.setSVMDetector(cv2.HOGDescriptor_getDefaultPeopleDetector())
```

```
# 打开视频文件或捕获摄像头

video = cv2.VideoCapture('video.mp4')    # 替换为视频文件路径或 0 表示摄像头
while True:
    # 读取视频帧
    ret, frame = video.read()
    if not ret:
        break
    # 图像预处理
    gray_frame = cv2.cvtColor(frame, cv2.COLOR_BGR2GRAY)
    blurred_frame = cv2.GaussianBlur(gray_frame, ksize:(5, 5), sigmaX:0)
    # 行人检测
    rects, hog.detectMultiScale(blurred_frame, winStride=(4, 4), padding=(8, 8), sca
le=1.05)
    # 绘制检测结果
    for (x, y, w, h) in rects:
        cv2.rectangle(frame, (x, y), (x + w, y + h), (0, 255, 0), 2)
    # 显示检测结果
    cv2.imshow('winname:'Pedestrian Detection', frame)
    # 按下 'q' 键退出
    if cv2.waitKey(1) & 0xFF == ord('q'):
        break
# 释放资源
video.release()
cv2.destroyAllWindows()
```

⌃ 图 10-6　视频行人检测

10.2.3　滑动窗口法

（1）工作原理

　　滑动窗口法是最直观的目标检测方法之一。该方法的基本思想是在图像的不同位置和尺度上应用一个窗口，并在每个窗口内进行特征提取和分类。具体步骤如下。

① 窗口初始化。设置一系列不同大小的窗口模板，这些窗口模板通常是矩形框，可以在图像的不同位置和尺度上滑动。为了覆盖不同大小的目标，需要设置多个不同尺寸的窗口。

② 特征提取。对于每个窗口，提取有用的特征。常用的特征包括颜色直方图、边缘方向直方图、纹理特征等。这些特征可以帮助分类器更好地识别目标。

③ 分类决策。使用预先训练好的分类器［如支持向量机（SVM）］对窗口内的特征进行分类，判断是否包含目标对象。分类器通常是通过大量标记的正负样本训练得到的。

④ 结果汇总。将所有分类为正例的窗口记录下来，并进行非极大值抑制（Non-Maximum Suppression, NMS）以去除重复的检测框。NMS 是一个重要的后处理步骤，用于去除重叠的检测框，保留最有可能包含目标的框。

（2）实际应用

尽管滑动窗口法存在一定不足，但在特定应用场景中仍具独特优势。例如，在对实时性要求不高且计算资源充足的环境中，滑动窗口法能够提供较为可靠的检测结果。此外，该方法可作为更复杂算法的基础，用于初步筛选候选区域。图 10-7 展示了一个使用滑动窗口法识别纺织品表面划痕瑕疵的示例，图像处理使用 Python 编写，并借助 OpenCV 库实现。

︽图 10-7　滑动窗口方法织物缺陷检测结果

```python
import cv2
import numpy as np

# 滑动窗口函数
def sliding_window(image, step_size, window_size):
    """在图像上进行滑动窗口的迭代"""
    for y in range(0, image.shape[0] - window_size[1], step_size):
        for x in range(0, image.shape[1] - window_size[0], step_size):
            yield (x, y, image[y:y + window_size[1], x:x + window_size[0]])


# 图像处理和瑕疵检测
def process_window(window):
    """对滑动窗口区域进行处理，并返回是否检测到瑕疵"""
    # 1. 应用高斯模糊减少噪声
    blurred = cv2.GaussianBlur(window, (5, 5), 0)
    # 2. 使用边缘检测突出瑕疵区域
    edges = cv2.Canny(blurred, 50, 150)
    # 3. 使用形态学操作扩展瑕疵的边缘，便于轮廓检测
    kernel = np.ones((3, 3), np.uint8)
    morphed = cv2.morphologyEx(edges, cv2.MORPH_CLOSE, kernel)
    # 4. 找到窗口内的所有轮廓
    contours, _ = cv2.findContours(morphed, cv2.RETR_EXTERNAL, cv2.CHAIN_APPROX_SIMPLE)
    # 5. 遍历所有轮廓，筛选出符合瑕疵形状的轮廓
    for contour in contours:
        # 计算轮廓的边界框
```

```
        x, y, w, h = cv2.boundingRect(contour)
        # 计算轮廓面积
        area = cv2.contourArea(contour)
        # 根据轮廓的形状过滤,
        if area > 30 and 0.8 < float(w) / h < 1.2:  # 面积和长宽比过滤,
            return True
    return False


# 检测缺陷的函数
def detect_flaws(image, window_size=(50, 50), step_size=20):
    """检测图像中的缺陷"""
    flaw_positions = []
    for (x, y, window) in sliding_window(image, step_size, window_size):
        if process_window(window):
            flaw_positions.append((x, y))
    return flaw_positions


# 主程序
def main():
    # 读取图像并转换为灰度图
    image = cv2.imread('path_to_image')  # 替换为你的图像文件
    gray_image = cv2.cvtColor(image, cv2.COLOR_BGR2GRAY)
    # 定义滑动窗口的大小和步长
    window_size = (70, 70)
    step_size = 20
    # 检测缺陷
    flaws = detect_flaws(gray_image, window_size, step_size)
    # 显示检测结果
    for (x, y) in flaws:
        # 在原始图像上标记检测到的瑕疵位置
        cv2.rectangle(image, (x, y), (x + window_size[0], y + window_size[1]), (0, 0, 255), 2)
    # 显示结果图像
    cv2.imshow('Detected Flaws', image)
    cv2.waitKey(0)
    cv2.destroyAllWindows()


if __name__ == '__main__':
    main()
```

10.2.4　DPM

(1) 工作原理

DPM(Deformable Part Models)是一种基于部件模型的目标检测框架,由 P.F. Felzenszwalb 等人提出,旨在扩展和改进 HOG 特征方法。HOG 特征通过计算图像局部区域的梯度方向直方图来描述物体的形状,但对物体姿态变化和部分遮挡的适应性有限。DPM 模型通过组合多个部件来建模目标物体的不同部分及其可能形变,从而提高检测的鲁棒性和准确性。DPM 结构如下。

① 部件模型结构。DPM 将目标物体表示为一个"根滤波器（root filter）"和多个"部件滤波器（part filters）"的组合。根滤波器与 HOG 中的滤波器类似，DPM 通过滑动扫描不同位置和尺度的图像，捕捉目标物体的整体形状和外观信息，计算每个位置的响应得分，从而确定目标可能出现的位置，对目标进行整体建模。部件滤波器代表目标物体的各个组成部分，每个部件滤波器对应目标的一个特定部分，如人的头部、手臂、腿部等。这些部件滤波器与根滤波器相关联，并且可以在一定范围内相对于根滤波器进行位置偏移（即变形），因此具有一定的灵活性。

② 变形约束。为了防止部分之间的过度变形，DPM 引入了变形约束，即各个部分相对于中心的偏移量应当在一定范围内。这种约束有助于保持各部分之间的相对位置关系，即使物体形状发生一定程度的变化，也能保持检测的准确性。

③ 得分计算方式。在给定图像的某个位置和尺度下，DPM 模型的得分由根滤波器得分与各部件滤波器得分之和组成。对于每个部件滤波器，需要在其可能的位置范围内找到得分最高的位置，并将该位置的得分减去一个变形代价，用以衡量部件相对于根滤波器理想位置的偏离程度。最终模型得分经过变形代价调整，为根滤波器得分与优化后部件滤波器得分之和。

④ 混合模型表示。为了提高模型的鲁棒性和适应性，DPM 通常使用多个不同的部件模型的混合来表示一个目标类别。在检测时，对于图像的某个位置和尺度，计算每个混合模型的得分，然后选择得分最高的模型作为最终的检测结果。

（2）DPM 的工作流程

① 数据准备。收集标注好的训练数据，标注包括物体的边界框以及各个部件的位置。

```python
import cv2

# 假设有一些标注的正样本和负样本图像
positive_images = [cv2.imread('positive_image1.jpg', cv2,IMREAD_GRAYSCALE), cv2.imread('positive_image2.jpg', cv2.IMREAD_GRAYSCALE)]
negative_images =[cv2.imread('negative_image1,jpg',cv2.IMREAD_GRAYSCALE),cv2.imread('negative_image2.jpg',cv2.IMREAD_GRAYSCALE)]
```

② 特征提取。从训练图像中提取特征，通常使用 HOG（Histogram of Oriented Gradients）特征。

```python
import cv2
import numpy as np

def extract_hog_features(image):
    winSize = (64,64)
    blockSize = (16, 16)
    blockStride = (8,8)
    cellSize = (8,8)
    nbins = 9
    hog = cv2.HOGDescriptor(winSize, blockSize, blockStride, cellSize, nbins)
    features = hog.compute(image)
    return features.flatten()
```

③ NMS，去除重叠的检测框，保留最有可能的检测结果。

```python
def non_max_suppression(detections, overlap_threshold):
    if len(detections) == 0:
        return []

    detections = sorted(detections, key=lambda x: x[2], reverse=True)
    picked = []

    while len(detections) > 0:
        current = detections.pop(0)
        picked.append(current)
        detections = [det for det in detections if intersection_over_union(current, det) <
overlap_threshold]
    return picked


1 usage
def intersection_over_union(box1, box2):
    x1,y1, w1, h1 = box1[:4]
    x2,y2, w2, h2 = box2[:4]

    inter_x1 = max(x1, x2)
    inter_y1 = max(y1, y2)
    inter_x2 = min(x1 + w1, x2 + w2)
    inter_y2 = min(y1 + h1, y2 + h2)
    inter_area = max(0, inter_x2 - inter_x1) * max(0, inter_y2 - inter_y1)
    box1_area = w1 * h1
    box2_area = w2 * h2
    union_area = box1_area + box2_area - inter_area
    return inter_area / union_area
```

④ 将上述步骤整合到主函数中。

```python
def main():
    # 数据准备
    positive_images = [cv2.imread('positive_image1. jpg', cv2.IMREAD_GRAYSCALE), cv2.imread(
'positive_2.jpg', cv2.IMREAD_GRAYSCALE)]
    negative_images = [cv2.imread('negative_image1.jpg', cv2.IMREAD_GRAYSCALE), cv2.imread(
'negative_2.jpg', cv2.IMREAD_GRAYSCALE)]
    # 定义部件数量
    part_count = 3
    # 训练整体模型和部件模型
    global_clf = train_global_model(positive_images, negative_images)
    part_classifiers = train_part_models(positive_images, negative_images, part_count)
    # 加载测试图像
    test_image = cv2.imread('test_image.jpg', cv2.IMREAD_GRAYSCALE)
    # 滑窗检测
    window_size = (64,)
```

（3）实际应用

DPM 能够有效地处理目标的形变和遮挡，使得检测结果更加可靠，因此在目标检测领域有着广泛的应用，如行人检测、车辆检测、医疗影像分析、人脸识别等。以下是一个使用 DPM 进行车辆检测的简单示例代码，需要确保已经安装了相关的 dlib 库和模型。

```
immport cv2
immport dlib

# 加载预训练的 DPM 模型
detector = dlib.simple_object_detector("dpm_vehicle_detector.svm")

#加载测试图像
image_path = "test_vehicle.jpg'
image = cv2.imread(image_path)

# 使用 DPM 模型进行检测
detections = detector(image)

#在图像上绘制检测结果
for d in detections:
    x1, y1, x2, y2 = d.left(), d.top(), d.right(), d.bottom()
    cv2.rectangle(image,(x1, y1), (x2, y2), (0, 255, 0), 2)

#显示结果图像
cv2 .imshow("Vehicle Detection", image)
cv2.waitKey(0)
cv2 .destroyAllWindows()
```

① 说明。dlib. simple_object_detector 用于加载预训练的 DPM 模型。需要提供一个 .svm 文件，该文件包含了训练好的车辆检测模型。可以从 dlib 官方资源或按照前文步骤自行训练该模型。

② 运行。将上述代码保存为一个 Python 文件（如 vehicle_detection.py），并确保已经准备好预训练的 DPM 模型文件和测试图像，然后运行该文件。

```
python vehicle_detection.py
```

加载测试图像并使用 DPM 模型进行车辆检测，最终显示检测结果如图 10-8 所示。由于 DPM 识别各个组成部分，所以对车辆进行检测会出现多个检测框，这个现象在图 10-9 所示行人检测上更为明显，可以看到人的四肢、头部都被单独检测出来。完整程序代码详见二维码。

︽图 10-8　车辆检测　　　　　　　　　　　　　　　　　︽图 10-9　行人检测

10.2.5　传统方法小结

本小节介绍了 4 种传统的目标检测方法：基于 Haar 特征的级联分类器、基于滑动窗口目标检测、基于 HOG+SVM 的目标检测方法，以及基于 DPM 目标检测方法。理解这些经典的目标检测算法，能够为读者提供一个坚实的基础，从而更好地理解现代目标检测技术的演变。下面是 4 种方法的性能比较。

（1）检测速度

Haar 特征级联分类器：采用了级联结构，能够快速排除大部分非目标区域，检测速度较快。

滑动窗口：需要在多个尺度上进行检测，计算量大，检测速度较慢。

HOG+SVM：采用滑动窗口搜索，检测速度受到计算成本的影响。

DPM：使用了滑动窗口，但引入了部件级别的匹配和变形约束，检测速度介于 Haar 特征级联分类器和 HOG+SVM 之间。

（2）检测精度

Haar 特征级联分类器：适用于检测简单背景下的刚性物体，如人脸检测，但对于复杂背景或非刚性物体（如人体的不同姿态）检测效果较差。

滑动窗口：检测精度取决于特征选择和分类器性能，但在复杂场景下容易产生误检。

HOG+SVM：在检测如人体等目标时表现较好，但由于未考虑物体内部结构，对于复杂变形的目标检测精度有限。

DPM：通过检测物体的各个组成部分并引入变形约束，能够较好地处理物体的形状变形和外观变化，检测精度较高。

（3）计算资源需求

Haar 特征级联分类器：计算资源需求较低，适合嵌入式设备和实时应用。

滑动窗口：计算资源需求高，不适合资源受限的设备。

HOG+SVM：计算资源需求较高，适合有足够计算能力的设备。

DPM：计算资源需求较高，但由于引入了部件级别的匹配，仍然比传统的滑动窗口方法更适合高性能计算平台。

（4）灵活性

Haar 特征级联分类器：灵活性较低，主要用于检测刚性物体。

滑动窗口：灵活性一般，取决于特征和分类器的选择。

HOG+SVM：灵活性较好，但未考虑物体内部结构。

DPM：灵活性最高，能够适应物体的变形和外观变化。

（5）应用场景

Haar 特征级联分类器：适用于实时应用，如人脸识别、车牌识别等。

滑动窗口：适用于初步探索阶段的目标检测，或作为其他方法的基础。

HOG+SVM：适用于人体检测、行人检测等场景。

DPM：适用于需要处理复杂变形和外观变化的物体检测，如人体动作识别等。

10.3　基于深度学习的目标检测

10.3.1　概述

计算机视觉领域的图像处理任务主要包括 4 类：图像分类、目标定位、目标检测和图像分割。如图 10-10 所示，图像分类主要判断图像中物体的属性，即"是什么"的问题；目标定位则精准检测物体的具体位置，回答"在哪里"。目标检测综合了分类和定位，既能确定物体的位置，又能判断其属性。图像分割则将物体的定位精确到像素级别，尽管这一过程会消耗大量计算资源。相比之下，目标检测相对简单，同时满足分类和定位的需求，因此在实际缺陷检测任务中应用最为广泛。

↑图 10-10　计算机视觉检测任务

目标检测可分为两类：二阶段检测（以 Faster R-CNN 为代表）和单阶段检测（如 SSD、YOLO）。二阶段算法包括候选区域提取和后续的分类回归，R-CNN 是其开创者，后续的 Fast R-CNN 和 Faster R-CNN 则为其演进版本。本节在 PASCAL VOC、COCO128 和 X-SDD 数据集上进行验证，图 10-11～图 10-13 展示了这三个数据集的示例。

↑图 10-11　PASCAL VOC 数据集

↑图 10-12　COCO128 数据集

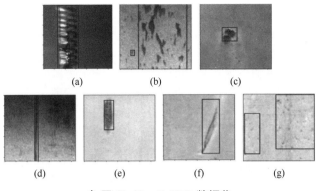

(a)   (b)   (c)

(d)   (e)   (f)   (g)

✦ 图 10-13　X-SDD 数据集

10.3.2　二阶段目标检测算法

R-CNN 检测算法的第一阶段采用 Selective Search 算法替代传统的滑动窗口方法（如 DPM），生成候选区域（Region Proposal），其结构如图 10-14 所示。Selective Search 通过分割手法将图像划分为 1k～2k 个小区域，基于纹理、颜色和尺度等特征计算相邻区域之间的相似度。相似度高的小区域被合并，直至最终形成候选框。第二阶段使用 AlexNet 网络提取目标特征，并在 SVM 分类器中进行分类和回归检测，输出物体类别和位置信息。本阶段从传统的 SIFT 和 HOG 等特征提升至 CNN 数据驱动特征，显著增强了模型的表征能力。

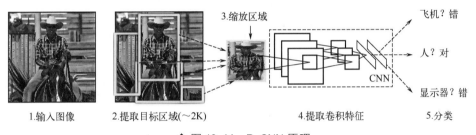

✦ 图 10-14　R-CNN 原理

R-CNN 的不足在于，对每个候选区域单独提取特征，导致检测时间延长且步骤繁琐。各模块独立且不共享计算，进一步增加了测试时间。实验结果如图 10-15 所示，完整程序代码见二维码。

✦ 图 10-15　R-CNN 检测结果

Fast R-CNN 模型结构如图 10-16 所示，输入包括原始图像和感兴趣区域（ROI）。该模型将整幅图像输入卷积神经网络提取特征，从而避免了重复提取候选区域导致的高计算资源消耗。候选区域的坐标信息通过映射关系转换为特征图对应的坐标，输入到 ROI Pooling 层。ROI Pooling 层将大小不一的候选区域均分成固定网格，并在每个网格上执行最大池化，以生成固定长度的特征向量。这一关键进展改进了候选区域特征提取结构，简化了训练过程，减少了冗余计算，降低了内存资源消耗，显著提升了检测效果。

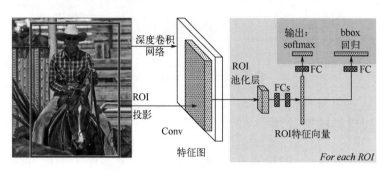

⌃ 图 10-16　Fast R-CNN 原理

Faster R-CNN 主要解决了选择性搜索带来的庞大计算量问题，结构如图 10-17 所示。该模型采用区域检测网络（Region Proposal Network, RPN）生成候选区域。RPN 设计了不同大小和长宽比的 anchor boxes，并在卷积层提取的特征图上滑动进行检测。RPN 包含两个分支：一是通过 softmax 实现二分类预测，以判断生成的 anchor boxes 属于前景还是背景；二是进行 bounding box regression，以微调 anchor boxes 的坐标，进一步提高定位精度。接下来，ROI Pooling 层接收候选区域和特征图，生成固定尺度的特征图，并进行 bounding box 的分类与位置回归。通过将候选区域提取过程集成到目标检测网络中，Faster R-CNN 在保持高精度检测的同时，使检测速度提高近 10 倍。

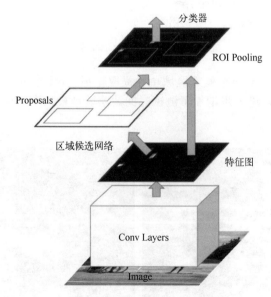

⌃ 图 10-17　Faster R-CNN 原理

实验结果如图 10-18 所示，完整程序代码见二维码。

(a) 真实值　　　　　　(b) Faster R-CNN

⌃ 图 10-18　Faster R-CNN 检测结果

10.3.3　单阶段目标检测算法

10.3.3.1　SSD

SSD（Single Shot MultiBox Detector）将检测问题转化为回归问题，同步完成目标分类与定位，为典型的单阶段目标检测模型。借鉴 Faster R-CNN 中的 anchor 理念，为每个单元设置不同尺度与长宽比的 Default boxes。预测的边界框（Bounding box）以 Default box 为基准，更易拟合实际待检物体的形状，减少了训练难度。浅层卷积注重边缘等细节信息，深层卷积获得更多的语义信息，这些信息对物体的检测结果的作用也不尽相同，为此 SSD 在不同尺度的特征图上预测 Bounding boxes 的类别和坐标偏移量。其网络结构如图 10-19 所示。

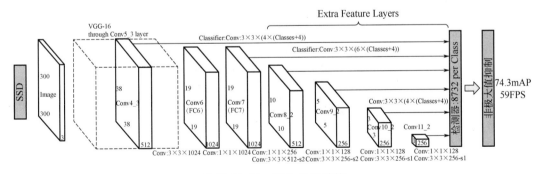

⌃ 图 10-19　SSD 网络结构

SSD 验证了浅层高分辨率特征图和高瘦、扁宽先验框对检测效果的显著影响，并结合数据增强方法进行对比实验（见表 10-1）。基准网络的 conv4_3 特征图具有较高的分辨率，能够充分保留图像信息的完整性，而高瘦、扁宽的先验框则更适应形态复杂多变的目标物体，这两项改进方案明显提升了检测精度。此外，SSD 训练过程中引入的随机裁剪和随机水平翻转等数据增强方法，对网络性能产生了显著影响，提升了约 6.7%的 mAP（平均精度均值）。

表 10-1　SSD 检测性能

Trick	SSD 300					
数据增强		√	√	√	√	√
Conv4_3 输出层	√		√	√	√	√
{1/2,2}长宽比	√	√		√	√	√
{1/3,3}长宽比	√	√	√			√
Atrous	√	√	√	√		√
mAP/%	65.4	68.1	69.2	71.2	71.4	72.1

　　SSD 的多尺度目标检测在一定程度上提高了物体的检测精度，但对小目标物体的检测效果仍有待改善。VOC2007 数据集上的检测结果如图 10-20 所示。SSD 算法的局限性在于，高层网络具有较大的感受野和强的语义信息表征能力，但分辨率低，几何信息的表征能力较差；而低层网络则相反，感受野小，几何细节信息表征能力强，但语义表征能力弱。这导致低层网络在预测小物体时，由于缺乏高层语义特征，其检测能力受限。

(a) 真实值　　　　　　(b) SSD

︿图 10-20　SSD 检测结果

10.3.3.2　DSSD

　　DSSD 网络采用 Top down 的网络结构对来自低层的几何信息和高层语义信息进行融合，并改进传统上采样结构来提高检测精度。DSSD 将来自 backbone 的 6 层特征图输入到反卷积模型，借助特征金字塔结构实现上采样，最后经预测模块对预测框执行回归任务和分类预测任务。DSSD 算法对 SSD 网络中需依靠人工经验确定设置的 Default boxes 这一问题进行优化改进,采用 K-means 聚类算法重新获取 7 种维度的先验框。图 10-21 所示为 DSSD 与 SSD 网络结构对比,从 Resnet101 基准网络的使用到反卷积结构中高低层特征信息的融合,DSSD 网络的特征表达能力增强,检测准确率提高,特别是对小目标的检测效果有了明显提升。图 10-22 所示为 DSSD 在 X-SDD 数据集上的检测结果,完整程序及代码见二维码。

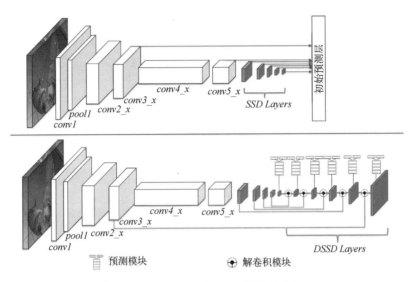

☆图 10-21　DSSD 与 SSD 网络结构对比

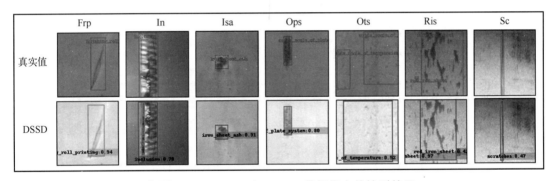

☆图 10-22　DSSD 在 X-SDD 数据集上的检测结果

10.3.3.3　YOLO 系列目标检测方法

YOLO（You Only Look Once）是一种流行的目标检测算法,自 2015 年首次提出以来,已经经历多次迭代和发展,以下对各个 YOLO 模型进行简单介绍。在 PASCAL VOC 数据集上对经典的 YOLOv1 和最新版本 YOLOv10 进行实验,并以 YOLOv10 为例,详细介绍 YOLOL 系列进行目标检测的过程,完整程序代码见二维码。

（1）YOLO 系列模型简介

① YOLOv1。YOLO 是目标检测领域的开创性模型,于 2015 年发布,为后续 YOLO 系

列的发展奠定了基础思想。与传统目标检测算法（如 R-CNN 系列）使用区域提议和分类器分开的方式不同，YOLOv1 将目标检测任务转化为回归问题，采用单个神经网络直接处理整张图像的上下文信息，预测目标的边界框和类别。具体检测方法如下。

首先，将输入图像划分为 $S \times S$ 网格，如图 10-23 将输入图像划分成 7×7=49 个网格，如果网格包含目标物体的中心，该网格便负责检测该物体。每个网格单元预测 $B(B=2)$ 个边界框及其置信度得分。该分数反映了框内包含物体的概率 $P_r(Object)$ 和预测框的位置准确性（Intersection over Union，IOU），这两部分同时构成了置信分数。输出图像包含三个边界框，每个边界框都会包含 5 个预测值：$x, y, w, h, confidence$。(x, y) 框中心是相对于网格单元的坐标，w 和 h 是框相当于整幅图的宽和高，$confidence$ 代表该框与真实值之间的 IOU，当预测框里没有物体时，值为 0。

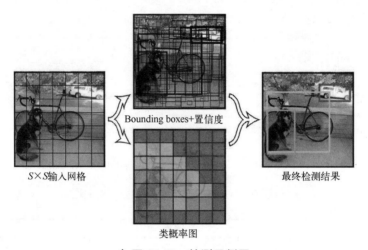

$S \times S$输入网格　　Bounding boxes+置信度　　类概率图　　最终检测结果

⌃ 图 10-23　检测示例图

每个网格单元除了输出预测框外，还需输出对象的条件概率，即该网格中物体属于某一类别的概率。每个网格单元生成一个概率集合，而无须考虑该网格可能产生的预测框数量。在测试阶段，利用式（10-22）将条件分类概率与每个框的置信度相乘，从而得到每个框对应于各个类别的置信分数。

$$P_r(Class_i \,|\, Object) \cdot P_r(Object) \cdot IOU_{pred}^{truth} = P_r(Class_i) \cdot IOU_{pred}^{truth} \qquad (10\text{-}22)$$

YOLOv1 将检测任务视为回归问题，避免了复杂流程，从而实现快速运行。同时，在训练和测试过程中，能够可视化整个图像，隐式编码类别及其上下文信息。与 Fast R-CNN 相比，YOLOv1 能预览整个图像，降低了预测背景错误率。然而，YOLOv1 仍存在一些不足之处：

a．每个单元格只能预测两个框和一个类别，限制了预测数量。

b．网络模型的扩展性较差，边界框的生成依赖于数据预测值。

c．由于输出层为全连接层，模型训练仅支持与训练图像相同的输入分辨率。

d．网络损失值不稳定，边界框损失函数的近似使得大边界框的检测性能不受小损失值显著影响，而小边界框即使在小误差下也会显著影响 IOU，导致了小物体检测效果不佳。相关实验结果如图 10-24 所示。

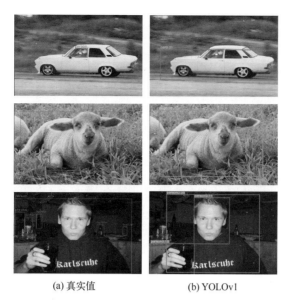

(a) 真实值　　　　(b) YOLOv1

∧ 图 10-24　YOLOv1 检测结果

② YOLOv2。YOLOv2 发布于 2016 年，移除了全连接层，转变为全卷积网络结构，引入了批量归一化 BN，显著提高了模型的训练速度和稳定性。YOLOv2 采用了锚框（Anchor Boxes）机制，将每个网格单元（Cell）预测的边界框数量从 YOLOv1 的 2 个增加到 5 个，借鉴了 Faster R-CNN 的预设 Anchor 大小，从而对不同形状和大小的目标具有更好的适应性。此外，YOLOv2 支持多尺度训练，使其能够检测不同尺度的目标，提高了对小物体的检测性能。

③ YOLOv3。YOLOv3 发布于 2018 年，采用了更深的网络结构，如 Darknet-53 作为骨干网络，提高了特征提取能力。YOLOv3 使用多个锚框和多个尺度的特征图进行预测，提升了对小目标的检测效果。此外，YOLOv3 采用逻辑回归代替 softmax 函数进行类别预测，这使其能够处理多标签分类问题。具体而言，backbone 为 Darknet-53，neck 部分采用特征金字塔网络（FPN），head 设计为在三个尺度上使用 9 种锚框。同时，YOLOv3 使用 IOU 最大匹配策略进行边界框匹配，最后通过非极大抑制（NMS）来去除重复检测。

在后续的 YOLO 版本中，网络架构和训练策略进行了多方面的改进，包括对 backbone、neck、NMS、正负样本匹配及损失函数等部分的调整。

④ YOLOv4。YOLOv4 发布于 2020 年，针对网络结构进行了全面优化，包括骨干网络的改进、颈部网络的特征融合及头部网络的预测方式。该模型采用 Mosaic 数据增强技术，通过混合多张图像来丰富背景和目标信息，增强了模型的鲁棒性和泛化能力。同时，引入 DropBlock 正则化方法以缓解过拟合问题，并采用新的损失函数和后处理技术，提升检测精度和速度。

YOLOv4 延续了 YOLOv3 的骨干网络，但采用 Mish 激活函数并增加 DropBlock 等技术。在颈部部分，使用了空间金字塔池化（SPP）和路径聚合网络（PAN），损失函数引入了 CIOU 和 DIOU。此外，还结合了卷积层批归一化（cmBN）和自适应阈值（SAT）等输入端技术，以进一步提高模型性能。

⑤ YOLOv5。YOLOv5 发布于 2020 年，具有更快的检测速度和更高的灵活性。该模型

采用自适应锚框计算，根据不同数据集自动调整锚框的大小和比例，从而提高了对不同数据集的适应性。此外引入超参数优化等技术，在保持较高检测精度的同时，显著提升了检测速度，更适合实际应用场景。支持多种导出格式，方便在不同平台上部署。

在架构设计上，YOLOv5 增加了 Focus 模块，以更有效地提取输入图像特征。同时，工程上使用了自适应锚框，并将 K-means 聚类过程集成到网络中，以更好地适应目标框尺寸。与 YOLOv4 不同，YOLOv5 并未严格延续其 backbone 设计，而是通过轻量化和优化，提升了训练速度与检测效果，并引入了更多训练技巧。

⑥ YOLOX。YOLOX 发布于 2021 年，采用了无锚框（Anchor Free）的设计，取消了预定义的锚框，使得模型更加灵活和高效。具体而言，backbone 改进为 CSPDarknet53，采用 PAFPN（Path Aggregation Feature Pyramid Network）和解耦头（decoupled head），将分类与回归任务解耦。标签分类方面，YOLOX 引入了 simOTA（Simulated Online Template Assignment）策略，以提升训练效率和检测性能。

⑦ YOLOv6。YOLOv6 发布于 2022 年，在网络结构、标签分配和损失函数等方面进行了多项创新。具体而言，backbone 改进为 RepVGG，采用了 RepBlock 和 CSPStack 结构；neck 部分改进为 Rep FPN+PAN；head 采用解耦头（Decoupled Head），形成了无锚框（anchor-free）的网络架构。损失函数使用了 VariFocal Loss 和 SIOU（Scaled Intersection over Union），而正负样本匹配策略采用了 TLA（Task-aware Label Assignment）。在保持较高检测精度的同时，YOLOv6 进一步提高了模型的推理速度，适用于工业界的实际应用场景。

⑧ YOLOv7。YOLOv7 发布于 2022 年，提出了多种新的模块和结构，如 ELAN（Extended Layer Aggregation Network）和 MP（Max Pooling）模块，从而提高了模型的特征提取能力和整体性能。YOLOv7 在 YOLOv5 的架构上进行了改进，backbone 部分吸收了 YOLOv6 的重参数化思想，并设计了 ELAN 结构和复杂的下采样策略 MP；neck 部分由 Rep+SPP+PAFPN 形成了 SPPCSPC 模块；head 部分采用辅助头分支进行标签分配。此外，YOLOv7 在 COCO 关键点数据集上添加了额外的任务，如姿态估计，进一步拓展了模型的应用范围。

⑨ YOLOv8。YOLOv8 发布于 2023 年，支持全范围的视觉 AI 任务，将多种视觉任务集成到一个模型中，用户可以根据需求选择不同的任务，如目标检测、分割、姿态估计、跟踪和分类，从而提高了模型的通用性和实用性。YOLOv8 采用了新的骨干网络、无锚点（anchor-free）检测头和新的损失函数等技术，以提升模型的性能和灵活性。具体而言，backbone 部分将 CSP 结构改为 C2f；neck 部分改为 SPPF；head 部分采用解耦头（Decoupled Head），并实现了无锚框检测。分类损失使用 VFL Loss，回归损失则结合了 DFL Loss 和 CIoU Loss，标签分配采用 Task-Aligned Assigner。

⑩ YOLOv9。YOLOv9 发布于 2024 年 2 月，在保持较高检测速度的同时，进一步提高了检测精度。它引入了新视角辅助头等技术，增强了模型对目标的特征提取能力。具体来说，backbone 部分在 YOLOv7 的基础上将 ELAN 升级为 GELAN；head 部分将 YOLOv7 的辅助分支优化，定义为 PGI。此外，YOLOv9 还采用了 Depthwise Convolutions 和 C3Ghost 架构，以降低计算复杂度。Loss 函数方面，分类损失采用 BCE Loss，回归损失结合了 DFL Loss 和 CIoU Loss；标签分类采用 Task-Aligned Assigner 分配。

（2）YOLOv10 理论及实验详解

YOLOv10 发布于 2024 年 5 月，是由清华大学研究人员基于 Ultralytics Python 包开发的一种新型实时目标检测方法，旨在解决前版本在后处理和模型架构上的不足。通过消除 NMS

和优化各个模型组件，在显著降低计算开销的同时，实现了最先进的性能。大量实验表明，YOLOv10在不同模型尺度上取得了卓越的精度与延迟平衡。

① 网络架构。

YOLOv10模型架构由以下部分组成：YOLOv10中的主干网负责特征提取，它使用了增强版的CSPNet（跨阶段部分网络），以改善梯度流并减少计算冗余；颈部设计用于汇聚不同尺度的特征，并将其传递到头部。它包括PAN（路径聚合网络）层，可实现有效的多尺度特征融合；一对多头训练，为每个对象生成多个预测，以提供丰富的监督信号并提高学习准确性；一对一头推理，为每个对象生成一个最佳预测，无须NMS，从而减少延迟并提高效率。

② 创新之处。

a. 无NMS训练的一致双重分配（图10-25）。在传统YOLO训练中，一对多分配策略虽然丰富了监督信号，但需依赖NMS后处理，而一对一匹配虽省去了NMS，却因监督信号不足而使性能受限。YOLOv10通过引入双重标签分配，结合了一对多和一对一的优势：训练时两个头部共同优化，推理时仅使用一对一头部，简化了后处理并提升了性能，同时训练效率得到保证。

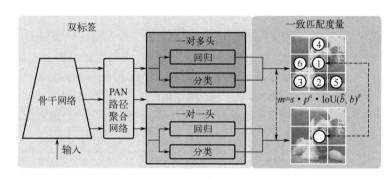

∧ 图 10-25 无NMS训练的一致双重分配

在YOLOv10中，一对一度量m_{o2m}和一对多度量m_{o2o}分配均采用统一匹配度量$m(\alpha,\beta) = sp^\alpha IoU(\hat{b},b)^\beta$，$\alpha$和$\beta$是平衡语义和位置任务的超参数。一对多分支提供更丰富的监督信号，通过一致匹配度量$\alpha_{o2o} = r\alpha_{o2m}$和$\beta_{o2o} = r\beta_{o2m}$（默认$r=1$），优化模型性能。

b. 整体效率-精度驱动的模型设计。

● 效率驱动的模型设计。

轻量级分类头部：YOLOs中分类和回归头部架构相同但计算开销不同，回归头部对性能更重要，所以为分类头部采用轻量级架构，由两个3×3深度可分离卷积和一个1×1卷积组成。

空间-节制耦合下采样：常规3×3标准卷积下采样有计算成本和参数问题，提出解耦操作，先逐点卷积调制通道，再深度卷积空间下采样，降低成本并保留信息。

秩引导块设计：YOLOs在各阶段使用相同的基本块，通过内在秩分析冗余，提出紧凑倒置块（CIB）结构和秩引导块分配策略，自适应实现紧凑块设计以提高效率，具体如图10-26所示。

● 精度驱动的模型设计。

大核卷积：大核深度卷积可扩感受野，但全阶段用有问题，建议在深层阶段CIB中用，增加核大小并采用结构重参数化技术，小模型尺度采用。

部分自注意力（PSA）：自注意力虽全局建模能力强但计算复杂，提出高效PSA模块设计，如图 10-27 所示，将通道特征分两部分：一部分送 N_{PSA} 块；另一部分保留原始特征，两部分特征连接融合。通过对模块参数等进行优化，放置在特定阶段避免开销，提高模型能力。

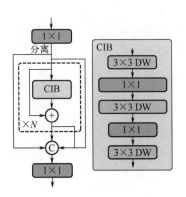

☆图 10-26　紧凑倒置块 CIB

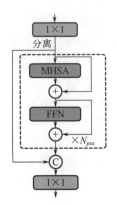

☆图 10-27　部分自注意模块 PSA

③ 实验详解。

a．模型下载。YOLOv10 有多种模型，可满足不同的应用需求，在 YOLOv10 官网下载。根据需求下载不同模型。YOLOv10-N：用于资源及其有限环境的纳米版本。YOLOv10-s：兼顾速度和精度的小型版本。YOLOv10-M：通用中型版本。YOLOv10-B：平衡型，宽度增加，精度更高。YOLOv10-L：大型版本，精度更高，但计算资源增加。YOLOv10-X：超大型版本可实现最高精度和性能。

在 Pycharm 上打开 YOLOv10 项目，如图 10-28 所示，在"File"中单击"Open"，打开所需要的项目文件。

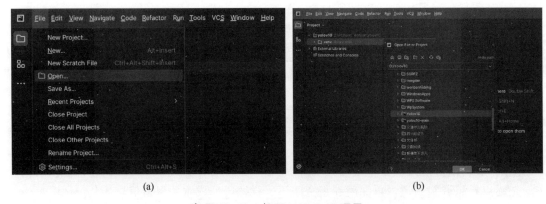

(a)　　　　　　　　　　　　　　(b)

☆图 10-28　打开 YOLOv10 项目

如图 10-29 所示，将数据集放在项目的"data"目录下（如何没有此目录，可以自己创建）。

b．制作数据集。将收集到的图片放到一个文件夹，使用标注工具 Labelimg，进行数据标注。将标注后的不同图片放到训练集和数据集中。Labelimg 是一款开源的数据标注工具，可以标注 VOC（xml 文件）、yolo（txt 文件）、createML（json 文件）三种标签格式。

如图 10-30 所示，在终端输入"pip install labelimg"，按回车键即可完成 Labelimg 安装。

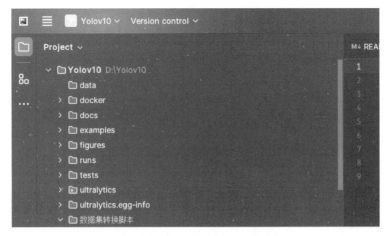

⋀ 图 10-29　创建数据集目录

⋀ 图 10-30　Labelimg 安装

安装完成后，在终端输入"labelimg"运行 Labelimg。图片文件放入"images"文件夹，类别属性标签保存在"classes.txt"中，具体如图 10-31 所示。

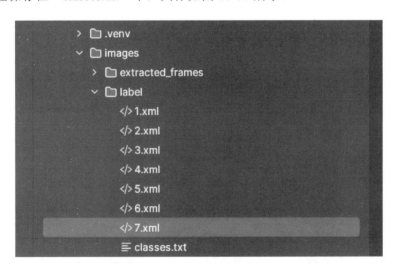

⋀ 图 10-31　Labelimg 运行界面

勾选"Auto Save mode"选项，如图 10-32 所示。

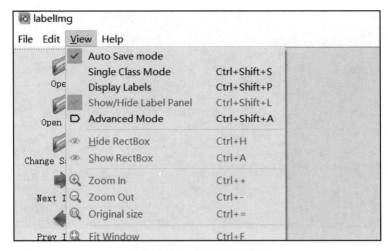

︿图 10-32　自动保存设置

切换至 YOLO 模式，如图 10-33 所示。

︿图 10-33　YOLO 模式

如图 10-34 所示，打开图片，右键选择矩形框，并设置对象标签，即可完成标注。

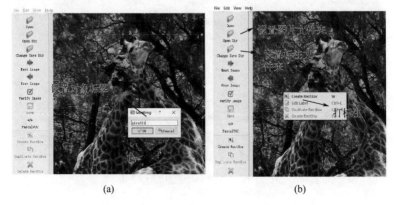

(a)　　　　　　　　　　(b)

︿图 10-34　标注过程

如图 10-35 所示，将数据集分为图片训练集、图片测试集、标签训练集、标签测试集。

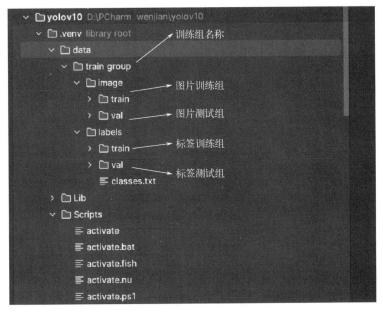

∧ 图 10-35　数据集准备

c. 模型训练。创建配置文件，确保 yaml 文件和数据集在同一个目录下，如图 10-36 所示。

∧ 图 10-36　创建数据集的 yaml 文件

训练命令：

```
1 yolo task=detect mode=train data=coco128.yanl model=yolov10m.pt epochs=200 batch=16 device=
gpu plots=True imgsz=
```

上述各个参数解释如下，请根据自己的情况修改。

yolo：运行 yolo 程序。

task=detect：指定任务为检测（detect）。YOLOv10 可以用于不同的任务，如检测、分类、分割等，这里明确指定为检测任务。

mode=train：指定模式为训练（train），表明将使用提供的数据集来训练模型。

data=coco128.yaml：指定训练数据集 yaml 文件。

model=yolov10m.pt：指定下载的 YOLOv10 预训练权重文件。

epochs=200：设置训练轮次，可以先设置一个 5 轮或者 10 轮，测试一下，顺利进行再设置大一点进行下一步训练。

batch=16：设置训练集加载批次，主要是提高训练速度。

device=gpu：指定训练设备，如果没有 gpu，则令 device=cpu，如果有一个 gpu，则令 device=0，有两个，则 device=0,1，依此类推进行设置。

plots=True：指定在训练过程中生成图表（plots），进行可视化，如损失函数的变化等。

imgsz=：输入图像压缩后的尺寸。

在 train.py 文件进行训练，如图 10-37 所示。

︿图 10-37　训练界面

模型训练成功的界面如图 10-38 所示。

︿图 10-38　模型训练成功界面

模型训练的结果保存在项目的"runs/train"目录下，如图 10-39 所示。

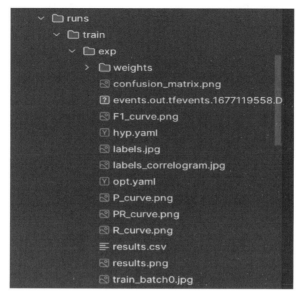

⋀ 图 10-39　训练结果

d. 模型测试。在项目根目录下新建 val.py 文件，输入测试命令后运行当前文件即可开始测试。

```
yolo detect  val data=data.yaml model=runs/detect/train/weights/best.pt  batch=16 imgsz=640 split=
test device=0 workers=8
```

测试界面如图 10-40 所示。

⋀ 图 10-40　测试界面

e. 实验结果。图 10-41、图 10-42 所示为 YOLOv10 对多人目标进行检测结果，比较理想。

⋀ 图 10-41　YOLOv10 多人目标检测结果

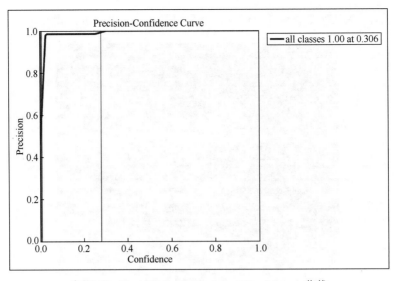

△ 图 10-42　YOLOv10 Precision-Confidence 曲线

10.4　习题

1．简述目标检测任务的基本概念及其与图像分类的主要区别。

2．比较传统滑动窗口法与区域提议法（如 Selective Search）在目标检测中的优缺点。

3．请描述 HOG 和 SIFT 在目标检测中的作用。

4．在传统目标检测方法中，Adaboost 算法是如何结合弱分类器的？请结合 Haar-like 特征说明其在目标检测中的应用。

5．解释 R-CNN、Fast R-CNN 和 Faster R-CNN 的主要区别，并说明 Faster R-CNN 是如何提高目标检测效率的。

6．YOLO 模型与传统基于区域提议方法有何不同？其在实时目标检测中的优势是什么？

7．什么是 Anchor（锚点）机制？请解释其在目标检测任务中的作用。

8．请简述 SSD 和 YOLO 在检测速度和精度上的异同，并讨论它们适用的场景。

9．设计一个实验，使用 YOLO 或 Faster R-CNN 模型对小目标缺陷检测数据集 NEU-DET、DAGM Dataset 进行目标检测，描述实验的流程和预期结果。

10．未来的目标检测算法研究可能面临哪些挑战？请结合目前的检测方法，提出你认为可以改进或突破的方向。

第 11 章

数字图像处理综合实例

本章汇集了数字图像处理技术在多种应用场景中的实例，涵盖基础研究与实际应用。具体包括人脸视频的心率估计与表情识别、瞳孔定位、基于肤色分割的人脸检测、Mask-R-CNN 在目标检测与实例分割中的应用，以及基于 DETR 的热轧带钢表面缺陷检测。这些实例源于编著者的教学与科研实践，涵盖图像处理课程报告、科技论文及本科生毕业设计。通过这些案例，读者能够直观理解数字图像处理技术的应用与实现过程，深化对核心算法与模型的理解，积累从理论到实践的知识体系。

11.1 基于人脸视频的心率估计与表情识别

11.1.1 工作原理

远程光电容积描记术（rPPG）测量技术是一种基于视频的非接触式心率监测方法。如图 11-1 所示，它利用摄像头捕捉人脸视频，通过分析皮肤表面反射光线的微小变化，估计心率。其原理基于心脏周期性收缩和舒张导致的血液分布变化，影响皮肤对光线的吸收和反射。摄像头检测这些变化并从视频中的像素波动中推算出心率。rPPG 技术常用于可穿戴设备和远程健康监控，具有便捷和非侵入性等优点。

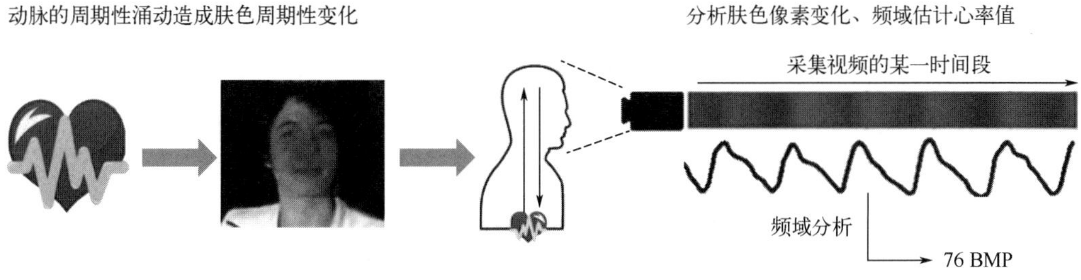

动脉的周期性涌动造成肤色周期性变化

分析肤色像素变化、频域估计心率值

采集视频的某一时间段

频域分析

76 BMP

∧ 图 11-1　基于人脸视频的 rPPG 检测技术

在对视频图像分析中，心率信号提取的过程设计多个步骤。具体为：

① 通过人脸检测算法确定视频中人脸的位置，并进行跟踪，选择脸颊等血液循环较为丰富的面部区域作为感兴趣区域（ROIs）。

② 从 ROIs 中提取所有像素的绿色通道的平均值，将该平均值作为当前帧的信号。因为绿色通道包含了大多数心率信息，能够更好地反映血液含量的变化。

③ 将当前帧及后续视频帧的信号存储到数据缓冲区，并进行去趋势化、插值处理。

④ 应用汉明窗对信号进行窗函数处理。

⑤ 使用快速傅里叶变换（FFT）将时域信号转换为频域信号。

⑥ 在得到的频谱中，找到幅度谱中的最大值，其对应的频率即心率值。

表情识别任务使用 mini_Xception 网络，结构如图 11-2 所示，受 Xception 架构启发，结合了残差模块与深度可分离卷积。深度可分离卷积通过将标准卷积分解为逐通道卷积与 1×1 卷积，显著降低了计算复杂度和参数量。该模型通过多层卷积层提取图像中的高层次特征，残差模块引入捷径连接，增强了不同层特征的有效融合，形成更丰富的特征表达。最后一层采用 softmax 激活函数，将提取的特征映射为情绪类别，从而实现表情识别。

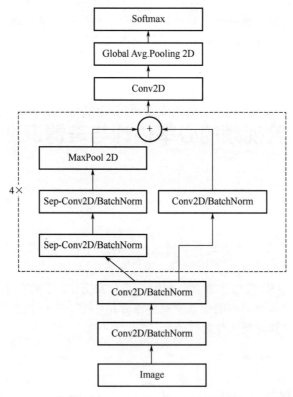

☆图 11-2 mini_Xception 网络结构

11.1.2 实验设置

表情识别任务中，使用的情绪检测数据集为 FER2013。该数据集包含两列，分别为"情绪类别"和"像素值"。"情绪类别"列以 0~6（包含 6）的数字代码表示不同的情绪类别；

"像素值"列包含每个图像的像素信息，存储为按行优先顺序、以空格分隔的字符串。

在模型训练过程中，采用交叉熵损失函数评估预测结果与真实标签之间的差异，使用 Adam 优化算法进行参数更新，以最小化损失并提升模型性能。

11.1.3 算法实现

① 导入必要的库。

```python
from PyQt5.QtCore import QThread
from PyQt5.QtGui import QFont, QImage, QPixmap
from PyQt5.QtWidgets import QPushButton, QComboBox,QLabel, QFileDialog,
QstatusBar,QDesktopWidget, QMessageBox, QMainWindow,QApplication
from keras.preprocessing.image import img_to_array
import imutils
import cv2
from keras.models import load_model
import numpy as np
import pyqtgraph as pg
from process import Process
from webcam import Webcam
from video import Video
import sys
from login import Ui_MainWindow
```

② 读取视频帧。

```python
def get_frame(self):
    if self.valid:
        ret, frame = self.cap.read()
        if ret:
            #将帧水平翻转（镜像效果）
            frame = cv2.flip(frame, 1)
        else:
            print("[ERROR] Failed to read frame from webcam.")
            frame = np.ones((480, 640, 3),dtype=np.uint8)
            col=(0, 256, 256)
            cv2.putText(frame, "(Error, Camera not accessible)",(65, 220),cv2.FONT_HERSHEY_
PLAIN, 2, col)
        else:
            frame = np.ones((480,640, 3), dtype=np.uint8)
            col = (0, 256, 256)
            cv2.putText(frame, "(Error, Camera not accessible)", (65, 220), cv2.FONT_HERSHEY_
PLAIN, 2, col)
        return frame
```

③ 针对估计心率任务的感兴趣区域（ROIs）选择。

```python
# 输入的视频帧
frame = self.frame_in
ret_process = self.fu.no_age_gender_face_process(frame, "68")
if ret_process is None:
    return False
rects, face, shape, aligned_face, aligned_shape = ret_process
#绘制人脸边界框
```

```python
    (x, y, w, h) = face_utils.rect_to_bb(rects[0])
    cv2.rectangle(frame, (x, y), (x + w, y + h), (255, 0, 0), 2)
    # 绘制感兴趣区域（脸颊区域）
    if len(aligned_shape)== 68:
        cv2.rectangle(aligned_face,(aligned_shape[54][0], aligned_shape[29][1]),
                    (aligned_shape[12][0], aligned_shape[33][1]),(0,255,0),0)
        cv2.rectangle(aligned_face,(aligned_shape[4][0], aligned_shape[29][1]),
                    (aligned_shape[48][0],aligned_shape[33][1]),(0,255,0),0)
    else:
        cv2.rectangle(aligned_face, (aligned_shape[0][0], int(aligned_shape[4][1] + aligned_sh
ape[2][1] / 2)),
                    (aligned_shape[1][0],aligned_shape[4][1]),(0, 255,0),0)
        cv2.rectangle(aligned_face, (aligned_shape[2][0], int(aligned_shape[4][1] + aligned_sh
ape[2][1] / 2)),
                    (aligned_shape[3][0],aligned_shape[4][1]),(0, 255,0), 0)
    # 绘制人脸关键点
    for (x,y) in aligned_shape:
        cv2.circle(aligned_face, (x, y), 1, (0, 0, 255), -1)
    ROIs = self.fu.ROI_extraction(aligned_face, aligned_shape)
    green_val = self.sp.extract_color(ROIs)
    self.frame_out = frame
    self.frame_ROI = aligned_face
```

④ 计算帧率，对信号进行去趋势、插值、加窗、归一化和 FFT 变换，并在频率范围内识别最大峰值，并将其视为心率。

```python
    # 计算帧率
    self.fps = float(L) / (self.times[-1] - self.times[0])
      even_times = np.linspace(self.times[0], self.times[-1], L)
    # 对信号做去趋势化、插值、加窗、归一化、快速傅里叶变换(FFT)操作
    processed = signal.detrend(processed)
    interpolated = np.interp(even_times, self.times, processed)
    interpolated = np.hamming(L) * interpolated
    norm = interpolated/np.linalg.norm(interpolated)
    raw = np.fft.rfft(norm*30)
    # 将频率值转换为每分钟的单位（BPM，即每分钟心跳次数）
    self.freqs = float(self.fps) / L * np.arange(L / 2 + 1)
    freqs = 60. * self.freqs
    # 计算得到幅度谱，且滤除异常心率范围
    self.fft = np.abs(raw)**2
    idx = np.where((freqs > 50) & (freqs < 180))
    pruned = self.fft[idx]
    pfreq = freqs[idx]
    self.freqs = pfreq
    self.fft = pruned
    # 在处理后的幅度谱中找到最大值的索引，其对应的频率可能就是心率
    idx2 = np.argmax(pruned)
    self.bpm = self.freqs[idx2]
    self.bpms.append(self.bpm)
```

⑤ 加载表情识别任务的网络模型和配置。

```python
    # 加载 mini_Xception 模型、面部检测模型、定义表情类别
    self.emotion_model_path = 'models/_mini_XCEPTION.102-0.66.hdf5'
```

```
self. face_detection = cv2.CascadeClassifier('haarcascade _files/haarcascade_frontalface_de
fault.xml')
    self.emotion_classifier = load_model(self.emotion_model_path, compile=False)
    self.EMOTIONS = ["angry", "disgust","scared", "happy","sad","amazed", "neutral"]
```

⑥ 针对表情识别任务的操作

```
# 输入视频帧，调整其大小并转为灰度图像
frame = self.input.get_frame()
frame = imutils.resize(frame, width = 300)
gray = cv2.cvtColor(frame, cv2.COLOR_BGR2GRAY)

# 使用面部检测模型进行检测人脸
faces = self.face_detection.detectMultiScale(gray, scaleFactor = 1.1, minNeighbors = 5, mi
nSize = (30, 30), flags = cv2.CASCADE_SCALE_IMAGE)

# 若检测到至少一个人脸：选择面积最大的一个，提取 ROI 区域并归一化
if len(faces) > 0:
    faces = sorted(faces, reverse = True, key = lambda x:(x[2] - x[0]) * (x[3] - x[1]))[0]
    (fX, fY, fW, fH) = faces
    roi = gray[fY:fY + fH, fX:fX + fW]
    roi = cv2.resize(roi, (64, 64))
    roi = roi.astype("float")/ 255.0
    roi = img_to_array(roi)
    roi = np.expand_dims(roi, axis=0)

    # 使用网络模型进行识别，并获取最高的表情概率和其标签
    preds = self.emotion_classifier.predict(roi)[0]
    label = self.EMOTIONS[preds.argmax()]
    emotion_probability = np.max(preds)
    self.emotion_Plot.clear()

# 创建条形图，用于显示每个表情类别的概率
bar_graph = pg.BarGraphItem(x=np.arange(len(self.EMOTIONS)), height=preds, width=0.6, brush='r')
self.emotion_Plot.addItem(bar_graph)

for i, (emotion, prob) in enumerate(zip(self.EMOTIONS, preds)):
    prob_text ="{:.2f}%".format(prob * 100)
    prob_text_item = pg.TextItem(prob_text, anchor=(0.5,0))
    prob_text_item.setPos(i, prob + 0.02)
    self.emotion_Plot.addItem(prob_text_item)

    label_text_item = pg.TextItem(emotion, anchor= (0.5,1))
    label_text_item.setPos(i, -0.1) # Position the text slightly below the x-axis
    self.emotion_Plot.addItem(label_text_item)

print("{}:{:.2f}%".format(emotion, prob * 100))
self.lblEmotion.setText(f'Emotion: {label}")
```

运行上述程序后，将看到以下结果：如图 11-3 所示，单击 "Start" 按钮，即可开始在线心率估计和表情识别任务，单击 "Webcam" 下划栏选择 "Video"，单击 "Open"，选择视频文件即可开始离线心率估计和表情识别任务。

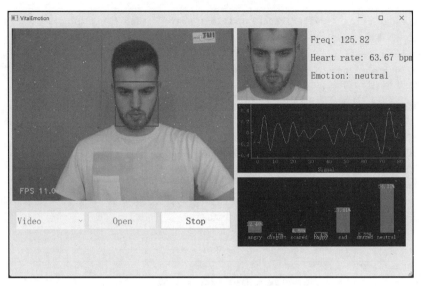

$\wedge$ 图 11-3　心率估计和表情识别实现效果

完整程序代码见二维码。

11.2　一种基于几何形状特征的瞳孔定位方法

11.2.1　背景介绍

眼球追踪技术因其便捷性和高效性，已在生物识别、交通、虚拟现实等领域得到广泛应用。该技术的核心是对人眼瞳孔区域的识别与追踪，涉及生物学、计算机视觉、图形处理和模式识别等多个学科。瞳孔定位算法的性能直接影响眼球追踪技术的精度与发展。

目前的瞳孔定位技术主要包括基于边界拟合、模板匹配和 AdaBoost 级联分类器等方法。虽然这些方法在瞳孔定位上取得了一定效果，但抗干扰性差，对背景环境要求高，鲁棒性不足，适用场景有限。

基于红外传感器的瞳孔定位方法通过引入瞳孔区域筛选技术，有效解决了复杂背景下刘海、睫毛、眉毛及眼镜的干扰问题。该方法具备高精度、强鲁棒性和良好的时效性，显著提升了瞳孔定位的准确性和抗干扰能力，满足了眼球追踪技术的需求，具有广泛的应用前景。

11.2.2　硬件系统设计

硬件系统包含信息采集系统、数据处理单元、数据可视化系统，如图 11-4 所示。

信息采集系统是整个硬件系统的核心，它负责眼球信息的采集工作，由眼球信息采集模块和采集摄像头组成。眼球信息采集模块，如图 11-5 所示。该模块由头部限位部分、可升降式支架、距离调节部分、图像采集模块、固定与调节部分和配重底座组成。

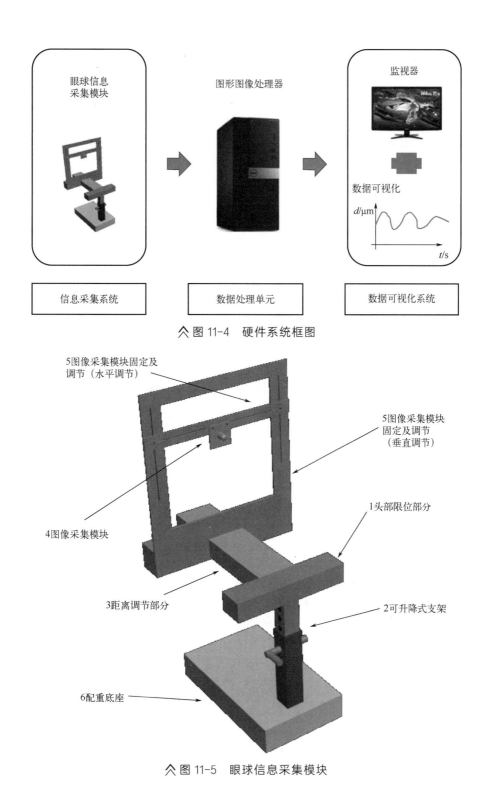

眼球信息
采集模块

图形图像处理器

监视器

数据可视化

$d/\mu m$

t/s

信息采集系统

数据处理单元

数据可视化系统

∧ 图 11-4 硬件系统框图

5图像采集模块固定及
调节（水平调节）

5图像采集模块
固定及调节
（垂直调节）

4图像采集模块

1头部限位部分

3距离调节部分

2可升降式支架

6配重底座

∧ 图 11-5 眼球信息采集模块

　　其中，头部限位与距离调节部分，两部分结构为一体。头部限位部分为实心装置，来支撑头部重量，内置卡槽孔洞。距离调节部分为空心框体，减轻结构重量，保证装置稳定，距离调节部分外观上标有刻度尺，可通过刻度尺获取距离信息，保证每次图像采集模块的位置固定或位置信息可获取。选用 ZD480IR 红外摄像头作为采集设备，如图 11-6 所示。

將上述组件拼接后放置在实验台上，将图像采集模块固定至固定及调节部分，测试人员将下巴放在头部限位部分，调节可升降式支架至测试人员舒适位置。对图像采集模块位置进行调整，使其正对测试者眼球，通过距离调整部分对眼球与图像采集模块之间的距离进行调整。实际使用情况如图 11-7 所示。

⋀ 图 11-6　ZD480IR 外观

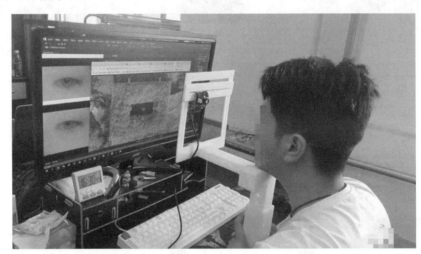

⋀ 图 11-7　实验过程实拍

数据处理单元由计算机组成，要求运行内存大于 1GB，支持 UVC 协议。本案例中所使用的数据处理单元是戴尔 Precision Tower 3620 图形工作站，操作系统是 Windows 10 专业版 64 位。中央处理器为 Intel(R)Core(TM)i7-6700 CPU @ 3.40GHz，内存为 16GB；显卡是 NVIDIA GeForce GTX 1050 Ti；显示器是 Acer GN246HL，分辨率为 1920×1080。

数据可视化系统包括监视器与数据可视化两部分，监视器负责显示整个眼球追踪系统的所有环节，包括眼球信息的采集、视频数据的加工与处理、跟踪结果的显示等。数据可视化部分负责将经数据处理单元处理过的数据以图片、图表的形式显示出来，使数据看起来更加清晰，提高数据的可读性。

11.2.3　方案设计

（1）算法设计

本实例采用的技术方案流程如图 11-8 所示。

具体实现过程如以下步骤所示。

① 连续帧图像采集。使用红外传感器采集眼部区域的视频图像时，需确保相机主光轴位于眼球内部，且相机位置应保持在焦距范围内。过大偏离焦距会导致成像模糊，从而降低图像质量。

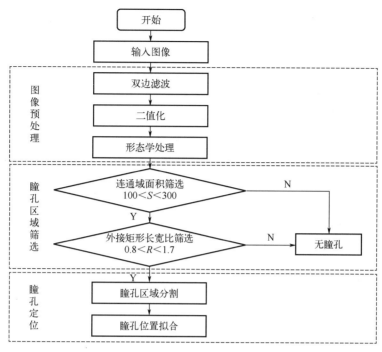

图 11-8　基于红外传感器的瞳孔定位方法流程

② 图像平滑处理和阈值化操作。为有效消除噪声干扰并减少计算量，对第一帧的眼部区域图像进行平滑处理和阈值化，以增强对比度并去除干扰信息。图像增强采用双边滤波，能够有效保留边缘并去噪，从而减弱眼睫毛对瞳孔定位的干扰。根据平滑处理后的图像信息构建二值图像矩阵，设定阈值 T，当像素值大于 T 时，变为 255；小于 T 时，变为 0。二值化阈值 T 的选取依据图像中最小像素值 P_{min} 设定，如式（11-1）所示。

$$T = \begin{cases} 45, & P_{min} < 30 \\ P_{min} + 10, & 30 \leqslant P_{min} < 45 \\ 60, & \text{其他} \end{cases} \qquad (11\text{-}1)$$

③ 形态学操作。在图像平滑处理和阈值化操作基础上，运用结构元大小为 5*5，形状为矩形的形态学闭操作，即先膨胀后腐蚀的过程，排除小型黑洞干扰。

④ 基于几何形状特征的瞳孔区域筛选。通过连通域面积筛选，预处理后的图像进行连通域查找，以提取瞳孔区域。该方法包括连通域面积筛选和外接矩形长宽比筛选。首先，计算各连通域的面积，并设定阈值区间 (a, b)。当连通域面积 S 落在此范围内时，该连通域被认定为瞳孔区域；其次，对每个连通域的外接矩形进行长宽比筛选，设定最优筛选比例 R 范围为 (c, d)。在此条件下，进一步精确查找瞳孔区域；连通域面积 S 的阈值需根据相机距离和分辨率进行调整。本实验中 S 的取值范围为 $(100, 300)$。当图像中存在连通域面积在此范围内时，保留该连通域并执行下一循环；否则，输出"无瞳孔"，并进行下一帧检测。得到瞳孔区域分割结果后，将定位的瞳孔中心坐标与原图形进行拟合，最终得到瞳孔定位图像。

以下是一个简单示例，展示了如何使用 OpenCV 执行瞳孔定位。

① 加载库文件。

```
import cv2
import numpy as np
import matplotlib.pyplot as plt
```

② 图像预处理。

```
# 双边滤波
blurred = cv2.bilateralFilter(img, d=9, sigmaColor=75, sigmaSpace=75)
# 转换为灰度图
gray = cv2.cvtColor(blurred, cv2.COLOR_BGR2GRAY)
# 二值化
_, binary = cv2.threshold(gray, 30, 255, cv2.THRESH_BINARY_INV)
# 形态学处理 (闭运算去噪声)
kernel = cv2.getStructuringElement(cv2.MORPH_ELLIPSE, (5, 5))
morphed = cv2.morphologyEx(binary, cv2.MORPH_CLOSE, kernel)
# 连通域分析
num_labels, labels_im=cv2.connectedComponents(morphed)
```

③ 检查连通域是否符合瞳孔特征。

```
# 连通域分析
num_labels, labels_im = cv2.connectedComponents(morphed)
# 筛选连通域
pupil_candidates = []
for label in range(1, num_labels):
    mask = np.zeros(labels_im.shape, dtype=np.uint8)
    mask[labels_im == label] = 255

    # 计算连通域面积
    area = cv2.countNonZero(mask)
    if 300 > area > 100:
        pupil_candidates.append(mask)

# 外接矩形长宽比筛选
pupil_regions = []
for mask in pupil_candidates:
    x, y, w, h = cv2.boundingRect(mask)
    aspect_ratio = float(w) / h
    if 0.8 < aspect_ratio < 1.7:
        pupil_regions.append(mask)
```

④ 瞳孔区域分割及拟合。

```
# 瞳孔区域分割
if pupil_regions:
    final_mask = np.zeros_like(gray)
    for mask in pupil_regions:
        #在图像上绘制结果
        final_mask = cv2.bitwise_or(final_mask, mask)
    result_img = img.copy()
    #瞳孔位置拟合(拟合圆形)
    contours, _ = cv2.findContours(final_mask, cv2.RETR_EXTERNAL, cv2.CHAIN_APPROX_SIMPLE)
    if contours:
        largest_contour = max(contours, key=cv2.contourArea)
        (x,y), radius = cv2.minEnclosingCircle(largest_contour)
        center = (int(x), int(y))
        radius = int(radius)
```

上述代码片段包含了算法框图中的所有步骤。完整程序代码见二维码。

11.2.4 实验结果

（1）瞳孔定位结果

瞳孔定位结果如图 11-9 所示。

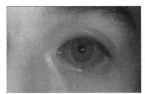  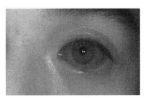

(a) 原始采集图　　　　　　　(b) 瞳孔区域分割图　　　　　　(c) 瞳孔圆心拟合图

∧ 图 11-9　瞳孔定位结果

（2）与其他方法对比

使用中科院的 CASIA-Iris-Syn 虹膜图像数据库对本方案进行验证，实验结果如图 11-10 所示。对数据库中全部 10000 张图片进行检测后，准确率达 99.50%，复杂背景情况下存在的刘海、眉毛和脸部斑点等问题得到有效解决。

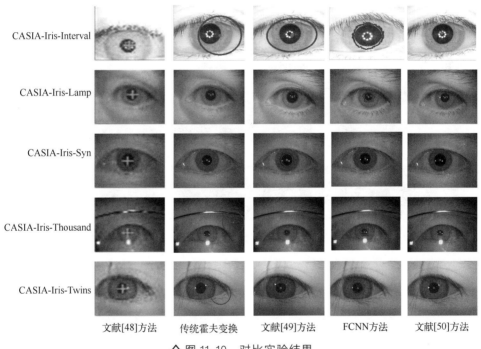

∧ 图 11-10　对比实验结果

（3）稳定性测试

如图 11-11 所示，正常状态下眼睛向极左、极右、极上、极下位置观看时也得到了准确定位，说明本实例中的瞳孔定位方法对不同瞳孔位置、瞳孔轻微变形准确率高，算法稳定性较好，满足眼球追踪的要求。

（4）抗干扰测试

实验随机选择三名被试者，分别为一名视力正常者、一名中度近视者和一名重度近视者。

其中，视力正常者佩戴无屈光度的平光镜，而近视者佩戴屈光度分别为+3.50 和+7.25 的眼镜。实验结果如图 11-12 所示。面对不同屈光度的眼镜，仅需轻微调整头部位置或摄像头水平位置，使瞳孔中心避开镜片上的红外灯珠反光，即可实现瞳孔定位分割与眼球追踪。该方法与眼镜镜片的屈光程度无关，表明系统算法具有良好的抗干扰性能，能够在佩戴眼镜的情况下有效采集和处理瞳孔信息。

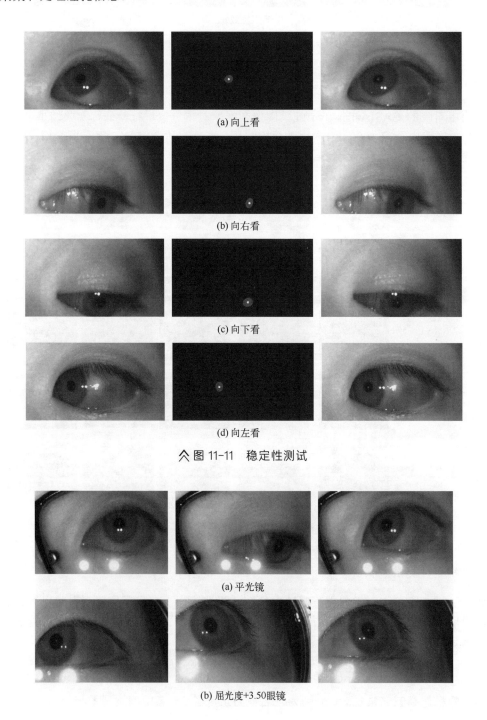

(a) 向上看

(b) 向右看

(c) 向下看

(d) 向左看

✧ 图 11-11　稳定性测试

(a) 平光镜

(b) 屈光度+3.50眼镜

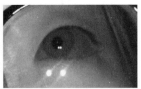

(c) 屈光度+7.25眼镜

∧ 图 11-12　眼镜反光测试

完整程序代码见二维码。

11.3　基于肤色分割的人脸检测

11.3.1　应用背景

肤色检测是人工智能技术在人脸检测与识别、手势跟踪与识别等领域中的基础环节，稳健的肤色检测技术是上述计算机视觉应用系统成功的关键因素之一。皮肤颜色作为人脸的一项关键特征，肤色具有相对稳定性，并且与大多数背景物体的颜色存在显著差异，为人脸检测提供了重要依据。基于彩色图像中的肤色信息进行快速检测，已成为人脸识别研究中的重要方向。研究表明，尽管不同种族、年龄和性别的人在肤色上存在差异，但这些差异主要体现在亮度上。当去除亮度影响后，不同肤色在色度空间内表现出聚类特性，并且不依赖于面部细节特征，适用于旋转、表情等变化。因此，为了充分利用肤色在色度空间中的聚类特性，本节选取了 YCbCr 色彩空间进行肤色提取。

11.3.2　方案设计

使用 OpenCV，选择基于 YCrCb 颜色空间的阈值分割法进行肤色提取。首先输入图片，转换成 YCrCb 颜色空间，然后提取分离 Y、Cr、Cb 三个分量上的灰度直方图，最后根据直方图的分布确定分离阈值。具体过程如图 11-13 所示。

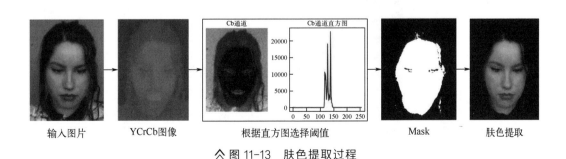

输入图片　　　YCrCb图像　　　根据直方图选择阈值　　　Mask　　　肤色提取

∧ 图 11-13　肤色提取过程

11.3.3　实验流程及结果

（1）实验流程

①　图像格式变换。由于 YCrCb 颜色空间，受 Y（亮度）的影响较小，可以忽略亮度干扰，肤色点在 CrCb 二维平面中会形成良好的聚类，使肤色点呈现出特定的形态，如在人脸区域中可以观察到明显的脸部轮廓，而在手臂区域可以看到手臂的形状，有利于图像处理与模式识别。基于经验，如果某点的 Cr 和 Cb 值满足 $133\leqslant$ $Cr\leqslant173$，$77\leqslant Cb\leqslant147$，则该点可被视为肤色点，其他点则为非肤色点。因此，将输入图片转换成 YCrCb 空间，如图 11-14 所示。

︽图 11-14　YCrCb 图像

②　提取颜色直方图。如图 11-15 所示，获取输入 YCrCb 图像的 Y、Cr、Cb 空间上像素直方图，为提取肤色进行阈值判断。

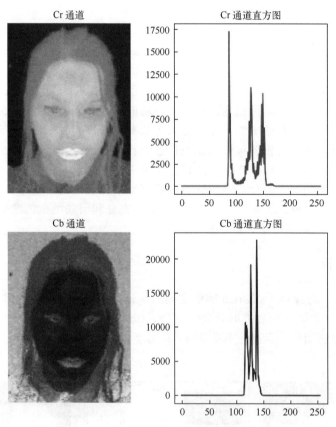

Cr 通道　　　　　　Cr 通道直方图

Cb 通道　　　　　　Cb 通道直方图

︽图 11-15　Cr、Cb 分量及其灰度直方图

③　阈值选择。由②中的直方图结果可知，在 Cr 分量中，皮肤像素大致分布在 133～173 之间，将 Cr 分割阈值设为 $133<T_{cr}<173$。同理，在 Cb 分量中，皮肤像素大致分布在 103～147 之间，将 Cb 分割阈值设为 $103<T_{cb}<147$。

④ 二值化分割。由③中所确定的阈值进行肤色分割，结果如图 11-16 所示。

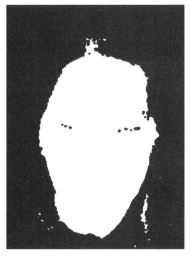

︽ 图 11-16　二值化肤色提取图

由于光线等环境影响，脸部的肤色不均匀，高亮的部分导致部分肤色提取失败，在二值化图像上有空洞，采用形态学的方法进行空洞填充，填充后的图像如图 11-17 所示。

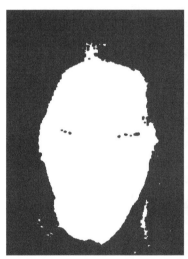

︽ 图 11-17　肤色提取结果

从实验结果可以发现，肤色提取边缘处的像素处理效果不好，二值化阈值的选取需要人为选择，根据不同的图调整修改，自适应阈值的图像分割应该更加简单快捷。

（2）代码实现

① 加载库文件。

```
import cv2
import numpy as np
import matplotlib.pyplot as plt
```

② 转为 YcrCb 图像。

```python
image_path = '1.png'
img = cv2.imread(image_path)
# 转换到 YCrCb 颜色空间
img_ycrcb = cv2.cvtColor(img, cv2.COLOR_BGR2YCrCb)
```

③ 绘制直方图。

```python
# 分离 Y, Cr, Cb 通道
Y, Cr, Cb = cv2.split(img_ycrcb)
# 计算 Y, Cr, Cb 通道的灰度直方图
histY = cv2.calcHist([Y], [0], None, [256], [0, 256])
histCr = cv2.calcHist([Cr], [0], None, [256], [0, 256])
histCb = cv2.calcHist([Cb], [0], None, [256], [0, 256])
```

④ 根据直方图 Cr 和 Cb 提取肤色区域掩码。

```python
# 设置阈值
cr_min = 133
cr_max = 173
cb_min = 103
cb_max = 147
# 创建并应用掩膜
mask = cv2.inRange(img_ycrcb, (0, cr_min, cb_min), (255, cr_max, cb_max))
result = cv2.bitwise_and(img, img, mask=mask)
```

⑤ 填充掩码空洞。

```python
# 使用形态学闭运算填充空洞
kernel = cv2.getStructuringElement(cv2.MORPH_ELLIPSE, (5, 5))
filled_mask = cv2.morphologyEx(mask, cv2.MORPH_CLOSE, kernel)
# 使用填充后的掩膜应用于原图
filled_result = cv2.bitwise_and(img, img, mask=filled_mask)
```

⑥ 主函数。

```python
# 保存处理后的图像
filled_mask_output_path = 'filled_skin_mask.png'
cv2.imwrite(filled_mask_output_path, filled_mask)
print(f"Saved the filled mask image to {filled_mask_output_path}")

filled_output_path = 'filled_skin_detected.png'
cv2.imwrite(filled_output_path, filled_result)
print(f"Saved the filled result image to {filled_output_path}")

plt.figure(figsize=(12, 8))
plt.subplot(1, 3, 1)
plt.imshow(mask, cmap='gray')
plt.title("Original Mask")
plt.axis("off")

plt.subplot(1, 3, 2)
plt.imshow(filled_mask, cmap='gray')
plt.title("Filled Mask")
plt.axis("off")

plt.subplot(1, 3, 3)
plt.imshow(cv2.cvtColor(filled_result, cv2.COLOR_BGR2RGB))
plt.title("Filled Skin Detected")
plt.axis("off")
```

```
# 保存图形
plt.savefig('comparison_filled_results.png', bbox_inches='tight')
plt.show()
```
完整程序详见二维码。

11.4　Mask R-CNN 在目标检测和实例分割中的应用

11.4.1　背景简介

在传统物体检测和实例分割算法中，物体检测和实例分割通常分开处理，导致计算量大、速度慢、精度低等问题。Mask R-CNN 通过引入 Mask 分割网络，将物体检测和实例分割结合在一起，实现了同时进行物体检测和实例分割，大大提高了计算效率和精度。此外，Mask R-CNN 采用 RoI Align 技术，能更精确地将不同大小的 RoI 映射到固定大小的特征图上，避免信息丢失和误差累积，从而进一步提升了精度。这一方法在医学图像分析、自动驾驶和视频监控等领域具有重要应用价值。

Mask R-CNN 是基于 Faster R-CNN 的改进，通过增加一个用于生成像素级掩码的分支，实现了实例级的精确语义分割。其创新点在于并行处理目标分类、边界框回归和语义分割，为每个对象提供边界框和像素级掩码。网络结构如图 11-18 所示。

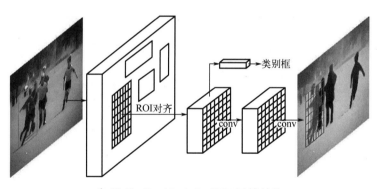

∧图 11-18　Mask R-CNN 网络结构

11.4.2　实验设置

（1）实验参数

实验环境配置：运行系统 Ubuntu22.04；GPU 型号为 NVIDIA GeForce RTX A5000；Pytorch版本 1.12.1；cuda 版本 11.3。图像大小调整为 224×224 像素，训练 batch-size 为 8，训练 50个 epoch，学习率为 0.004。

（2）数据集与评估方法

本案例使用 PASCAL VOC2012 数据集，该数据集广泛应用于计算机视觉任务，如目标检测、语义分割和图像分类。数据集包含 11540 张图像，有对应的 XML 注释文件，记录对象的位置、类别和尺寸等信息。训练集有 5717 张，验证集有 5823 张，测试集有 10991 张。

为了验证模型的分类性能，采用准确率（Accuracy）、召回率（Recall）、精准率（Precision）多个指标进行评估，计算公式如下：

$$\text{Accuracy} = \frac{TP + TN}{TP + FN + FP + TN} \tag{11-2}$$

$$\text{Recall} = R = \frac{TP}{TP + FN} \tag{11-3}$$

$$\text{Precision} = P = \frac{TP}{TP + FP} \tag{11-4}$$

11.4.3 实验结果及分析

图 11-19～图 11-22 为 Mask R-CNN 在目标检测与语义分割任务中的实验结果。作为一种基于深度学习的端到端框架，Mask R-CNN 通过引入掩码分支，实现了对目标实例的精确像素级分割，并在准确性和效率上显著提升。在目标检测任务中，Mask R-CNN 能够精准定位和识别多个目标实例，同时生成高质量的边界框和掩码分割。完整程序代码见二维码。

☆ 图 11-19　多人群测试结果

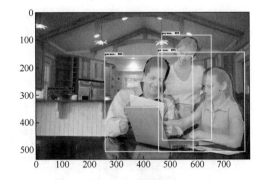

☆ 图 11-20　单人检测结果

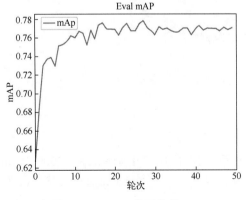

☆ 图 11-21　mAP 结果曲线

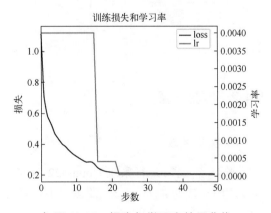

☆ 图 11-22　损失与学习率结果曲线

11.5 基于 DETR 的热轧带钢表面缺陷检测

11.5.1 背景简介

在钢铁生产中，表面缺陷检测是保证成品质量的重要任务之一。传统的手动检测效率低，容易受到主观因素影响，难以满足实时需求。基于传统计算机视觉的非接触式检测方法逐渐成为主流，但随着对热轧带钢表面质量要求的提高，深度学习技术在缺陷检测中的应用逐渐受到关注。

Transformer 的引入改变了视觉领域，尤其是目标检测。DETR 是第一篇将 transformer 应用到目标检测方向的算法。DETR 通过全局建模，将目标检测简化为集合预测，不再依赖非极大值抑制（NMS），从而降低了模型调参难度，简化了训练和部署流程。其网络结构如图 11-23 所示，主要由 backbone、encoder、decoder 和预测头组成。骨干网络是一个卷积网络，encoder 和 decoder 则是两个基于 transformer 的结构，输出层则是一个 MLP。

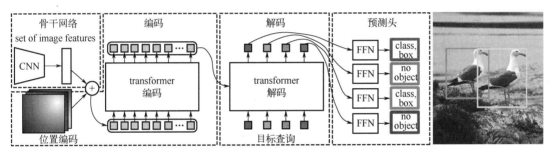

⚠ 图 11-23　DETR 模型结构图实验与分析

11.5.2 实验设置

（1）实验参数

实验环境配置：运行系统 Ubuntu22.04；GPU 型号为 NVIDIA GeForce RTX A5000；Pytorch 版本 1.12.1；cuda 版本 11.3、Python3.8 版本。图像大小调整为 224×224 像素，训练 batch-size 为 32，训练 100 个 epoch，学习率为 0.1，使用 SGD 优化算。

（2）数据集与评估方法

本案例使用 Xsteel 表面缺陷数据集 X-SDD，包含来自热轧带钢现场的 7 种 1360 张缺陷图像，包括夹渣 238 张、红铁皮 397 张、铁皮灰 122 张、表面划痕 134 张、板道系氧化铁皮 63 张、精轧辊印 203 张和温度系氧化铁皮 203 张。每张分辨率为 128×128，3 通道 JPG 格式，是一个典型的小样本数据集。本案例使用 X-SDD 中 70% 的数据作为训练集，30% 的数据作为测试集。数据集样本图像如图 11-24 所示。

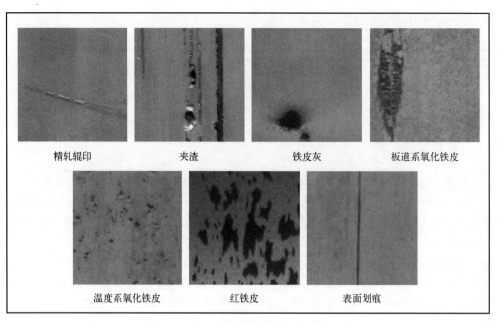

︿ 图 11-24　数据集各类别样本图像

评估指标：对缺陷目标检测平均精度 mAP 指标进行评估。mAP 计算每个缺陷类别的 PR 曲线面积后再求取均值，得到的数值位于［0,1］区间，且数值越大，检测精度越高，公式为

$$mAP = \frac{1}{|Q_R|}\sum_{q \in Q_R} \mathrm{AP}(q) \tag{11-5}$$

11.5.3　实验结果及分析

将 X-SDD 缺陷数据集分别应用到单阶段和两阶段的目标检测网络中，从表 11-1 中可以看出，在两阶段的目标检测网络 Faster R-CNN 中 mAP 达到了 63.5%，在单阶段的 YOLOv5 目标检测网络中达到了 76.1%，而使用 DETR 的 mAP 高达 77.6%，比 Faster R-CNN 网络高了约 14%，比 YOLOv5 高了 1.5%。因此 DETR 对工业缺陷检测是非常合适的，同时参数量也小，有利于工业部署。

表 11-1　目标检测网络性能比较

目标检测模型		mAP/%
二阶段	Faster R-CNN	63.5
单阶段	YOLOv5	76.1
	DETR	77.6

对 DETR 模型缺陷检测结果进行深入分析，其可视化结果如图 11-25 所示，图像中存在的缺陷均可实现准确识别和正确分类。结合缺陷形态和预测框拟合结果分析可知，Ops 和 Ris 两类缺陷形态均属于小而密集型缺陷，且无明显的缺陷边界点，因此检测过程中虽然实现了缺陷准确分类，但得到的预测框难以与原标注框实现高精度拟合，因此导致 AP 较低。但是对于其他几个类别，网络可以很准确地识别出。完整程序见二维码。

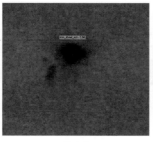

| 夹杂物 | 铁皮灰 | 精加工卷印 |

∧ 图 11-25　DETR 网络预测结果

11.6　习题

1．基于人脸视频的心率估计过程中，如何通过图像预处理和特征提取来提高心率估计的准确性？请描述具体的步骤和算法原理。

2．瞳孔定位识别中的关键技术是什么？简述瞳孔检测过程中如何处理图像噪声，并优化识别精度。

3．基于肤色分割的人脸检测中，肤色模型的选择和构建有哪些常见方法？

4．DETR 模型如何实现热轧带钢表面缺陷检测？分析与传统检测方法相比的优势。

5．表情识别的主要挑战是什么？结合实例，分析不同算法的效果比较。

6．瞳孔定位识别和肤色分割人脸检测在特征提取方面有何不同？

7．瞳孔定位识别的精度可能会受到哪些外部因素的影响？请设计合适的算法避免或消减这些影响，以提高识别的可靠性。

8．肤色分割的人脸检测中，除了肤色信息，还可以通过哪些额外的特征进行人脸区域的精确检测？

## 第 12 章

数字图像处理技术工程
应用案例

本章旨在介绍数字图像处理技术在工业领域中的典型应用，重点展示在工件缺陷检测中的工程实践。涵盖多种实际案例，包括表面划痕检测、螺纹完整度检测以及针阀孔缺陷检测，深入探讨这些技术在制造过程中的应用。此外，本章还介绍了化成箔缺陷检测和变电站开关识别等具体应用场景，分析如何通过图像处理方法提高工业系统的智能化与自动化水平，为读者提供了理论与实际工程应用之间的联系。

12.1 金属工件缺陷检测

12.1.1 应用背景

本案例的背景是金属工件缺陷的检测，具体包括表面划痕检测、螺纹完整度检测、针阀孔缺陷检测。金属工件的缺陷检测对制造业至关重要，直接影响产品的外观和性能。传统的人工检测和无损检测由于效率低、精度不足，难以满足现代工业的需求。随着机器视觉技术的发展，基于图像处理的自动化检测系统以其高效、非接触的优势成为主流。

图 12-1 是一个金属汽车零部件工件，是不规则多面体，具有光滑金属面、螺纹和针阀孔。在生产过程中，容易出现光滑加工面表面划痕、螺纹加工不完整、针阀孔存在砂眼等缺陷，具体如图 12-1（a）、（b）、（c）所示。需要图像处理和计算机视觉技术，实现缺陷的准确定位和标记，以提升检测精度与效率。

在实际应用中，本案例通过搭建图像采集系统，对金属零件各种缺陷进行图像采集，并实现缺陷特征的提取与标记，展示了其在工业检测中的广泛应用前景。

(a) 加工面表面划痕检测　　　　(b) 螺纹完整度检测　　　　(c) 针阀孔砂眼检测

△ 图 12-1　金属工件缺陷检测类型

12.1.2　方案设计

（1）光源的选取与设计

光源的选取是机器视觉检测系统中的第一步，它决定着整个系统的稳定性和图像的清晰度。根据被检测物体的结构选取光源类型，根据表面吸光程度选择光源颜色，根据反光程度调节光源射入角度。

① 在实际检测过程中，应该根据被检测物体的形态结构，针对性地选择不同光源。表 12-1 介绍了不同光源的结构及应用范围。

表 12-1　五种光源基本介绍

光源类型	说明	照明结构图	实例图	应用
环形光源	光线以较高角度斜照向物体，对于表面光滑的物体，可能造成反光，影响结果			连接器针脚定位，二维码识别，外观缺陷检测等
低角度环形光源	光线以较低角度斜照向物体，光照均匀性好，可凸显物体表面的凸起与凹坑			塑胶件外观缺陷检测，瓶口缺损检测，五金件边缘定位等
条形光源	从被检测物体正向打光，可调节不同角度，凸显缺陷细节，但容易出现反光问题			电子元件字符读取，大幅面产品有无检测，大幅面印刷品外观检测等

光源类型	说明	照明结构图	实例图	应用
圆顶光源	无方向性,光照均匀性好,一般用于高反射平面或曲面,但是对不明显的缺陷检测较差	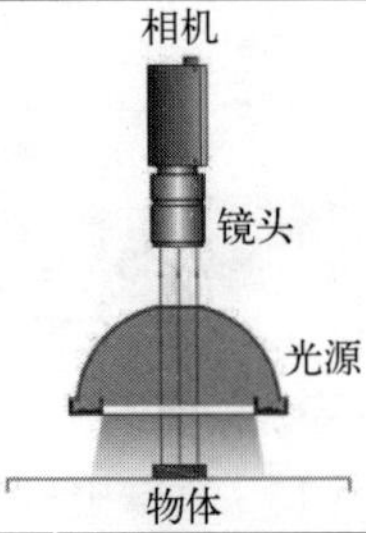		圆柱体表面检测,表面不平整物体缺陷检测,电子元件外观检测等
点光源	镜头与光源一同使用,物体正向打光,容易出现反光问题	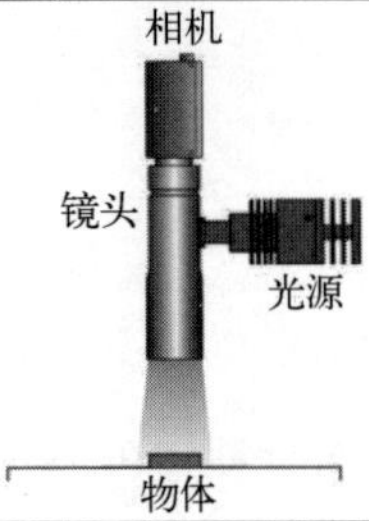		配合同轴镜头使用,芯片字符检测,Mark 点定位,LED 固晶机使用等

②光照射在金属表面时,会吸收部分光并反射大部分与其颜色相同的光。为确保采集的图像中缺陷特征明显,需要选择合适的光照颜色。如表 12-2 所示,人眼可感知的光波长范围为 $400\sim760nm$。通常波长越短,光穿透能力越强,因而更适合金属表面缺陷的检测。

表 12-2　波长范围对应光的颜色

波长范围/nm	颜色
$770\sim622$	红
$622\sim597$	橙
$597\sim577$	黄
$577\sim492$	绿
$492\sim455$	蓝、靛
$455\sim350$	紫

③由于金属表面光滑且反光,需要调节光源照射角度,以最小化反光程度。为防止信息严重丢失,照射角度通常调整在 $20°\sim70°$ 之间,具体如图 12-2 所示。

本案例研究对象为金属圆形工件。为避免直射光造成亮区不规则,选用环形光源。为进行对照实验,采用白光和蓝光分别拍摄图像,并对两种图像进行处理分析。由于工件表面反光,光源角度应尽量低,以防缺陷特征被亮区覆盖。

(2) 相机选取

相机是将光学影像转化为数字信号的图像采集传感器。根据传感器元件的不同,相机分为两类:CCD 相机具有高成像质量、良好的感光度和低畸变;而 CMOS 相机虽然成像和感光度较差,但成本低、集成度高。在相同尺寸和像素下,黑白相机的图像像素更高,但考虑到成本和后期图像预处理,选择彩色相机以获得原始彩色图像。综上所述,本案例选用彩色

CMOS 相机进行图像采集，配备 4mm 镜头，最高分辨率为 2048×1536，最高帧率为 12 帧/s。如图 12-3 所示，该相机与低角度环形光源组合形成的图像采集系统用于获取待检测工件的图像。

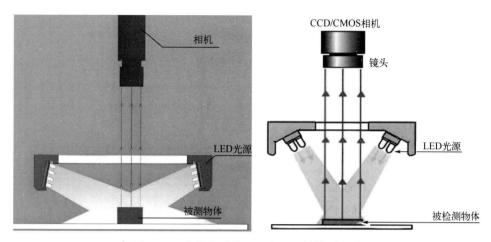

へ 图 12-2　光源角度为 30°和 60°的模型示意图

へ 图 12-3　CMOS 相机

（3）工件表面划痕算法设计

表面划痕检测流程如图 12-4 所示。

① 算法实现。

以下是基于 OpenCV 的 Python 程序，实现了图 12-4 所示的金属工件划痕缺陷检测每个步骤及功能。需要提前安装 OpenCV 库才能运行此代码。

加载库文件：

```
import cv2
import numpy as np
```

步骤 1：读取原始图像。

```
original_img = cv2.imread("blue.jpg")  # 替换为图像的实际路径
output = original_img.copy()
```

步骤 2：缩小待检测区域。

```
mask1 = np.ones_like(original_img) * 255  # 白底
cv2.circle(mask1, (1035, 610),560, (0, 0, 0), -1)  # 画黑色圆
X = cv2.subtract(original_img, mask1)  # 与原图做减操作
cv2.imwrite("detection_area_blue.jpg", X)
```

```
# 画圆心在(355, 315)、半径为 155 的黑底白色圆
mask2 = np.zeros_like(original_img)  # 黑底
cv2.circle(mask2, (1030, 607), 363, (255, 255, 255), -1)  # 画白色圆
detection_area = cv2.subtract(X, mask2)  # 得到缩小后的检测区域
# cv2.imshow("detection_area_blue",detection_area)
cv2.imwrite("detection_area_blue_1.jpg",detection_area)
```

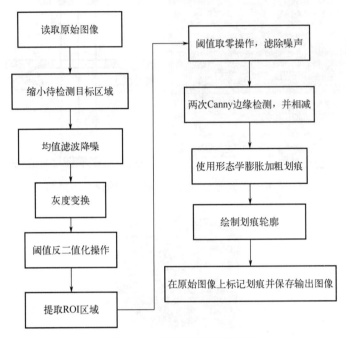

∧ 图 12-4　表面划痕检测流程

步骤 3：对图像进行均值滤波降噪。

```
filtered_img = cv2.GaussianBlur(detection_area, (5, 5), 0)
cv2.imwrite("filtered_img_blue.jpg",filtered_img)
```

步骤 4：图像灰度化。

```
gray_img = cv2.cvtColor(filtered_img, cv2.COLOR_BGR2GRAY)
cv2.imwrite("gray_img_blue.jpg",gray_img)
```

步骤 5：阈值反二值化操作。

```
_, binary_img = cv2.threshold(gray_img, 138, 255, cv2.THRESH_BINARY_INV)
gray_bgr_img = cv2.cvtColor(binary_img, cv2.COLOR_GRAY2BGR)  # 灰色显示
cv2.imwrite("gray_bgr_img_blue.jpg",gray_bgr_img)
```

步骤 6：提取 ROI 区域。

```
roi = cv2.subtract(detection_area, gray_bgr_img)  # 得到缩小后的检测区域
cv2.imwrite("roi_blue.jpg",roi)
```

步骤 7：ROI 灰度化。

```
roi_gray = cv2.cvtColor(roi, cv2.COLOR_BGR2GRAY)
cv2.imwrite("roi_gray_blue.jpg",roi_gray)
```

步骤 8：阈值取零操作，滤除小噪声。

```
_, roi_zero_thresh = cv2.threshold(roi_gray, 90, 255, cv2.THRESH_TOZERO)
cv2.imwrite("roi_zero_thresh_blue.jpg",roi_zero_thresh)
```

步骤 9：Canny 边缘检测，并相减。

```
edges_50 = cv2.Canny(roi_zero_thresh, 400,878)
edges_55 = cv2.Canny(roi_zero_thresh, 500,891)
cv2.imwrite("edges_50_blue.jpg",edges_50)
cv2.imwrite("edges_55_blue.jpg",edges_55)
edges = cv2.subtract(edges_50, edges_55)
cv2.imwrite("edges_blue.jpg",edges)
```

步骤 10：去噪声，使用形态学膨胀加粗划痕。

```
smoothed_edges = cv2.GaussianBlur(edges, (5, 5), 0)
cv2.imwrite("smoothed_edges_blue.jpg",smoothed_edges)
kernel = np.ones((1, 1), np.uint8)
dilated_edges = cv2.dilate(edges, kernel, iterations=3)
cv2.imwrite("dilated_edges_blue.jpg",dilated_edges)
```

步骤 11：在原图像上标记划痕。

```
contours, _ = cv2.findContours(dilated_edges, cv2.RETR_EXTERNAL, cv2.CHAIN_APPROX_SIMPLE)
cv2.drawContours(output, contours, -1, (0,0, 255), 5)  # 绿色描绘划痕
cv2.imwrite("Output_blue.jpg", output)
cv2.waitKey(0)
cv2.destroyAllWindows()
```

② 检测结果。

金属表面划痕检测结果如图 12-5 所示。

(a) 环形光源蓝光低位采集原图　　　　(b) 检测结果

(c) 条形光源白光低位采集原图　　　　(d) 检测结果

︽ 图 12-5　金属表面划痕检测结果

测试图像及完整程序详见二维码。

（4）螺纹完整度检测算法设计

螺纹完整度检测算法如图 12-6 所示。

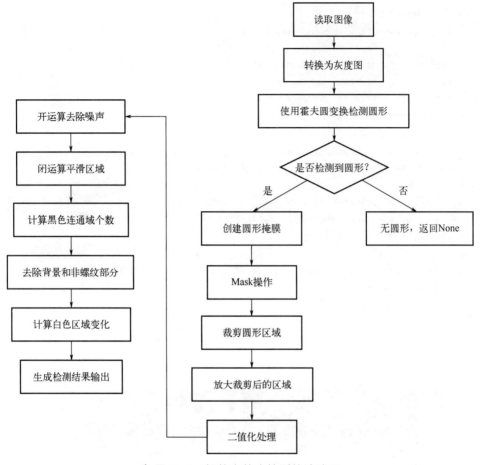

︿ 图 12-6　螺纹完整度检测算法流程

① 算法实现。

以下是基于 OpenCV 的 Python 程序，实现了图 12-6 所示的螺纹完整度缺陷检测每个步骤及功能。

加载库文件：

```python
import cv2
import numpy as np
```

步骤 1：读取图像。

```python
def crop_circular_region_and_count_black_areas(image_path, threshold=80, scale_factor=2, erosion_size=3, dilation_size=3, iterations=1):
    # 读取图像
    img = cv2.imread(image_path)
```

步骤 2：图像灰度化。

```python
    # 将图像转换为灰度图
    gray = cv2.cvtColor(img, cv2.COLOR_BGR2GRAY)
```

步骤 3：使用霍夫曼圆变换检测圆形。

```python
circles = cv2.HoughCircles(gray, cv2.HOUGH_GRADIENT, dp=1, minDist=20, param1=50, param2=30, minRadius=0, maxRadius=0)
    if circles is not None:
```

```
circles = np.uint16(np.around(circles))
center = (circles[0][0][0], circles[0][0][1])
radius = circles[0][0][2]
```

步骤 4：创建圆形区域的掩膜。

```
mask = np.zeros_like(gray)
    cv2.circle(mask, center, radius, 255, -1)
```

步骤 5：Mask 操作，将掩膜应用到原始图像上，只保留圆形区域。

```
masked_image = cv2.bitwise_and(img, img, mask=mask)
```

步骤 6：裁剪圆形区域。

```
x = center[0] - radius
    y = center[1] - radius
    width = 2 * radius
    height = 2 * radius
    cropped_image = masked_image[y:y + height, x:x + width]
```

步骤 7：放大裁剪后的区域。

```
enlarged_image = cv2.resize(cropped_image, None, fx=scale_factor, fy=scale_factor, interpo
lation=cv2.INTER_LINEAR)
```

步骤 8：二值化，对放大后的区域进行二值化处理。

```
_, binary_enlarged = cv2.threshold(cv2.cvtColor(enlarged_image, cv2.COLOR_BGR2GRAY), thres
hold, 255, cv2.THRESH_BINARY)
```

步骤 9：形态学操作。

```
# 形态学操作的核
erosion_kernel = np.ones((erosion_size, erosion_size), np.uint8)
dilation_kernel = np.ones((dilation_size, dilation_size), np.uint8)
# 先进行开运算去除噪声(腐蚀后膨胀)
opened_image = cv2.morphologyEx(binary_enlarged, cv2.MORPH_OPEN, erosion_kernel, iteration
s = iterations)
#再进行闭运算平滑区域(膨胀后腐蚀)
closed_image = cv2.morphologyEx(opened_image, cv2.MORPH_CLOSE, dilation_kernel, iterations
 = iterations)
```

步骤 10：计算黑色连通域个数，像素值为 0 的区域。

```
inverted_image = cv2.bitwise_not(closed_image)
num_labels, labels, stats, centroids = cv2.connectedComponentsWithStats(inverted_image, co
nnectivity=8)
```

步骤 11：计算并输出螺纹个数。

```
# 去除背景和底部非螺纹部分
    black_areas_count = num_labels - 2
    white_area = closed_image.copy()
    white_area[white_area == 255] = 1
    white_area_count = 0
    for col in range(white_area.shape[1]):
        last_value = 0
        for row in range(white_area.shape[0]):
            current_value = white_area[row, col]
            if last_value == 0 and current_value == 1:
                white_area_count += 1
            last_value = current_value
    final_image = np.full_like(closed_image, 255)
```

```
            final_image[closed_image == 255] = 255
            final_image[closed_image == 0] = 0
            text_black = f"Count: {black_areas_count}"
            cv2.putText(final_image, text_black, (10, 30), cv2.FONT_HERSHEY_SIMPLEX, 1, (127,
100, 156), 2, cv2.LINE_AA)
            return final_image, black_areas_count, white_area_count
        else:

            return None, None, None


    image_path = 'path_to_image'
    bin-image,blackareacount,whitechange_count = crop_circular_region_and_count_black_areas(ima
ge_path, threshold = 169, scalefactor = 5,erosionsize = 3,dilationsize = 4,iterations = 2)
    if bin_image is not None:
        cv2,imshow('Refined Binary Enlarged Cropped Circular Region', binary_image)
        print(f"黑色螺纹个数为:{blackareacount}")
        cv2.waitKey(0)
        cv2.destroyAllWindoms()
```

② 实验过程和结果。

螺纹完整度检测过程和结果如图 12-7 所示。

(a) 完整工件内螺纹

(b) 加工不完整工件内螺纹

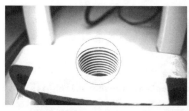

(c) 完整螺纹ROI区域选取

(d) 不完整螺纹ROI区域选取

(e) 完整10条螺纹

(f) 不完整9条螺纹

︽ 图 12-7　螺纹完整度检测过程和结果

测试图像及完整程序详见二维码。

（5）针阀孔缺陷检测算法设计

针阀孔缺陷检测算法流程如图 12-8 所示。

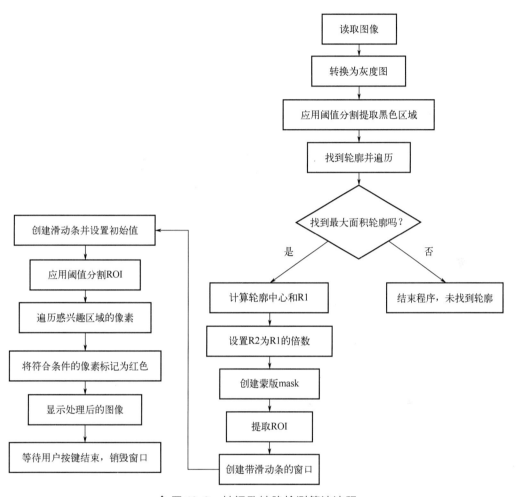

∧ 图 12-8　针阀孔缺陷检测算法流程

① 算法实现。

以下是基于 OpenCV 的 Python 程序，实现了图 12-8 所示的针阀孔缺陷检测每个步骤及功能。

a. 创建滑动条窗口。

加载库文件：

```
import cv2
import numpy as np
```

步骤 1：创建滑动条的回调函数。

```
def apply_threshold(val):
    """阈值滑动条的回调函数"""
    threshold_value = cv2.getTrackbarPos('Threshold', 'Thresholded Image')
```

步骤 2：对感兴趣区域应用阈值分割。

```python
_, roi_thresholded = cv2.threshold(roi, threshold_value, 255, cv2.THRESH_BINARY)
```

步骤 3：标记缺陷。

```python
# 遍历感兴趣区域的所有像素，将符合阈值的部分标记为红色
    for i in range(image_copy.shape[0]):
        for j in range(image_copy.shape[1]):
            if mask[i, j] == 255 and roi_thresholded[i, j] == 0:
                image_copy[i, j] = [0, 0, 255]  # 将符合条件的像素标记为红色
```

步骤 4：显示处理后的图像。

```python
cv2.imshow('Thresholded Image', image_copy)
```

b. 主函数设计。

步骤 1：读取图像。

```python
image = cv2.imread('path_to_image')
```

步骤 2：灰度变换。

```python
# 转换为灰度图
gray = cv2.cvtColor(image, cv2.COLOR_BGR2GRAY)
```

步骤 3：缺陷区域提取。

```python
# 应用阈值，提取黑色区域
_, thresh = cv2.threshold(gray, 50, 255, cv2.THRESH_BINARY_INV)
```

步骤 4：寻找缺陷轮廓。

```python
# 找到轮廓
contours, = cv2.findContours(thresh, cv2.RETR_EXTERNAL, cv2.CHAIN_APPROX_SIMPLE)
# 初始化最大面积和对应轮廓
max_area = 0
max_contour = None
# 遍历轮廓，找到面积最大的黑色区域
for contour in contours:
    area = cv2.contourArea(contour)
    if area > max_area:
        max_area = area
        max_contour = contour
# 如果找到最大轮廓，计算中心和 R1
if max_contour is not None:
    # 计算轮廓的外接圆
    (cX, cY), R1 = cv2.minEnclosingCircle(max_contour)
    cX, cY = int(cX), int(cY)
    R1 = int(R1+5)   # R1 为最大圆环的半径

    # 设置 R2：可以根据需要调节这个比例，或者设为固定值
    R2 = int(R1 * 3)   # R2 是 R1 的倍数，可以调整

    # 提取感兴趣区域 (R1 到 R2)
    roi = cv2.bitwise_and(gray, gray, mask=mask)
```

步骤 5：创建蒙版。

```python
    # 创建蒙版
    mask = np.zeros_like(gray)   # 创建与图像大小一致的空白蒙版
    cv2.circle(mask, (cX, cY), R2, 255, -1)   # 绘制 R2 的外部区域
    cv2.circle(mask, (cX, cY), R1, 0, -1)     # R1 内区域排除
```

步骤 6：提取感兴趣区域。

```
roi = cv2.bitwise_and(gray, gray, mask=mask)
```

步骤 7：创建滑动条窗口并显示结果。

```
# 创建带有滑动条的窗口
cv2.namedWindow('Thresholded Image')
    # 创建滑动条，允许用户动态调整阈值（初始值设为 98，范围为 0-255）
cv2.createTrackbar('Threshold', 'Thresholded Image', 98, 255, apply_threshold)
    # 初始化显示
apply_threshold(98)
    # 等待用户按键结束
cv2.waitKey(0)
cv2.destroyAllWindows()
```

② 检测结果。针阀孔缺陷检测结果如图 12-9 所示。

(a) 原始图像　　　　　　　　　　　(b) 检测结果

△ 图 12-9　针阀孔缺陷检测结果

测试图像及完整程序详见二维码。

12.2　化成箔缺陷检测

12.2.1　工程背景分析

化成箔是铝电解电容器制造中最关键的原材料，其材料成本占总成本的 60%以上。在化成箔的生产过程中，由于环境复杂，可能会产生裂口、糊斑、硬印、料斑、虫斑和脏斑等多种缺陷。这些缺陷不仅影响电容器的外观质量，还可能影响其性能和使用寿命。因此，进行精准、快速的化成箔缺陷检测显得尤为重要。

传统检测方法包括两个阶段：首先，操作人员定期巡查生产线，以便及时发现并记录缺陷。然而，由于生产线较长且化成过程大部分在槽液中进行，许多缺陷往往难以被及时发现；其次，在化成箔完成后，品保部门对产品进行复检，但由于受个人主观因素影响，缺陷的检测精度往往难以保证，从而导致产品质量不稳定。为满足化成箔生产线的实际检测需求，基于数字图像处理和计算机视觉技术的自动化缺陷检测方法应运而生。可以有效克服人工检测的不足，提高检测效率和准确性，从而保障化成箔的质量。

12.2.2 数据采集

化成箔生产线 24h 不间断运行，生产速度为 1～2m/min，化成箔宽度约 500mm，需对其正反面进行检测。为此，数据采集系统设计为正反两组相机镜头、遮光箱体和固定支架的组合，以实现对化成箔正反面进行实时在线检测。系统能够不间断拍照，并实时传输、处理和识别图像，如图 12-10 所示，确保高效的缺陷检测。

︽图 12-10　化成箔缺陷检测采集系统

通过采集系统可以获取 8 类化成箔缺陷，分别是脏斑、裂边、硬印、虫斑、料斑、糊斑、针孔和裂口。样本如图 12-11 所示，属于亮度分布不均或局部细节不明显的图像。

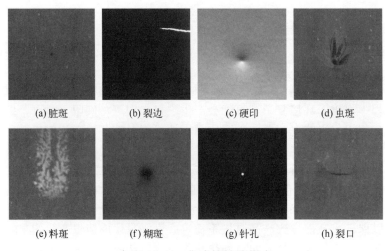

(a) 脏斑　　　　　(b) 裂边　　　　　(c) 硬印　　　　　(d) 虫斑

(e) 料斑　　　　　(f) 糊斑　　　　　(g) 针孔　　　　　(h) 裂口

︽图 12-11　化成箔缺陷样本

12.2.3　实验方案设计

针对化成箔缺陷的特点，采用如图 12-12 所示的方案进行缺陷检测。首先，将缺陷图像进行灰度化处理，并使用改进的自适应直方图均衡化技术（CLAHE）增强图像的局部对比度。其次，根据不同缺陷特征采用相应的二值化方法——脏斑、糊斑、料斑、裂边、裂口和针孔使用自定义阈值二值化；硬印则采用自适应二值化，而虫斑在直方图增强后不进行二值化，直接进行后续处理。接下来，进行形态学操作以去除噪声：脏斑和糊斑采用闭操作，料斑采用开操作，而虫斑、裂边、裂口和针孔则不进行形态学处理。随后，使用 Canny 边缘检测方法提取缺陷边缘，并绘制缺陷轮廓，找出缺陷边缘并用红框标注最大轮廓，其中料斑区域采用红框标注整个缺陷区域。

∧ 图 12-12　化成箔缺陷检测方案

以下是按照检测方案，采用 Python 和 OpenCV 实现代码。
加载库文件：

```
import cv2
import numpy as np
```

步骤 1：读取图像数据并转换成灰度图。

```
image_path='D:/kid/dataset/afodata/0/0/paste1/1.jpg'
image=cv2.imread(image_path)
gray_image=cv2.cvtColor(image,cv2.COLOR_BGR2GRAY)
```

步骤 2：采用 Clahe 方法，增强灰度图像的局部对比。

```
clahe=cv2.createCLAHE(clipLimit=2.0,tileGridSize=(8,8))
clahe_image = clahe.apply(gray_image)
```

步骤 3：根据不同的缺陷特征采用不同的二值化方法。
自定义阈值二值化：

```
_, binary_image = cv2.threshold(clahe_image, 80, 255, cv2.THRESH_BINARY)
```

自适应二值化方法：

```
adaptive_binary=cv2.adaptiveThreshold(clahe_image, 255, cv2.ADAPTIVE_THRESH_GAUSSIAN_C, cv2.THRESH_BINARY, 11, 2)
```

步骤 4：使用形态学操作的方法去除缺陷外的噪声点。
闭操作：

```
opened_image = cv2.morphologyEx(binary_image, cv2.MORPH_CLOSE, kernel)
```

开操作：

```
opened_image = cv2.morphologyEx(binary_image, cv2.MORPH_OPEN, kernel)
```

步骤 5：使用 Canny 边缘检测算法检测出缺陷的边缘。

```
edges = cv2.Canny(opened_image, 100, 200)
```

步骤 6：找出缺陷边缘轮廓并绘制。
最大矩形框的绘制：

```
contours, _ = cv2.findContours(edges, cv2.RETR_EXTERNAL, cv2.CHAIN_APPROX_SIMPLE)
image_with_boxes = image.copy()
max_area = 0
max_rect = None
```

```
for contour in contours:
    x, y, w, h = cv2.boundingRect(contour)
    area = w * h
    if area > max_area:
        max_area = area
        max_rect = (x, y, w, h)
if max_rect:
    x, y, w, h = max_rect
    cv2.rectangle(image_with_boxes, (x, y), (x + w, y + h), (0, 0, 255), 2)
```

缺陷区域矩形框的绘制：

```
contours, _=cv2.findContours(edges, cv2.RETR_EXTERNAL, cv2.CHAIN_APPROX_SIMPLE)
image_with_boxes=image.copy()
x_min, y_min = float('inf'), float('inf')
x_max, y_max = float('-inf'), float('-inf')
for contour in contours:
    x,y,w,h=cv2.boundingRect(contour)
    x_min=min(x_min,x)
    y_min=min(y_min,y)
    x_max=max(x_max,x+w)
    y_max=max(y_max,y+h)
if contours:
    cv2.rectangle(image_with_boxes, (x_min, y_min), (x_max, y_max), (0, 0, 255), 2)
```

12.2.4 实验结果

图 12-13～图 12-20 展示了缺陷检测过程：第一幅为各类别缺陷的原图；中间图为经过形态学处理后的结果，其中虫斑为在直方图增强基础上直接识别的 Clahe 处理图像；第三幅为最终的缺陷检测结果。

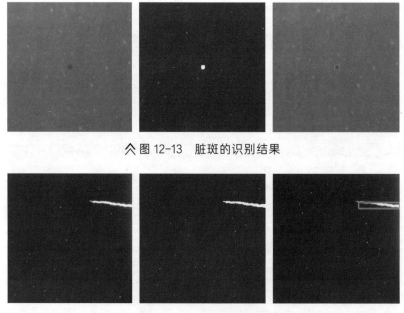

⚠ 图 12-13 脏斑的识别结果

⚠ 图 12-14 裂边的识别结果

∧ 图 12-15　硬印的识别结果

∧ 图 12-16　虫斑的识别结果

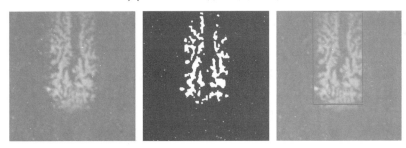

∧ 图 12-17　料斑的识别结果

∧ 图 12-18　糊斑的识别结果

∧ 图 12-19　针孔的识别结果

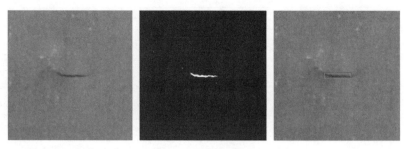

^ 图 12-20 裂口的识别结果

测试图像和完整代码见二维码。

12.3 变电站开关识别

12.3.1 工程背景分析

随着电力系统的不断发展和智能化水平的提高，变电站作为电力系统的核心组成部分，其设备状态的监测和识别对于系统的安全稳定运行至关重要。传统的变电站设备状态监测方法主要依赖于人工巡检和手动记录，存在着工作效率低、数据准确性不高等问题。而基于计算机视觉的设备状态识别方法通过图像处理技术，实现了对设备状态的自动化监测和识别，极大地提高了监测效率和准确性。

12.3.2 实验方案设计

（1）图像采集

视频监控系统中的核心设备是摄像机，通过对变电站现场点位进行合理布控，对变电站重要设备的位置以及仪表进行监测，采用海康威视的云台枪型摄像头，具备 20 倍变焦镜头，图像分辨率为 1920 像素×1080 像素，能够实现对站内设备开光状况的高清监控。在操作时，摄像头会对准设备状态指示器。由于变电站现场有光照的影响，因此给现场监控设备增添了补光灯。为了满足现场作业要求，施工时摄像机都具备可靠的接地和一定的防磁抗干扰能力。

（2）图像处理

摄像头采集到的图像需经过处理，对图像进行去噪处理、图像增强、边缘检测、图像尺寸调整、灰度值处理以及图像修复等处理。

（3）状态检测

摄像头主要实时采集断路器图像，如图 12-21 所示。变电站的巡检人员通过定期巡检设备的断路器合分闸状态及储能状态来判断电力系统是否正常运行。利用这一点，对断路器的分合指示进行图像识别处理，进而识别开关的实时状态。

（4）算法设计

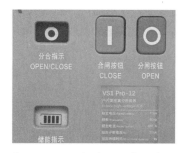

∧ 图 12-21　断路器采集示意图

通过对断路器设备采集的图像进行处理与分析，运用 OpenCV 软件库中的图像灰度化及增强算法，进一步实现对变电站开关分合状态的图像预处理。同时结合边缘检测等算法，进行特征量提取和识别，进而完成开关位置实时状态的识别。采用帧差法对采集到的变电站开关分合状态进行检测，通过比较视频序列中连续帧之间的差异来检测运动目标。主要分为以下步骤，如图 12-22 所示。

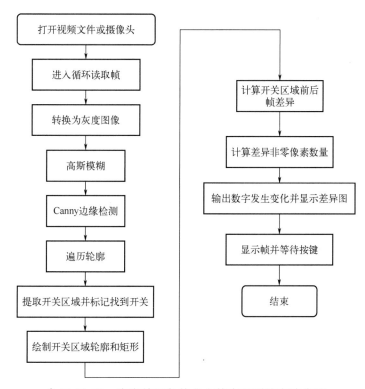

∧ 图 12-22　变电站设备的分合状态识别的方法步骤

（5）代码实现

加载库文件：

```
#include <opencv2/opencv.hpp>
#include <iostream>
```

步骤 1：进入循环读取帧。

```
Mat frame, gray, blurred, edges;
Mat prevSwitchRegion; // 保存前一帧的开关区域
bool firstFrame = true; // 标记是否为第一帧
int frameCount = 0; // 帧计数器
while (true) {
```

```
    cap >> frame; // 读取当前帧
if (frame.empty()) break; // 如果帧为空, 退出循环
```

步骤2：输入图像转为灰度图像，将彩色图像转换为灰度图像。

```
cvtColor(frame, gray, COLOR_BGR2GRAY);
```

步骤3：高斯模糊去噪，应用滤波器来减少图像中的噪声。

```
GaussianBlur(gray, blurred, Size(5, 5), 0);
```

步骤4：Canny 边缘检测，用于检测图像中的边缘。

```
Canny(blurred, edges, 50, 150);
```

步骤5：查找轮廓。

```
vector<vector<Point>> contours;
vector<Vec4i> hierarchy;
findContours(edges, contours, hierarchy, RETR_TREE, CHAIN_APPROX_SIMPLE);
```

步骤6：过滤掉面积较小的轮廓，计算长宽比，过滤掉不符合开关特征的矩形，提取开关区域，绘制开关区域。

```
for (size_t i = 0; i < contours.size(); i++) {
    // 计算轮廓的面积
    double area = contourArea(contours[i]);
    // 过滤掉面积过小的轮廓
    if (area < 100) continue;

    // 近似轮廓为多边形
    vector<Point> approx;
    approxPolyDP(contours[i], approx, 0.02 * arcLength(contours[i], true), true);

    // 检查是否为矩形（开关通常是矩形）
    if (approx.size() == 4) {
        // 计算矩形的边界框
        Rect boundingRect = cv::boundingRect(approx);
        // 计算宽高比
        double aspectRatio = (double)boundingRect.width / boundingRect.height;
        // 过滤掉不符合开关特征的矩形
        if (aspectRatio < 1.5 || aspectRatio > 2.8) continue;
        if (boundingRect.width < 30 || boundingRect.height < 40) continue;
        // 提取开关区域
        switchRegion = gray(boundingRect);
        foundSwitch = true;
        // 绘制矩形轮廓
        drawContours(frame, contours, i, Scalar(0, 255, 0), 8);
        // 在原图上绘制正矩形
        rectangle(frame, boundingRect, Scalar(0, 0, 255), 2);

    }
```

步骤7：在找到开关区域后，对此区域进行前后组前后帧差分，比对前后两帧的差异，当差异过大时，显示前后帧差异的结果图像。

```
// 如果找到了开关区域
if (foundSwitch) {
    // 如果是第一帧, 保存当前开关区域并跳过差异计算
    if (firstFrame) {
        prevSwitchRegion = switchRegion.clone();
```

```
            firstFrame = false;
        }
        else {
            // 确保 prevSwitchRegion 和 switchRegion 的尺寸和类型一致
            if (prevSwitchRegion.size() != switchRegion.size() || prevSwitchRegion.type() != s
witchRegion.type()) {
                    prevSwitchRegion = Mat(switchRegion.size(), switchRegion.type(), Scalar(0));
            }

            Mat diff;
            absdiff(switchRegion, prevSwitchRegion, diff);

            int difference = countNonZero(diff);

            if (difference > 100) { // 阈值可以根据实际情况调整
                // 数字发生变化，显示差异图
                cout << "在帧" << frameCount << "时数字发生变化" << endl;

                // 显示差异图像
                imshow("Difference", diff);
            }

            // 更新前一帧的开关区域
            prevSwitchRegion = switchRegion.clone();
        }
    }
```

步骤 8：最后显示出绘制开关矩形轮廓的图像。

```
// 显示结果
imshow("Frame", frame);
```

12.3.3 实验结果

实验结果如图 12-23～图 12-26 所示。

︽ 图 12-23　变电站开关状态

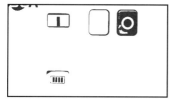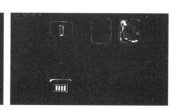

(a) 第74帧　　　　　　　　(b) 前后帧差分　　　　　　　(c) 储能状态差分检测结果

︽ 图 12-24　整图视频帧差法检测

(a) 第74帧

(b) 前后帧差分

⌄ 图 12-25   定位识别开关后帧差法检测

开关在帧 75 时发生变化
开关在帧 76 时发生变化
开关在帧 77 时发生变化

⌄ 图 12-26   检测输出结果

测试视频和完整代码见二维码。

12.4   习题

1．简述表面划痕检测的原理，并分析如何通过图像处理技术提高检测精度。

2．针对针阀孔缺陷检测，列出图像处理技术的主要步骤，并解释如何运用形态学操作对图像进行预处理以提高检测效果。

3．化成箔生产过程中，采用了哪些图像增强方法？分析这些方法的作用。

4．变电站开关识别中图像特征提取包括哪些主要步骤？如何进一步提升识别精度？

5．比较表面划痕检测与螺纹完整度检测，分析在预处理、特征提取方面的异同点。

6．在工业图像处理应用中，如何通过提高图像分辨率和优化滤波器选择来提升工件缺陷检测的性能？请结合具体案例进行说明。

7．通过实例分析如何选择不同的形态学算子来增强缺陷检测效果。

8．分析深度学习与传统图像处理方法在化成箔缺陷检测中的应用优势，举例说明两者在实际工业场景中的融合方式和性能对比。

附录 A

OpenCV 图像处理
常用函数

表 A.1 图像文件 I/O 函数

函数	功能	语法
cv2.imread	读取图像文件	cv2.imread(filename[, flags]) filename：图像文件的路径； flags：读取标志（可选），如 cv2.IMREAD_COLOR（读取为彩色），cv2.IMREAD_GRAYSCALE（以灰度模式读取）
cv2.imshow	显示图像窗口	cv2.imshow(winname, mat) winname：窗口的名称； mat：要显示的图像矩阵
cv2.imwrite	将图像写入文件	cv2.imwrite(filename, img[, params]) filename：输出文件的路径和名称； img：要保存的图像矩阵； params：图像写入参数（可选），如 JPEG 质量

表 A.2 空间变换函数

函数	功能	语法
cv2.resize	调整图像尺寸	cv2.resize(src, dsize[, fx, fy[, interpolation]]) src：输入图像矩阵。 dsize：目标尺寸（宽、高）； fx：宽度缩放因子（可选）； fy：高度缩放因子（可选）； interpolation：插值方法（可选），如 cv2.INTER_LINEAR（线性插值）
cv2.warpAffine	应用放射变换	cv2.warpAffine(src, M, dsize[, flags[, borderMode[, borderValue]]]) src：输入图像； M：2×3 仿射变换矩阵；

函数	功能	语法
cv2.warpAffine	应用放射变换	dsize：输出图像的尺寸； flags：插值方法（可选）； borderMode：边界模式（可选）
cv2.warpPerspective	应用透视变换	cv2.warpPerspective(src, M, dsize[, flags[, borderMode[, borderValue]]]) src：输入图像； M：3×3透视变换矩阵； dsize：输出图像的尺寸

表 A.3　像素和统计处理函数

函数	功能	语法
cv2.threshold	应用图像阈值化	cv2.threshold(src, thresh, maxval, type) src：输入图像矩阵（灰度图像）； thresh：阈值； maxval：最大值； type：阈值类型，如 cv2.THRESH_BINARY（二值化）
cv2.calcHist	计算图像直方图	cv2.calcHist(images, channels, mask, histSize, ranges) images：输入图像列表； channels：通道索引； mask：掩膜（可选）； histSize：直方图的大小； ranges：值的范围
cv2.mean	计算图像的均值和标准差	cv2.mean(src[, mask]) src：输入图像； mask：掩膜（可选）

表 A.4　图像分析函数

函数	功能	语法
cv2.findContours	查找图像轮廓	cv2.findContours(image, mode, method) image：输入图像（应为二值图像）； mode：轮廓检索模式，如 cv2.RETR_EXTERNAL； method：轮廓近似方法，如 cv2.CHAIN_APPROX_SIMPLE
cv2.drawContours	绘制图像轮廓	cv2.drawContours(image, contours, contourIdx, color, thickness) image：输入图像； contours：轮廓数据； contourIdx：要绘制的轮廓索引（−1 表示绘制所有轮廓）； color：轮廓颜色（如 RGB 或 BGR 格式）； thickness：轮廓线条的厚度
cv2.connectedComponents	连通组件分析	cv2.connectedComponents(image[, connectivity]) image：输入二值图像； connectivity：连通性类型（可选）

表 A.5　图像增强函数

函数	功能	语法
cv2.GaussianBlur	应用高斯模糊	cv2.GaussianBlur(src, ksize, sigmaX[, sigmaY[, borderType]]) src：输入图像矩阵； ksize：高斯核的大小（必须为正奇数）； sigmaX：X 方向的标准差； sigmaY：Y 方向的标准差（可选）
cv2.equalizeHist	直方图均衡化	cv2.equalizeHist(src) src：输入灰度图像
cv2.convertScaleAbs	缩放和转换图像	cv2.convertScaleAbs(src[, alpha[, beta]]) src：输入图像； alpha：缩放因子（可选）； beta：偏移值（可选）
cv2.filter2D	应用任意线性滤波器	cv2.filter2D(src, ddepth, kernel[, dst[, anchor[, delta[, borderType]]]]) src：输入图像； ddepth：输出图像深度； kernel：卷积核

表 A.6　线性滤波函数

函数	功能	语法
cv2.blur	均值滤波	cv2.blur(src, ksize[, dst]) src：输入图像； ksize：卷积核的大小（宽、高）； dst：输出图像（可选）
cv2.boxFilter	box 滤波	cv2.boxFilter(src, ddepth, ksize[, dst[, normalize]]) src：输入图像； ddepth：输出图像深度； ksize：卷积核的大小； normalize：是否归一化（可选）
cv2.filter2D	应用任意线性滤波器	cv2.filter2D(src, ddepth, kernel[, dst[, anchor[, delta[, borderType]]]]) src：输入图像； ddepth：输出图像深度； kernel：卷积核； anchor：锚点位置（可选）； delta：输出加上值（可选）； borderType：边界处理方法（可选）

表 A.7　线性二维滤波设计函数

函数	功能	语法
cv2.getGaussianKernel	生成高斯核	cv2.getGaussianKernel(ksize, sigma[, ktype]) ksize：高斯核的大小（必须为正奇数）； sigma：标准差； ktype：输出类型（可选）
cv2.getDerivKernels	计算导数卷积核	cv2.getDerivKernels(kx, ky, ksize[, normalize]) kx：x 方向的导数阶数； ky：y 方向的导数阶数； ksize：卷积核的大小； normalize：是否归一化（可选）
cv2.createGaussianFilter	创建高斯滤波器（自定义）	cv2.createGaussianFilter(size, sigmaX[, sigmaY]) size：滤波器的大小； sigmaX：X 方向的标准差； sigmaY：Y 方向的标准差（可选）

表 A.8　图像变换函数

函数	功能	语法
cv2.getRotationMatrix2D	获取二维旋转矩阵	cv2.getRotationMatrix2D(center, angle, scale) center：旋转中心； angle：旋转角度（度数）； scale：缩放因子
cv2.perspectiveTransform	透视变换	cv2.perspectiveTransform(src, M) src：输入点集； M：透视变换矩阵

表 A.9　图像形态学操作函数

函数	功能	语法
cv2.erode	腐蚀操作	cv2.erode(src, kernel[, dst[, anchor[, iterations[, borderType[, borderValue]]]]]) src：输入图像； kernel：结构元素； dst：输出图像（可选）； iterations：腐蚀次数（可选）
cv2.dilate	膨胀操作	cv2.dilate(src, kernel[, dst[, anchor[, iterations[, borderType[, borderValue]]]]]) src：输入图像； kernel：结构元素； dst：输出图像（可选）； iterations：膨胀次数（可选）
cv2.morphologyEx	形态学操作（如开、闭运算）	cv2.morphologyEx(src, op, kernel[, dst[, anchor[, iterations[, borderType[, borderValue]]]]]) src：输入图像； op：形态学操作类型，如 cv2.MORPH_OPEN； kernel：结构元素； dst：输出图像（可选）

表 A.10　区域处理函数

函数	功能	语法
cv2.roi	提取图像的感兴趣区域	roi = src[y:y+h, x:x+w] src：输入图像； (x, y)：ROI 左上角坐标； w：宽度；h：高度

表 A.11　图像代数操作

函数	功能	语法
cv2.add	图像相加	cv2.add(src1, src2[, dst[, scale[, dtype]]]) src1：第一个输入图像； src2：第二个输入图像； dst：输出图像（可选）； scale：缩放因子（可选）； dtype：输出图像类型（可选）
cv2.subtract	图像相减	cv2.subtract(src1, src2[, dst[, dtype]]) src1：第一个输入图像； src2：第二个输入图像； dst：输出图像（可选）； dtype：输出图像类型（可选）
cv2.multiply	图像相乘	cv2.multiply(src1, src2[, dst[, scale[, dtype]]]) src1：第一个输入图像； src2：第二个输入图像； dst：输出图像（可选）； scale：缩放因子（可选）； dtype：输出图像类型（可选）
cv2.divide	图像相除	cv2.divide(src1, src2[, dst[, scale[, dtype]]]) src1：第一个输入图像； src2：第二个输入图像； dst：输出图像（可选）； scale：缩放因子（可选）； dtype：输出图像类型（可选）

表 A.12　颜色空间转换函数

函数	功能	语法
cv2.cvtColor	转换图像颜色空间	cv2.cvtColor(src, code) src：输入图像矩阵； code：颜色空间转换代码，如 cv2.COLOR_BGR2GRAY（BGR 转灰度）, cv2.COLOR_BGR2RGB（BGR 转 RGB）, cv2.COLOR_HSV2BGR（HSV 转 BGR）
cv2.split	分离图像通道	b, g, r = cv2.split(src) src：输入图像（多通道）； 返回值：分离后的通道（B、G、R）
cv2.merge	合并图像通道	dst = cv2.merge([b, g, r]) b, g, r：待合并的通道； 返回值：合并后的图像

表 A.13　图像类型和类型转换函数

函数	功能	语法
cv2.convertTo	转换图像数据类型	cv2.convertTo(src, dtype[, alpha[, beta]]) src：输入图像； dtype：目标数据类型； alpha：缩放因子（可选）； beta：偏移值（可选）
cv2.astype	更改图像数据类型	dst = src.astype(dtype) src：输入图像； dtype：目标数据类型

表 A.14　图像复原函数

函数	功能	语法
cv2.inpaint	图像修复	cv2.inpaint(src, inpaintMask, inpaintRadius, flags) src：输入图像； inpaintMask：修复掩膜，指示待修复区域； inpaintRadius：修复半径； flags：修复方法，如 cv2.INPAINT_TELEA 或 cv2.INPAINT_NS
cv2.fastNlMeansDenoising	非局部均值去噪	cv2.fastNlMeansDenoising(src[, dst[, h[, templateWindowSize[, searchWindowSize]]]]) src：输入图像； dst：输出图像（可选）； h：去噪强度（可选）； templateWindowSize：模板窗口大小（可选）； searchWindowSize：搜索窗口大小（可选）
cv2.denoiseTvChambolle	总变差去噪	cv2.denoiseTvChambolle(src, weight, maxIter) src：输入图像； weight：去噪强度； maxIter：最大迭代次数

附录 B

基于 Python 的图像处理
常用函数

基于 Python 的数字图像处理的各种类型函数，按不同类别进行组织，主要以常用的图像处理库如 PIL（Pillow）、NumPy 和 Matplotlib 为基础。

表 B.1　图像文件 I/O 函数

函数	功能	语法
Image.open	读取图像文件	Image.open(fp, mode='r') fp：图像文件路径； mode：打开模式（可选），默认为'r'（只读）
Image.save	保存图像文件	Image.save(fp, format=None, **params) fp：输出文件路径； format：输出图像格式（可选）； **params：其他保存参数（可选）
Image.show	显示图像	Image.show(title=None) title：窗口标题（可选）
cv2.imread	读取图像文件	cv2.imread(filename, flags) filename：图像文件路径； flags：读取标志（如 cv2.IMREAD_COLOR）
cv2.imwrite	保存图像	cv2.imwrite(filename, img) filename：输出文件路径； img：待保存的图像

表 B.2　图像变换函数

函数	功能	语法
Image.resize	调整图像尺寸	Image.resize(size, resample=0) size：目标尺寸（宽、高）； resample：重采样滤波器（可选），如 Image.LANCZOS

函数	功能	语法
Image.rotate	旋转图像	Image.rotate(angle, resample=0, expand=0) angle：旋转角度（度数）； resample：重采样滤波器（可选）； expand：是否扩展图像（可选）
Image.transpose	图像转置	Image.transpose(method) method：转置方式（如 Image.FLIP_LEFT_RIGHT）
cv2.warpAffine	仿射变换	cv2.warpAffine(src, M, dsize) src：输入图像； M：变换矩阵； dsize：输出图像尺寸
cv2.warpPerspective	透视变换	cv2.warpPerspective(src, M, dsize) src：输入图像； M：透视变换矩阵； dsize：输出图像尺寸

表 B.3　图像增强函数

函数	功能	语法
ImageEnhance.Contrast	调整图像对比度	ImageEnhance.Contrast(image) image：输入图像； 返回值：对比度增强对象； 使用方法：enhancer.enhance(factor)，factor 为对比度调整因子
ImageEnhance.Brightness	调整图像亮度	ImageEnhance.Brightness(image) image：输入图像； 使用方法：enhancer.enhance(factor)，factor 为亮度调整因子
ImageEnhance.Color	调整图像颜色	ImageEnhance.Color(image) image：输入图像； 使用方法：enhancer.enhance(factor)，factor 为颜色调整因子
ImageEnhance.Sharpness	调整图像锐度	ImageEnhance.Sharpness(image) image：输入图像； 使用方法：enhancer.enhance(factor)，factor 为锐度调整因子
cv2.equalizeHist	直方图均衡化	cv2.equalizeHist(src) src：输入单通道图像； 返回值：均衡化后的图像

表 B.4 图像滤波函数

函数	功能	语法
ImageFilter.GaussianBlur	应用高斯模糊	ImageFilter.GaussianBlur(radius) radius：模糊半径； 使用方法： image.filter(ImageFilter.GaussianBlur(radius))
ImageFilter.MedianFilter	应用中值滤波	ImageFilter.MedianFilter(size) size：滤波窗口大小（奇数）； 使用方法： image.filter(ImageFilter.MedianFilter(size))
cv2.blur	均值模糊	cv2.blur(src, ksize) src：输入图像； ksize：模糊内核大小（宽、高）
cv2.GaussianBlur	高斯模糊	cv2.GaussianBlur(src, ksize, sigmaX) src：输入图像； ksize：高斯核大小（奇数）； sigmaX：高斯核标准差
cv2.medianBlur	中值模糊	cv2.medianBlur(src, ksize) src：输入图像； ksize：模糊窗口大小（奇数）

表 B.5 颜色空间转换函数

函数	功能	语法
Image.convert	转换图像颜色模式	Image.convert(mode, matrix=None, dither=0, palette=0, colors=256) mode：目标颜色模式，如'L'（灰度），'RGB'（彩色）； matrix：转换矩阵（可选）
cv2.split	分离图像通道	b, g, r = cv2.split(src) src：输入图像； 返回值：分离后的通道（B、G、R）
cv2.merge	合并图像通道	dst = cv2.merge([b, g, r]) b, g, r：待合并的通道； 返回值：合并后的图像

表 B.6 数组和统计处理函数

函数	功能	语法
np.array	将图像转化为 NumPy 数组	np.array(obj, dtype=None) obj：输入图像对象； dtype：目标数据类型（可选）
np.mean	计算数组均值	np.mean(a, axis=None, dtype=None, keepdims=False) a：输入数组； axis：计算的维度（可选）； dtype：数据类型（可选）

续表

函数	功能	语法
np.median	计算数组中位数	np.median(a, axis=None, overwrite_input=False, keepdims=False) a：输入数组； axis：计算的维度（可选）
np.std	计算数组标准差	np.std(a, axis=None, dtype=None, ddof=0, keepdims=False) a：输入数组； axis：计算的维度（可选，默认为 None，表示计算所有元素的标准差）； dtype：指定用于计算的类型（可选）； ddof：自由度调整（可选，默认为 0）； keepdims：是否保持维度（可选，默认为 False）； 返回值：返回输入数组的标准差值

表 B.7　图像显示函数

函数	功能	语法
plt.imshow	显示图像	plt.imshow(X, cmap=None, interpolation='nearest') X：输入图像数据； cmap：颜色映射（可选）； interpolation：插值方法（可选）
plt.axis	设置坐标轴	plt.axis('off') 或 plt.axis([xmin, xmax, ymin, ymax]) 'off'：关闭坐标轴； [xmin, xmax, ymin, ymax]：设置坐标轴范围（可选）

表 B.8　图像复原函数

函数	功能	语法
ImageFilter.UnsharpMask	应用锐化操作	ImageFilter.UnsharpMask(radius, percent, threshold=0) radius：模糊半径； percent：锐化程度（百分比）； threshold：锐化阈值（可选）； 使用方法： image.filter(ImageFilter.UnsharpMask(radius, percent, threshold))

表 B.9　图像分析函数

函数	功能	语法
Image.getbbox	获取图像边界框	Image.getbbox() 返回值：图像中非零像素的最小边界框（左、上、右、下坐标）
Image.getdata	获取图像像素数据	Image.getdata() 返回值：包含图像每个像素的数值的扁平化列表

函数	功能	语法
Image.histogram	计算图像直方图	Image.histogram() 返回值：每个像素值的出现频率列表
cv2.findContours	查找轮廓	cv2.findContours(image, mode, method) image：输入二值化图像； mode：轮廓检索模式（如 cv2.RETR_EXTERNAL）； method：轮廓近似方法（如 cv2.CHAIN_APPROX_SIMPLE）

表 B.10　图像增强函数

函数	功能	语法
ImageEnhance.Color	调整图像颜色	ImageEnhance.Color(image) image：输入图像； 使用方法：enhancer.enhance(factor)，factor 为颜色调整因子
ImageEnhance.Sharpness	调整图像锐度	ImageEnhance.Sharpness(image) image：输入图像； 使用方法：enhancer.enhance(factor)，factor 为锐度调整因子
ImageFilter.Brightness	调整图像亮度	ImageFilter.Brightness(factor) factor：亮度调整因子； 使用方法： image.filter(ImageFilter.Brightness(factor))
cv2.equalizeHist	直方图均衡化	cv2.equalizeHist(src) src：输入单通道图像； 返回值：均衡化后的图像

表 B.11　图像形态学操作函数

函数	功能	语法
cv2.morphologyEx	形态学操作	cv2.morphologyEx(src, op, kernel) src：输入图像； op：操作类型（如 cv2.MORPH_CLOSE）； kernel：结构元素
cv2.opening	开运算	cv2.morphologyEx(src, cv2.MORPH_OPEN, kernel) src：输入图像； kernel：结构元素
cv2.closing	闭运算	cv2.morphologyEx(src, cv2.MORPH_CLOSE, kernel) src：输入图像； kernel：结构元素
cv2.erode	腐蚀操作	cv2.erode(src, kernel) src：输入图像； kernel：结构元素

表 B.12　区域处理函数

函数	功能	语法
np.where	根据条件获取元素索引	np.where(condition) condition：布尔数组； 返回值：满足条件的元素索引
cv2.getRectSubPix	提取图像的子区域	cv2.getRectSubPix(image, patchSize, center) image：输入图像； patchSize：提取区域大小（宽、高）； center：提取区域中心坐标
Image.crop	裁剪图像	Image.crop(box) box：裁剪框的坐标（左、上、右、下）
cv2.copyMakeBorder	为图像添加边框	cv2.copyMakeBorder(src, top, bottom, left, right, borderType) src：输入图像； top, bottom, left, right：边框宽度； borderType：边框类型（如 cv2.BORDER_CONSTANT）

表 B.13　图像代数操作函数

函数	功能	语法
cv2.add	图像相加	cv2.add(src1, src2) src1：第一个输入图像； src2：第二个输入图像； 返回值：相加后的图像
cv2.subtract	图像相乘	cv2.multiply(src1, src2) src1：第一个输入图像； src2：第二个输入图像； 返回值：相乘后的图像
cv2.multiply	裁剪图像	Image.crop(box) box：裁剪框的坐标（左、上、右、下）
cv2.divide	图像相除	cv2.divide(src1, src2) src1：第一个输入图像； src2：第二个输入图像； 返回值：相除后的图像

表 B.14　图像类型转换函数

函数	功能	语法
np.astype	更改数组数据类型	array.astype(dtype) array：输入 NumPy 数组； dtype：目标数据类型
cv2.cvtColor	转换图像颜色空间	cv2.cvtColor(src, code) src：输入图像； code：颜色空间转换代码

函数	功能	语法
Image.convert	转换图像模式	Image.convert(mode) mode：目标颜色模式（如'L'或'RGB'）
ImageOps.colorize	将灰度图像上色	ImageOps.colorize(image, black, white) image：输入灰度图像； black：黑色映射值； white：白色映射值

表 B.15　线性滤波器设计函数

函数	功能	语法
cv2.getGaussianKernel	生成高斯核	cv2.getGaussianKernel(ksize, sigma) ksize：核大小（必须为正奇数）； sigma：标准差； 返回值：高斯核数组
cv2.getDerivKernels	获取导数卷积核	cv2.getDerivKernels(kx, ky, ksize) kx：x 方向的导数阶数； ky：y 方向的导数阶数； ksize：卷积核大小； 返回值：导数卷积核
scipy.signal.convolve2d	二维卷积	scipy.signal.convolve2d(in1, in2, mode='full', boundary='fill', fillvalue=0) in1：输入数组； in2：卷积核； mode：卷积模式（如'valid'）
scipy.ndimage.gaussian_filter	高斯滤波	scipy.ndimage.gaussian_filter(input, sigma) input：输入图像

参考文献

[1] 韩晓军. 数字图像处理技术与应用[M]. 2 版. 北京：电子工业出版社，2017.

[2] RafaelC. Gonzalez, Rafael E. Woods. 数字图像处理[M]. 3 版. 阮秋骑，阮字智，译. 北京：电子工业出版社，2014.

[3] 阮秋琦. 数字图像处理学[M]. 3 版. 北京：电子工业出版社，2013.

[4] 杨风暴，蔺素珍. 红外物理与技术[M]. 北京：电子工业出版社，2014.

[5] 于万波. 基于 MATLAB 的图像处理[M]. 2 版. 北京：清华大学出版社，2011.

[6] 苏小红，李东，唐好选. 计算机图形学实用教程[M]. 北京：人民邮电出版社，2014.

[7] Sonka M,Hlavac V,Boyle R. 图像处理、分析与机器视觉[M]. 4 版. 兴军亮，艾海舟，译. 北京：清华大学出版社，2016.

[8] 周润景. 模式识别与人工智能[M]. 北京：清华大学出版社，2018.

[9] Sonka M, Hlavac V, Boyle R. 图像处理、分析与机器视觉[M]. 兴军亮，艾海舟，武勃，译. 北京：清华大学出版社，2003.

[10] 张兆臣，医学数字图像处理及应用[M]. 北京：清华大学出版社，2017.

[11] 胡广书. 数字信号处理：理论、算法与实现[M]. 北京：清华大学出版社，1997.

[12] 蔺素珍. 新编数字图像处理技术及应用（修订版）[M]. 北京：电子工业出版社，2024.

[13] 陈天华. 数字图像处理技术与应用[M]. 北京：清华大学出版社，2019.

[14] 蔡利梅，王利娟. 数字图像处理[M]. 北京：清华大学出版社，2019.

[15] 杨帆. 数字图像处理与分析[M]. 4 版. 北京：北京航空航天大学出版社，2019.

[16] 宋利梅，王红一. 数字图像处理基础及工程应用[M]. 北京：机械工业出版社，2018.

[17] 胡学龙. 数字图像处理[M]. 4 版. 北京：电子工业出版社，2020.

[18] 孙即祥. 现代模式识别[M]. 2 版. 北京：高等教育出版社，2016.

[19] 魏溪含，涂铭，张修鹏. 深度学习与图像识别原理与实践[M]. 北京：机械工业出版社，2019.

[20] 赵云龙，葛广英. 智能图像处理 Python 和 OpenCV 实现[M]. 北京：机械工业出版社，2022.

[21] 章毓晋. 图像工程[M]. 北京：清华大学出版社，2018.

[22] 高敬鹏，江志烨，赵娜. 机器学习——基于 OpenCV 和 Python 的智能图像处理[M]. 北京：机械工业出版社，2020.

[23] 岳亚伟，薛晓琴，胡欣宇. 数字图像处理与 Python 实现[M]. 北京：人民邮电出版社，2020.

[24] 庄健，张晶，许钰雯. 深度学习图像识别技术——基于 TensorFlow Object DetectionAPI 和 OpenVINO 工具套件[M]. 北京：机械工业出版社，2020.

[25] 杨青. 机器视觉算法原理与编程实战[M]. 北京：北京大学出版社，2019.

[26] 江红，余青松. Python 程序设计与算法基础教程[M]. 北京：清华大学出版社，2017.

[27] 杨杰，黄朝兵. 数字图像处理及 MATLAB 实现[M]. 2 版. 北京：电子工业出版社，2018.

[28] 胡学龙，数字图像处理[M]. 3 版. 北京：电子工业出版社，2018.

[29] 李立宗. OpenCV 轻松入门：面向 Python[M]. 北京：电子工业出版社，2019.

[30] 曹茂永. 数字图像处理[M]. 北京：高等教育出版社，2016.

[31] 张平. OpenCV 算法精解[M]. 北京：电子工业出版社，2017.

[32] 张青贵，人工神经网络导论[M]. 北京：中国水利水电出版社，2004.

[33] 李秋实，基于人脸肤色的特征提取[D]. 长春：吉林大学，2010.

[34] 杨美艳. 基于深度学习的花卉识别系统设计与实现[J]. 科技创新导报，2020，17(6):3.

[35] 刘嘉佳. 基于深度迁移学习模型的花卉种类识别[J]. 江苏农业科学，2019, 47(20):6.

[36] Krizhevsky A, Sutskever I, Hinton G E. ImageNet classification with deep convolutional neural networks [J]. Advances in Neural Information Processing Systems, 2012, 25: 1097-1105.

[37] Szegedy C, Liu W, Jia Y, et al. Going deeper with convolutions [J]. Proceedings of the IEEE Conference on Computer Vision and Pattern Recognition, 2015: 1-9.

[38] He K, Zhang X, Ren S, et al. Deep residual learning for image recognition [J]. Proceedings of the IEEE Conference on Computer Vision and Pattern Recognition, 2016: 770-778.

[39] Dosovitskiy A, Beyer L, Kolesnikov A, et al. An image is worth 16×16 words: Transformers for image recognition at scale [J]. arXiv preprint, arXiv: 2010.11929, 2020.

[40] Liu Z, Lin Y, Cao Y, et al. Swin Transformer: Hierarchical vision transformer using shifted windows [J]. arXiv preprint, arXiv: 2103.14030, 2021.

[41] Feng X, Gao X, Luo L. X-SDD: A new benchmark for hot rolled steel strip surface defects detection [J]. Symmetry, 2021, 13(4): 706.

[42] Carion N, Massa F, Synnaeve G, et al. End-to-end object detection with transformers [J]. European Conference on Computer Vision. Cham: Springer International Publishing, 2020: 213-229.

[43] Girshick R, Donahue J, Darrell T, et al. Rich feature hierarchies for accurate object detection and semantic segmentation [J]. Proceedings of the IEEE Conference on Computer Vision and Pattern Recognition, 2014: 580-587.

[44] Girshick R. Fast R-CNN [J]. Proceedings of the IEEE International Conference on Computer Vision, 2015: 1440-1448.

[45] Ren S, He K, Girshick R, et al. Faster R-CNN: Towards real-time object detection with region proposal networks [J]. Advances in Neural Information Processing Systems, 2015, 28: 91-99.

[46] Liu W, Anguelov D, Erhan D, et al. SSD: Single Shot MultiBox Detector [J]. European Conference on Computer Vision. Springer, Cham, 2016: 21-37.

[47] Fu C Y, Liu W, Ranga A, et al. DSSD: Deconvolutional Single Shot Detector [J]. arXiv preprint, arXiv: 1701.06659, 2017.

[48] Timm F, Barth E. Accurate eye centre localisation by means of gradients[C]//VISAPP. 2011 Proceedings of the Sixth International Conference on Computer Vision Theory and Applications, Vilamoura, Algarve, Portugal. Trier: DBLP, 2011: 125-130.

[49] 李擎,胡京尧,迟健男,等. 视线追踪中一种新的由粗及精的瞳孔定位方法[J]. 工程科学学报,2019,41(11):1484-1492.

[50] 陈静瑜,林丽媛,刘冠军,等. 一种基于几何形状特征的实时瞳孔定位追踪技术[J]. 天津科技大学学报,2021,36(3):7.